名 家 通 识 讲 座 书 系

现当代建筑
十五讲

□ 董豫赣 著

北京大学出版社
PEKING UNIVERSITY PRESS

图书在版编目（CIP）数据

现当代建筑十五讲/董豫赣著. —北京：北京大学出版社，2014.1
（名家通识讲座书系）
ISBN 978－7－301－22174－7

Ⅰ.①现…　Ⅱ.①董…　Ⅲ.①建筑学　Ⅳ.①TU-0

中国版本图书馆 CIP 数据核字（2013）第 028401 号

书　　　名	现当代建筑十五讲	
	XIANDANGDAI JIANZHU SHIWU JIANG	
著作责任者	董豫赣　著	
责 任 编 辑	艾　英	
标 准 书 号	ISBN 978－7－301－22174－7	
出 版 发 行	北京大学出版社	
地　　　址	北京市海淀区成府路 205 号　100871	
网　　　址	http://www.pup.cn　新浪微博：@北京大学出版社	
电 子 邮 箱	编辑部 wsz@pup.cn　　总编室 zpup@pup.cn	
电　　　话	邮购部 010－62752015　发行部 010－62750672	
	编辑部 010－62756467	
印 刷 者	三河市博文印刷有限公司	
经 销 者	新华书店	
	965 毫米 × 1300 毫米　16 开本　18.75 印张　300 千字	
	2014 年 1 月第 1 版　2023 年 10 月第 7 次印刷	
定　　　价	59.00 元	

"名家通识讲座书系"
编审委员会

"名家通识讲座书系"总序

本书系编审委员会

"名家通识讲座书系"是由北京大学发起,全国十多所重点大学和一些科研单位协作编写的一套大型多学科普及读物。全套书系计划出版100种,涵盖文、史、哲、艺术、社会科学、自然科学等各个主要学科领域,第一、二批近50种将在2004年内出齐。北京大学校长许智宏院士出任这套书系的编审委员会主任,北大中文系系主任温儒敏教授任执行主编,来自全国一大批各学科领域的权威专家主持各书的撰写。到目前为止,这是同类普及性读物和教材中学科覆盖面最广、规模最大、编撰阵容最强的丛书之一。

本书系的定位是"通识",是高品位的学科普及读物,能够满足社会上各类读者获取知识与提高素养的要求,同时也是配合高校推进素质教育而设计的讲座类书系,可以作为大学本科生通识课(通选课)的教材和课外读物。

素质教育正在成为当今大学教育和社会公民教育的趋势。为培养学生健全的人格,拓展与完善学生的知识结构,造就更多有创新潜能的复合型人才,目前全国许多大学都在调整课程,推行学分制改革,改变本科教学以往比较单纯的专业培养模式。多数大学的本科教学计划中,都已经规定和设计了通识课(通选课)的内容和学分比例,要求学生在完成本专业课程之外,选修一定比例的外专业课程,包括供全校选修的通识课(通选课)。但是,从调查的情况看,许多学校虽然在努力建设通识课,也还存在一些困难和问题:主要是缺少统一的规划,到底应当有哪些基本的通识课,可能通盘考虑不够;课程不正规,往往因人设课;课量不足,学生缺少选择的空间;更普遍的问题是,很少有真正适合通识课教学的教材,有时只好用专业课教材替代,影响了教学效果。一般来说,综合性大学这方面情况稍好,其他普通的大学,特别是理、工、医、农类学校因为相对缺少这方面的教学资源,加上很少有可供选择的教材,开设通识课的困难就更大。

这些年来,各地也陆续出版过一些面向素质教育的丛书或教材,但无论数量还是质量,都还远远不能满足需要。到底应当如何建设好通识课,使之能真正纳入正常的教学系统,并达到较好的教学效果?这是许多学校师生普遍关心的问题。从 2000 年开始,由北大中文系系主任温儒敏教授发起,联合了本校和一些兄弟院校的老师,经过广泛的调查,并征求许多院校通识课主讲教师的意见,提出要策划一套大型的多学科的青年普及读物,同时又是大学素质教育通识课系列教材。这项建议得到北京大学校长许智宏院士的支持,并由他牵头,组成了一个在学术界和教育界都有相当影响力的编审委员会,实际上也就是有效地联合了许多重点大学,协力同心来做成这套大型的书系。北京大学出版社历来以出版高质量的大学教科书闻名,由北大出版社承担这样一套多学科的大型书系的出版任务,也顺理成章。

编写出版这套书的目标是明确的,那就是:充分整合和利用全国各相关学科的教学资源,通过本书的编写、出版和推广,将素质教育的理念贯彻到通识课知识体系和教学方式中,使这一类课程的学科搭配结构更合理,更正规,更具有系统性和开放性,从而也更方便全国各大学设计和安排这一类课程。

2001 年年底,本书系的第一批课题确定。选题的确定,主要是考虑大学生素质教育和知识结构的需要,也参考了一些重点大学的相关课程安排。课题的酝酿和作者的聘请反复征求过各学科专家以及教育部各学科教学指导委员会的意见,并直接得到许多大学和科研机构的支持。第一批选题的作者当中,有一部分就是由各大学推荐的,他们已经在所属学校成功地开设过相关的通识课程。令人感动的是,虽然受聘的作者大都是各学科领域的顶尖学者,不少还是学科带头人,科研与教学工作本来就很忙,但多数作者还是非常乐于接受聘请,宁可先放下其他工作,也要挤时间保证这套书的完成。学者们如此关心和积极参与素质教育之大业,应当对他们表示崇高的敬意。

本书系的内容设计充分照顾到社会上一般青年读者的阅读选择,适合自学;同时又能满足大学通识课教学的需要。每一种书都有一定的知识系统,有相对独立的学科范围和专业性,但又不同于专业教科书,不是专业课的压缩或简化。重要的是能适合本专业之外的一般大学生和读者,深入浅出地传授相关学科的知识,扩展学术的胸襟和眼光,进而增进学生的人格素养。本书系每一种选题都在努力做到入乎其内,出乎其外,把学问真正做活了,并能加以普及,因此对这套书的作者要求很高。我们所邀请的大都是那些真正有学术建树,有良好的教学经验,又能将学问深入浅出地传达出来的重量级学者,是请"大家"来讲"通识",所以命名为"名家通识讲座书系"。其意图就是精选名校名牌课程,实现大学教学资源共享,让更多的学子能够通过这套书,亲炙名家名师课堂。

本书系由不同的作者撰写,这些作者有不同的治学风格,但又都有共同的追求,既注意知识的相对稳定性,重点突出,通俗易懂,又能适当接触学科前沿,引发跨学科的思考和学习的兴趣。

本书系大都采用学术讲座的风格,有意保留讲课的口气和生动的文风,有"讲"的现场感,比较亲切、有趣。

本书系的拟想读者主要是青年,适合社会上一般读者作为提高文化素养的普及性读物;如果用作大学通识课教材,教员上课时可以参照其框架和基本内容,再加补充发挥;或者预先指定学生阅读某些章节,上课时组织学生讨论;也可以把本书系作为参考教材。

本书系每一本都是"十五讲",主要是要求在较少的篇幅内讲清楚某一学科领域的通识,而选为教材,十五讲又正好讲一个学期,符合一般通识课的课时要求。同时这也有意形成一种系列出版物的鲜明特色,一个图书品牌。

我们希望这套书的出版既能满足社会上读者的需要,又能有效地促进全国各大学的素质教育和通识课的建设,从而联合更多学界同仁,一起来努力营造一项宏大的文化教育工程。

2002 年 9 月

目　录

前　言

　　张永和去麻省理工做系主任之前,已将"现当代建筑赏析"通选课在北大讲得风生水起,接手这门课已有八年,幸而没堕了它的名声。中途有两家出版社曾希望将讲义出成教材,因为没有对着教材讲课的习惯而拒绝了,我以为,出教材,是我不再讲这门课程的余事。

　　这两年,为专注于新开的中国园林课,曾考虑将这门旧课交给别的教师,只因新学院人事混乱而没有头绪。就在心生厌倦之时,学生去年对这门课的例行评分——99.98分的结果,既让我惊讶,也让我警觉,盛极必衰,我不能必然衰败地续讲下去。北大出版社艾英编辑的适时约稿,替我下了决心,既然无人接替这门课,我又不舍就此注销它,把它出成书,或能迫使我选择另一道路——换个方式讲。

　　于是,艾英女士约的本是《中国园林十五讲》,我应允的却是《现当代建筑十五讲》。

　　几乎是习惯性地,我立刻思量起这一被迫决定的好处来。十年前,初涉中国园林时,曾自卑并自责于对中国文化的了解,居然远不及对西方文化的涉猎,如今,这两种复杂的情绪都归平淡,我不用再将西方现当代建筑当作中国园林课程的救急药方,我愿将它当作中国园林的返照照壁。这念想,在整理这份讲义时,很快就呈现出效果,相关中国园林自然观的部分,从现当代课程里原本半讲的内容,拓展为杂合园林心得的三讲——日本现当代建筑盛况、中日近现代建筑概况比较、建筑与自然,我将它们缀在讲义最后,既当成与春季中国园林课程的春秋铆口,也为秋季现当代建筑的新讲法提供春耘。

建筑与文学:大建筑的衰亡

"现当代建筑赏析"课,分"现代"与"当代"两部分。单是确定"现代"的时间起点,其线索就有工业革命、启蒙主义、文艺复兴……严谨的学者,还会从文艺复兴的人文主义对面,搜求它与中世纪神本主义的人神关联。雨果①以巴黎圣母院这一中世纪建筑为赏析对象,在描述哥特建筑的形成、辉煌与衰落的成因时,就涵盖了从神本主义到人文主义的跨度。作为文艺复兴堕落结果的折衷主义建筑,既是雨果讥讽的风格化建筑,也是现代建筑直面与批判过的建筑风格。雨果预言的未来建筑有向石膏化堕落的造型问题,几乎也是现代建筑革命之后随即就遭遇到的风格化问题。因此,选择雨果的小说《巴黎圣母院》开始这门课程,不但能天然铺陈现当代建筑开场的背景,还能回避通选课面临非建筑学专业学生的授课困难,雨果的文学视野,似乎尚能跨越当代日益隔阂的专业壁垒,而进入不乏深度的现当代建筑赏析。

一 建筑的发端

以文学为比喻,雨果认为建筑术的发端与文字的发端并无二致。

首先是字母表。

人们竖起一块石头,就如在石头上刻一个字母。每个字母都是一个象形文字,每个象形文字刻画出某个具体意义。在古埃及的象形文字以及中国古文字里,就有一些文字直接以建筑为象形,如埃及文字里的锐角三角形就是一座方尖碑,而中国金文里的一个圆圈就是一堵围墙,它们分别是崇拜、防御这类单一意义的具体象形。

然后人们构词。

---

① 维克多·雨果(Victor Hugo,1802—1885),法国文学家。

图1-1　卢克索神庙的柱子

图1-2　帕提侬神庙

图1-3　古罗马输水道拱券结构

人们在石头上叠置石头,尝试一些单字的组合,在语言叫词语,在建筑叫结构。古埃及人用石头一层层叠加,砌筑了埃及壮阔而封闭的金字塔,同时,人们在神庙中尝试着将一根水平石条置于两根竖石之上,就构成了最古老的一种梁柱结构。这个时期,石头柱径相当粗大,柱子的间距也异常密集,结构所占据的空间,有时还要超过被它们支撑的空间,埃及神庙空间因此阴郁而森然(图1-1)。古希腊人虽然继承了这种梁柱体系,却尝试着消减它们过剩的结构尺度,并构建出希腊神庙楣梁建筑疏朗而典雅的气质(图1-2)。希伯来人在墓穴建造中另辟蹊径,他们尝试着以小块石头砌筑比梁柱结构跨越更大的拱券,这类用石块或砖砌成的半圆形拱券结构(图1-3),后来成就了古罗马雄伟的输水道、斗兽场乃至万神庙的辉煌。回教国家将半圆形拱券修改成花式尖券——两个圆心或多个圆心构成的券,它们随着基督教与伊斯兰教的战争被带到西欧,并以尖券的结构方式,将罗曼时期厚重而暗淡的基督教堂,改造为高耸而明亮的哥特教堂。

二　建筑的象征

有了字与词,书写开始。

建筑从一一对应的象形字词,发展到复合表达的象征书写。要表达的思想越来越多,建筑就越来越消失在象征之下,如同树干匿形于自身的密枝浓叶之中,以至最初单义的纪念性建筑已难以容纳它们,它们勉为其难地表达着那些思想的象征。

好在有宗教信仰的人们有的是时间与耐心,他们慢慢地完善他们的建筑术与对应的观念,直到他们可以用一种永恒的、可见的、可触摸的方式,把那些漂流不定的象征固定下来,直到可以在一个时代的总体观念的指导下,写成这些奇妙的石头史书。

在建筑起始的观念里,圣言,不仅存在于这些建筑的庙堂里,而且圣言本身就化身为具体的建筑。金字塔本身就是法老的谶言,圣约柜也是一种建筑,所罗门的神庙不仅是圣书的装帧,它就是圣书本身。在这所庙宇的每一圈围墙上,祭司可以读到明白晓示的圣言,从一个殿堂到另一个殿堂他们追随着圣言的变化,直至在其最后的栖身之地,通过最具体的形式予以把握。①

按照张翼提交的所罗门神庙的图纸,以及他对此图纸的翻译说明,似乎整个神庙的造型以及尺寸都符合犹太人与神的某种沟通需求,它们隐藏有神人之间的契约秘密,其图纸旁相关建筑尺度的数字72,正是上帝之名里字母所代表的数字总和。而卡塔尼奥②为古老的《建筑学》著作所做的教堂图示(图1-4),则出示了另一件证据——哥特以拉丁十字为平面图形的教堂空间,作为对上帝的献祭场所,自身就是上帝身躯的精确象征,教堂既可看作钉死基督的

图1-4 卡塔尼奥绘制的哥特教堂示意图

拉丁十字架的牺牲象征,也可看作与基督受难身体姿态最贴切的空间棺椁。

就这样,圣言不仅仅蕴藏在建筑物中,建筑就是最古老的圣言本身,它们被修建,被理解,被阅读。这个时候,建筑与其象征观念间的对位如此精确,使得建筑难以被时间或技术所更改,它们是对各种信仰的忠实记载,它们坚定地拒绝变化,并构成了我们日后可以区别的各种民族的建筑特征。

---

① 〔法〕雨果:《巴黎圣母院》,施康强、张新木译,译林出版社,2000年。
② 彼得罗·卡塔尼奥(Pietro Cataneo,1510—1574),文艺复兴建筑理论家。

三 建筑的风格

这些后来不幸被称为风格的特征,雨果将它们称为体系。

在雨果可以想见的古代,他列举了建筑摇篮里曾诞生过的三种体系:埃及(希腊)建筑、印度(腓尼基建筑)以及罗曼建筑(哥特建筑)。在埃及建筑、印度建筑以及罗曼建筑里,人们可以清楚地区别出不同的权力象征:神权、种姓以及统一;而在希腊建筑、腓尼基建筑以及哥特建筑里,人们也同样可以发现:民主、公平与人性。

在前一种建筑里,人们只能感觉到神父的存在,不管这个神父是叫婆罗门、法老还是教皇。而在民众建筑里,感觉就丰富一些:在希腊建筑里,人们感觉到自由;在腓尼基建筑里,人们感觉到商业;在哥特建筑里,雨果感觉到市民世俗的存在。

图1-5 夏特尔教堂塔楼立面

雨果比较了这两类建筑的差异:

神权建筑,本身以象征的方式,蕴藏了宗教或神权的秘密,它们都是晦涩的天书,唯有入教者才解其寓意。正因为神权建筑的任何形态,乃至任何变态畸形,都有一种精确的象征意义,这些意义,使它们不可侵犯,也不容变革——它们拒绝随时代与技术的变化而改变,通常会维持千年而少有变更;而那些属于民众的人神杂交的建筑——譬如希腊神庙或雨果认为的哥特教堂——虽然也产生于神圣的象征,但是它们已具有某种人性的东西,据说把它们与神圣的象征不断融合,就能产生一些任何灵魂、任何人的智慧和想象都能领悟的建筑物。正因其人神杂糅的杂交性格,它常常会因为世俗的变化而演变——夏特尔教堂立面两座风格迥异的塔楼是其变化的见证(图1-5),它们具备稳定与变化、独创与多样、进步与保守的混合性格。

按照雨果的谶言:

> 小总会战胜大。
> 世俗的权力将杀死宗教权力。①

那么,就建筑而言,世俗/商业/丰富/自由的小建筑,将杀死宗教/神圣/单纯/统一的大建筑。

雨果宣称的大建筑,既非一成不变的神权建筑,也非轻盈高耸的哥特盛期建筑,而是类似于巴黎圣母院这类建筑,它们代表着从罗曼风格向哥特风格转型的过渡期建筑。

四　大建筑的辉煌

公元313年的米兰赦令,宣布对一直处于地下活动的基督教进行特赦,随后的罗马皇帝又尊奉基督教为国教。330年罗马帝国的迁都,使得帝国被分裂为东西罗马——迁往伊斯坦布尔的东罗马维持到1453年,西罗马在一百多年后就被"哥特"野蛮民族所灭亡,从此进入被文艺复兴称为"千年黑暗"的中世纪,其间基督教逐渐控制了西欧多半封建诸侯,并建立了一个神权与君权的牢固同盟。

> 然而十字军东征时代来临了。权威动摇,大一统的局面分崩离析。封建领主要求与神权统治平分秋色,然后是人民不可避免地登台出场。于是,贵族在僧侣笼罩下初显峥嵘,自治的村社又在贵族覆盖下露出头角。欧洲的面貌从此改观。②

这场战争,首先为哥特建筑的转型带来契机——它为罗曼教堂的半圆形拱券带来了回教的尖券。为了解决拱顶结构的采光问题,罗曼教堂曾采用厚墙承担拱脚的侧推力,负荷的墙壁就不能开设过大的窗洞,这些窗洞小而深,因此,罗曼时期的基督教堂幽暗而神秘。而哥特建筑用外置半个尖券的飞扶壁的办法,从外部解决了拱券券脚的侧推力问题(图1-6),于是,墙壁

---

① 〔法〕雨果:《巴黎圣母院》,施康强、张新木译,译林出版社,2000年。

② 同上。

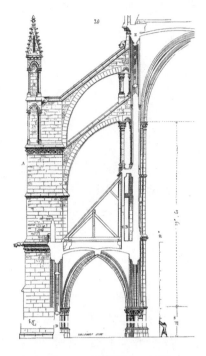

图1-6　哥特教堂飞扶壁

的开洞变得格外自由,它们几乎能给教堂内部带来阳光明媚的空透气氛,哥特教堂半透明的彩色玻璃,甚至可以看作是对教堂过多光线的控制(图1-7),也为哥特教堂带来五彩缤纷的神秘气息;借助十字军东征带回的伊斯兰尖券,哥特建筑还能调整高度的灵活性,将原本高低不一的侧廊与中庭统一起来,形成统一、流畅的整体空间;未来的哥特教堂,还将巴黎圣母院内部仍残存的厚重的罗曼式柱墩(图1-8),改造成符合顶部发券的券肋的纤细束柱(参见图1-7),它们一起为哥特教堂带来一种前所未有的高耸、轻盈、反物质的辉煌表现。

图1-7　亚眠教堂中殿高侧窗

图1-8　巴黎圣母院中殿

五 作为特殊时空的《巴黎圣母院》

教廷发动的这场十字军东征,不但改观了哥特建筑,也改观了宗教神权的神圣地位。因为需要借助于封建领主的人力与物力,由此带来了世俗力量对曾经牢不可破的宗教力量的动摇。

权力的松动,一开始也只发生在特殊时刻。

在雨果的《巴黎圣母院》里,这个特殊时刻发生在万圣节(主显日)与胡闹节(狂欢节)合一的日子里。在这一天,凡人与圣人可以获得短暂的地位颠倒:学生可以羞辱校长,教徒可以辱骂主教,裁缝可以挑衅枢密官员……在这一天,卡西莫多①甚至可以以丑陋获得短暂的王权光环……

权力的交替,一开始也只能发生在特殊地点。

> 中世纪的任何城市,直至路易十二时代法国的任何城市,都有它的避难所。任何罪犯一旦躲进那里便能得救。在郊区,避难所的数量几乎和绞刑架一样多。这是滥用免刑与滥用刑法并驾齐驱,两件坏事企图相互矫正。②

雨果选择赦免与审判合一的巴黎圣母院作为故事发生的地点也别有用意,宗教权力所希望把持的审判权,与世俗民众所希望的赦免权,相互制约地重叠在巴黎圣母院:圣母院作为教廷权力的中心,判定了爱丝美拉达③有渎职宗教的罪行;而作为普通民众逃避审判的避难所,它被卡西莫多占领,并守护着他从宗教那里夺回的牺牲品——爱丝美拉达。

《巴黎圣母院》里,最动人的场景之一正在此处——卡西莫多从绞刑架下夺回爱丝美拉达,冲进巴黎圣母院,随着他螺旋上升地出现在钟楼每层窗洞里,随着他抱着牺牲品的每次声如洪钟的"赦免"呼喊,巴黎邪恶的市民性顿时扭转为善面,他们齐声呐喊呼应,一如电闪雷鸣;《巴黎圣母院》里,最矛盾最壮观的悲剧场面也发生在这一地点——为了营救爱丝美拉达,一群来自底层的游民群众,对巴黎圣母院展开此起彼伏的不懈围攻,而为了守

---

① 卡西莫多,《巴黎圣母院》男主人公。
② 〔法〕雨果:《巴黎圣母院》,施康强、张新木译,译林出版社,2000 年。
③ 爱丝美拉达,《巴黎圣母院》女主人公。

护爱丝美拉达,卡西莫多必须誓死捍卫巴黎圣母院这块赦免圣地,他为此展开了如困兽般的浴血反击。而贫民间攻守胜负的筹码,却把握在国王与教廷的明争暗斗里。

六 建筑是凝固的史诗

雨果的用意显然超出了一般的爱情故事,他在两章明显离题的章节里,表明这些时间与地点对立的权力的重叠,也是哥特建筑可以辉煌的全部成因。

十字军东征所导致的欧洲教廷与封建领主间的权力平衡,导致了哥特教堂建筑面貌的全面改观,原先服务于教廷的建筑师与艺术家,开始分心去装饰封建主的城堡与府邸,反过来,它们又将在府邸建筑的自由表现,带入神圣教堂:

> 艺术家随心所欲地建造主教堂。不再有神秘、神话和规则,有的是奇思妙想和一时兴起。只要为神父安排了大堂和祭坛,别的事他就管不着了。四壁是艺术家的天下。建筑这本书不再属于僧侣、宗教、罗马;它属于想象、诗歌、人民。那个时代写在石头上的思想享有的特权,完全可以与今天的出版自由相比拟。这是建筑术的自由。①

因为只有在教堂作为宗教避难所的情况下,艺术家才可以在这里自由地表达思想,无论是世俗的生活,还是辛辣的讽刺。思想只能在这样的时刻与这样的地点,以这种方式获得与建筑的重逢,全部思想只能写在叫做教堂的石头书上,它若不托付于教堂的建筑物,而是鲁莽地采取书本的形式,就会被刽子手们付之一炬——在秦始皇的时代,因为没有宗教避难的一面,空庭间不但焚烧了书籍还坑埋了儒生。因此,教堂建筑是那个时代思想唯一的出路,为了能一见天日,各种思想从四面八方汇聚而来,社会的全部物力与智慧都在这里集中,这些教堂,一次比一次建造得更大更高也更辉煌。

> 它们是一个民族的遗物,是许多世代的积累,是人类社会迭次蒸发后的沉淀物……直至十五世纪为止,没有一种稍微复杂一些的思想未曾变成建筑;人类凡有重大思想,无不写在石头上。因为任何思想,都

---

① 〔法〕雨果:《巴黎圣母院》,施康强、张新木译,译林出版社,2000年。

愿意永存于天地间;因为激励了一代人的想法还要激动后代。①

因为这一缘由,雨果才说:

建筑是凝固的史诗!②

七 作为巴别塔的建筑术

与这种石头的建筑史诗相比,手写的史书就相形见绌:

然而手稿带来的不朽太不可靠了,只要点一把火或者便能销毁文字!一座建筑却是一本无比坚固、持久的大书,毁灭化为建筑的文字,却需要革命或自然灾难,一如蛮族劫掠竞技场或洪水漫过金字塔。③

假如我们在金字塔里知道建筑师是伊普荷太姆④,而在雅典卫城里知道菲迪亚斯⑤,哥特建筑多数反而是匿名的:

一言蔽之,它们好比地质层系,每个时代的洪流都把自己的冲击层叠加上去,每个种族都在建筑物上留下自己的层次,每个人添加一块石头。在这里海狸、蜜蜂与人的行为同出一辙。⑥

其间,没有建筑师与使用者的区别,没有艺术家与工匠的区别,所有人都像工蜂一样,忙碌地修建他们心目中蜂王的蜂巢,而大建筑,按雨果的判断:

建筑就应当是一个蜂房。⑦

这种场景就是巴别塔神话里的那个巨大象征物(图1-9)——所有人语言一致、目标一致。人们意志坚定的共同目标,就是通过修建高塔接近上

---

① 〔法〕雨果:《巴黎圣母院》,施康强、张新木译,译林出版社,2000年。
② 同上。
③ 同上。
④ 伊普荷太姆(Imhotep,公元前2980左右),古埃及佐塞王时期的大臣,金字塔可能的设计者。
⑤ 菲迪亚斯(Phidias,公元前5世纪左右),古希腊雕刻家,雅典卫城可能的规划设计者。
⑥ 〔法〕雨果:《巴黎圣母院》,施康强、张新木译,译林出版社,2000年。
⑦ 同上。

图 1-9　巴别塔

帝。这一汇聚所有人力物力与智力的大建筑,被雨果称为人类的第一种巴别塔——石头巴别塔。而瓦解这座石诗般的巴别塔,恰恰就是被巴别塔神话所预言过的,那一次由于统一语言的搅乱而坍塌,而这一次,则是因为语言的新载体——印刷术的诞生而瓦解。14 世纪欧洲史上牺牲最大的自然灾害黑死病都没能掀翻的这部石头史书,却在 16 世纪宗教改革的印刷品中面目全非。

　　按照雨果的论述——任何一种文明都以神权开始,以民主告终。民主取代宗教,自由取代统一,这条法则附带的谶言,就篆刻在文艺复兴时期最伟大的圣彼得大教堂这一石头史书上:

　　　　1. 圣经会摧毁宗教;

　　　　2. 印刷术将杀死大建筑;

　　　　3. 这些会摧毁那些;

　　　　4. 小将战胜大。

八　圣经会摧毁宗教

1506 年,教皇朱利奥二世①决定重建罗马圣彼得大教堂。

借助中标者伯拉孟特②与达·芬奇③的亲缘关系,达·芬奇的教堂手稿(图 1-10)被认为是教堂最早的蓝图;拉斐尔④接手伯拉孟特的未竟工程,将前者的希腊十字平面改为教皇喜爱的拉丁十字的平面,这被认为是一种保守的退步;米开朗基罗⑤为接手拉斐尔中道崩殂的工作,开出条件——拆除拉斐尔督造的初具规模的拉丁十字部分,这被认为是民主集中式的希腊十字对拉丁十字神权的平面挑战。这一囊括了文艺复兴最伟大的艺术家群体的集群建筑,在米开朗基罗死后,又被继任者的改建恢复了拉斐尔的拉丁十字(图 1-11)。这件持续 120 年间、反反复复的拆建过程,则被建筑史家们认定为"建筑是凝固的史书"这一格言的新版证据。

图 1-10　达·芬奇教堂手稿

图 1-11　罗马圣彼得大教堂
历次平面变更图

---

① 朱利奥二世(Iulio Ⅱ,1413—1513),16 世纪教皇。
② 伯拉孟特(Donato Bramante,1444—1514),意大利建筑师。
③ 列奥纳多·达·芬奇(Leonardo Da Vinci,1452—1519),意大利艺术家。
④ 拉斐尔·圣齐奥(Raffaello Sanzio,1483—1520),意大利艺术家。
⑤ 米开朗基罗(Michelangelo Buonarroti,1475—1564),意大利艺术家。

然而,对后来建筑史以及西方文化史影响更为深远的事件,却来自与圣彼得教堂修建相关的金融事件。当初,为了募集如此浩大的工程款项,梵蒂冈教廷向欧洲各国发行数额庞大的"赎罪券",教廷宣称:凡是购买"赎罪券"的信徒,都能在末日审判里获得相应的救赎。这一将上帝置于证券交易所的行为,激怒了马丁·路德①,1517 年,正是万灵节这天,在维滕堡教堂门前,路德张贴了著名的《关于赎罪券效能的辩论》,他对《圣经》的保管者们对《圣经》是否具备诠释权的质疑,原本只希望对宗教组织进行内部净化,不料却动摇了宗教的最基本的信仰根基,它所引发的宗教改革波澜壮阔的力量,甚至让路德本人也始料未及。路德身后的基督教,以前所未有的裂变方式分崩离析。

雨果敏锐地发现,这一宗教改革的破坏力量,并非路德张贴的那张告示的内容,而是路德张贴海报的新媒材——印刷品:

> 在印刷术发明之前,宗教改革只是教会内部的分裂行为。有了印刷术,它便成为革命。或者是命定,或系天意,谷登堡②是路德的先驱。③

作为路德的命定先驱,谷登堡并非宗教改革人士,而是在美茵茨发明活字印刷的发明家。在此之前,古埃及的纸莎草文字,因为属于法老的秘密,而与俗世隔绝;欧洲中世纪的手抄文字,因为载体过于昂贵,也会使普通市民的阅读产生隔阂——在印刷术发明之前,一部抄写在小羊皮上的《圣经》,需要一群羊的财产牺牲,而有了谷登堡的印刷机,普通市民也能购买《圣经》、阅读《圣经》,并核对《圣经》与梵蒂冈教廷的各种诠释。对《圣经》的诠释权,第一次对公众敞开,从此,对《圣经》繁复多样的不同诠释,在造就基督教众多流派的同时,也瓦解了基督教大一统的政治格局。

九 印刷术将杀死建筑术

与建筑这部石头史书的坚固不同,印刷术的意义不在于书籍的持久,而

---

① 马丁·路德(Martin Luther,1483—1546),德国宗教改革家。
② 约翰·谷登堡(Johann Gutenberg,1398—1468),德国发明家。
③ 〔法〕雨果:《巴黎圣母院》,施康强、张新木译,译林出版社,2000 年。

在于它发行广泛而无法集权控制,它的小,使它便于流通、繁殖、蔓延。

　　思想一旦取得印刷品的形式,就比任何时候更难毁灭;它四处扩散,不可捕捉,不能摧毁。在建筑术时代它(思想)化为山岳(建筑),挟着强大的威力占据一个时代,一个地点。现在它化为鸟群,飞向四方,同时占领天空各处与天空各点。①

它从持久转为不朽!

雨果追问道:

　　人们可以摧毁一所庞大的建筑,可怎样才能根除无所不在之物呢?哪怕再来一场洪水,山岭早已消失在波涛之下,可鸟雀照旧飞翔:只要有一条方舟幸免于难,在水面上飘荡,鸟雀就会在这条船上歇脚,与它一起浮游。②

人们曾在手抄的史书与石头史书的建筑术之间选择了后者,如今,在印刷术的复制与建筑术之间,人们将如何抉择?

　　思想若表现为建筑物必须调动四五种其他艺术,投入堆积如山的石块,竖起密如森林的木架,雇佣无数工人,而它若变为书本,只需几张纸,一点墨水,一支笔。只要我们想到这些,比较这两者,对于人类的智慧为了印刷术而舍弃建筑术,我们怎么还会大惊小怪?试挖一条沟渠低于一条河的水平面,然后用它横截这条河原来的河床,河水必定改道。③

这不仅仅是一场宗教改革的革命,也不仅仅是雨果那"文学将杀死建筑"预言的技术准备。人的思想,在改变其表达媒介时也将改变其表达方式,从今往后,每一代人的各种重要思想,既然不再用同样材料、以同样方式书写,那就不再会有大一统的思想,也不再出现大一统的建筑术。

哥特建筑作为总体艺术,曾经通过聚合其他艺术而获得聚变的能量,后来被文艺复兴所瓦解的建筑,如今应当从何处获得新能源呢?

---

① 〔法〕雨果:《巴黎圣母院》,施康强、张新木译,译林出版社,2000 年。
② 同上。
③ 同上。

建筑艺术将被社会分工所分离并被瓦解,既然建筑术与其他艺术处于平等的地位,既然它不再是君主艺术、暴君艺术,它就不再是总体艺术,不再有力量拘束其他艺术。与建筑分离,使得其他艺术都受益匪浅地得到平等而独立的权利——这是民主与自由的核心纲领:原先从属于哥特教堂里的石匠,成为独立的雕塑家(米开朗基罗);原本为哥特教堂绘制彩色玻璃的工匠,摇身一变变成崇高的画家(拉斐尔);原本为教堂演奏教堂卡农曲的乐工,从此蜕变为让人尊敬的音乐家(巴赫)。如今,对各种艺术与艺术家的尊敬,分羹了对宗教本身的向心敬畏。

在最初阶段里,我们或许会醉心于建筑术被瓦解时所散发的能量,就像我们醉心于核裂变所散发出的眩目能量一样,但很快,我们就将看见建筑本身被各门艺术从建筑中抽空后的能源耗散的裂变后果,大建筑如今变得萎缩且贫乏。

十 这些会摧毁那些

在雨果眼里,随后的文艺复兴建筑,并不像后来的建筑史家所认为的那样乐观,在文艺复兴裂变出的群星闪耀的苍穹里,雨果却发现建筑术星空灿烂的背后,正是大建筑衰落的夜幕深沉。

雨果断言——印刷术将杀死建筑术:

> 印刷术发明以后,建筑术就逐渐干涸,萎缩、贫乏。我们感到水位降低,汁液流失,各时代和各民族的思想纷纷离它而去。在十五世纪,这一冷落过程几乎没被察觉,当时印刷机处于雏形,最多只能从建筑术里抽走一点它过剩的生命力。可是,从十六世纪起,建筑术的病症就显而易见了;它不再是社会的根本表达方式,它可怜兮兮变成古典艺术;从高卢艺术、欧洲艺术、本地艺术,它变成希腊-罗马艺术;从真实的、现代的,它变成伪古代。①

从那时起,建筑术不再是某个民族整个时代的集体表达,而成为某个艺术天才一时兴起的风格嫁接——比如米开朗基罗建造的圣彼得大教堂:

---

① 〔法〕雨果:《巴黎圣母院》,施康强、张新木译,译林出版社,2000 年。

米开朗琪罗早在16世纪可能就感到建筑术正在死去,他在绝望之余产生最后一个设想。这位艺术巨子把万神庙垒在帕提侬神庙之上。[①]

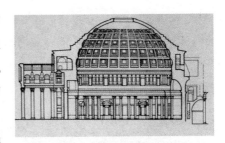

图1-12　古罗马万神庙

在正统的建筑史中,这段宣言并非出自米开朗基罗,它出自拉斐尔以圣彼得大教堂为蓝本的《雅典学院》宏幅巨作里那位手持球体的伯拉孟特,这是他在圣彼得教堂中标时刻的激昂宣言:我要将古罗马最伟大的建筑万神庙的穹窿,搁在古希腊最伟大的建筑帕提侬神庙的楣梁之上(图1-12、1-13、1-14)。

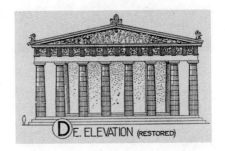

图1-13　帕提侬神庙正立面

尽管手笔恢弘,但就像雨果所讽刺的——人们把这种风格嫁接当作创造,并把这落日般的衰变回光,误认为黎明前的复兴返照:

> 然而这一次衰落不失辉煌,因为古老的哥特天才,这轮在美因茨巨大的印刷机背后坠落的夕阳,在一段时间内仍旧以其余

图1-14　梵蒂冈圣彼得大教堂

辉照耀拉丁式拱廊和科林斯柱廊的混杂堆砌。正是这轮夕阳被人们认做是曙光。[②]

雨果认为,米开朗基罗死后,建筑艺术名存实亡,后来的建筑术,就赖上了罗马圣彼得大教堂的风格嫁接术——将罗马万神庙穹窿,嫁接在希腊的帕提侬神庙之上,人们模仿复制,却又难以得体。雨果讽刺道:

---

① 〔法〕雨果:《巴黎圣母院》,施康强、张新木译,译林出版社,2000年。
② 同上。

每个时代有自己的罗马圣彼得大教堂:十七世纪有圣恩谷教堂,十八世纪有圣热纳维也芙教堂。每个国家也有其罗马圣彼得大教堂,伦敦有一座,彼得堡亦有。巴黎有两三座。这是最后的絮叨。①

图 1-15　美国国会大厦

不幸的是,这絮叨至今尚未结束,此后所有的时代的多数国家,都持续着这样的风格嫁接,从 19 世纪的美国国会大厦的跨州模仿(图1-15),跨入现代主义之初的中国,成为清华大学礼堂建筑,继而跨入当代中国一些地方城市,成为一些地方政府的政府大厦(图1-16),也攀上北京当代高层住宅的屋顶上,成为电梯井的风格外衣(图1-17)。

图 1-16　南京雨花台区委办公楼

图 1-17　北京某高层住宅

十一　文学将杀死建筑

这是印刷术对建筑术的胜利:

从建筑术那里流失的生命力都归它所有,随着建筑术的衰落,印刷术开始扩张壮大。到了 18 世纪,它重新握住路德的旧剑,把它递给伏尔泰,然后它开始荡平一切古老的欧洲文化。②

---

① 〔法〕雨果:《巴黎圣母院》,施康强、张新木译,译林出版社,2000 年。
② 同上。

印刷术就此荡平了建筑术的辉煌文化,后来一切风格的复兴,无论是古典复兴,还是哥特复兴,都由印刷术所提供。文艺复兴的建筑,复兴的是那些印刷的考古图片;哥特复兴的建筑,复兴的是那些印刷的传奇小说。前者将异时异地的古代样式带入建筑风格,后者则将风景如画的浪漫观念带入景观构图。

从建筑术能量的全面衰减中,雨果却看到文学从印刷术那里截流的磅礴力量,他将哥特大建筑看作石头的《圣经》,而将印刷术看作纸版的《圣经》:

> 不妨说人类有两本书,两种记忆册,两份遗嘱:建筑术和印刷术,石头的圣经和纸上的圣经。[1]

如果石头圣经(建筑术)的特征是坚固/持久/匿名,纸版圣经(印刷术)的特征则是轻薄/扩散/显名。

因为显名的诱惑,它所汇聚的不再是石材的技术,而是人类独创性的纸媒智慧,其磅礴的气势,甚至超过了哥特大建筑的宏大图景:

> 这座巨厦其大无比。某位统计专家计算过,若把自从谷登堡以来印刷的全部书籍一本挨一本摞起来,其高度足以填平从地球到月亮的距离;不过我们要讲的是另一种性质的伟大。全世界支撑这所建筑,全人类孜孜不倦为它添砖加瓦,但见探出怪异的脑袋伸进未来的浓雾……何况这奇异的建筑永不竣工,印刷机这台巨大的机器无休止地吸取社会的全部智力汁液,永不停歇地为营造自己的建筑吐出新的材料。这所建筑的楼层数以千计,科学的幽暗洞穴在其内部纵横交错,通向一座又一座楼梯。这是人类的第二座巴别塔。[2]

雨果描述的这一幕,在那些灯火通明的当代硅谷大厦里,达到了印刷媒介难以想象的新高度。有了网络这一当代媒介,我们更容易理解雨果对印刷术难以控制的轻薄性的担忧。这一蔚为壮观的新巴别塔下的当代建筑,果然每况愈下,与风格化的圣彼得大教堂相比——它的希腊-罗马式风格,虽被雨果讥讽为伪古代与伪地域——当代建筑则更加堕落,借助网络的方便,人们可以随时将媒体吹捧但尚未经考验的当代建筑任意嫁接,并以嫁接

---

① 〔法〕雨果:《巴黎圣母院》,施康强、张新木译,译林出版社,2000 年。
② 同上。

的多样性,来伪造创造力的丰富性,并将这类简陋的即兴拼贴,鼓吹为这个时代的新风尚。

十二 小将杀死大

雨果将时间、革命以及时尚视为对城市或建筑造成破坏的三种罪魁,并将时尚判定为祸首,因为,时间的破坏还有秩序——它总是先损坏那些年代久远的建筑,所侵蚀的不过是建筑的表皮;而革命的破坏还有对象——项羽焚烧阿房宫的大火并不会烧向民居,它所破坏的或许是建筑的某根筋骨;而时尚的破坏既无秩序,也没有对象,它腐蚀的乃是大建筑的精髓。

> 时光和革命的破坏至少不偏不倚,而且不乏气魄,跟在它们后面来了一群嗡嗡营营的学院出身、领有执照、宣过誓的建筑师,他们施展身手时却根据自己的恶俗趣味有所区别、选择。①

它直接造就了今日北京众多的楼盘名称——温哥华森林、纳帕溪谷以及更为大全的集仿城市——上海的"一城九镇"。

当年,雨果曾如此呼叹这类时尚:

> 时间盲目,而人类愚蠢。②

假如宗教改革杀死哥特大建筑的原因是世俗的印刷文本杀死了神圣的宗教,未来建筑的噩耗也隐约可听,当年,路易十四借助世俗权力弑杀了宗教权力,市民们很快就意识到君权更没什么神圣的,他们很快就将路易十四的孙子送上了断头台。其后的两百年来,资本家用经济取代王权,其间,雨果发现了建筑九十度的转向:

> 从前建筑都是山墙(指教堂)朝向街道,而今,建筑物(通常是指银行或证券交易所)以其长向面对街道。③

而杀死建筑的文学又将面临怎样的命运呢?借助游吟诗人格兰古瓦的

---

① 〔法〕雨果:《巴黎圣母院》,施康强、张新木译,译林出版社,2000 年。
② 同上。
③ 同上。

牢骚,雨果提出这样的问题:是圣迹剧还是鬼脸剧获胜?

　　既然雨果为建筑术提出的规律是——小总会战胜大,这些将摧毁那些,当代文学的结局,则也应验了格兰古瓦的预言:鬼脸将战胜圣迹,而闹剧会战胜文学。

　　(原文发表于《文景》总第 8 期,后收入笔者文集《文学将杀死建筑》。本讲对此有修改与增删。)

第二讲

建筑与革命:柯布西耶的建筑革命

1882 年,在《快乐的知识》里,尼采①宣称"上帝死了"。1885 年,在《查拉图斯特拉如是说》里,尼采杜撰了一个超人,以重整欧洲弑神后的文化乱象。这一年,雨果去世。雨果曾预言印刷术将杀死建筑术,但也预言,将会出现一位建筑超人暂时改观大建筑的崩溃:

> 到二十世纪,一位天才建筑师也可能留下大手笔,如同但丁在十三世纪一样。②

1887 年,查里斯·爱德华·让那亥③在瑞士拉肖德芳市出生,他更为人熟知的姓名是勒·柯布西耶④。作为被雨果预言过的伟大建筑师,在他诞生百年后的 1987 年,联合国以他的名义将这一年定为国际住房年,以表彰他对现代建筑与现代城市居住的卓越贡献。

柯布西耶有着与米开朗基罗同样的禀赋,身兼绘画、雕刻、建筑三种才华。他以让那亥的名字与奥赞芳⑤一道,开创了绘画史上的"纯粹主义",以展开对毕加索⑥"立体主义"绘画的批判;他利用建筑物巨大的场地,将建筑展开为雕塑般的"建筑物体",可以媲美于菲迪亚斯在雅典卫城上的那些伟大雕塑;他甚至还是一位伟大的诗人,雨果曾以《巴黎圣母院》让我们对古老的哥特建筑有了重新认识,柯布西耶则以 50 本书,不但改观了我们生活的环境,甚至也改变了我们的思想;他以悲剧性的矛盾方式所建造的 57 幢建筑,不但启示也同样激怒了几代人,其余波荡漾在整个现当代建筑历程中。

---

① 尼采(Friedrich Wilhelm Nietzsche,1844—1900),德国哲学家。
② 〔法〕雨果:《巴黎圣母院》,施康强、张新木译,译林出版社,2000 年。
③ 爱德华·让那亥(Charles-Edouard Jeanneret-Gris),勒·柯布西耶的原名。
④ 勒·柯布西耶(Le Corbusier,1887—1965),瑞士籍法国现代主义建筑先驱。
⑤ 阿曼迪·奥赞芳(Amedee Ozenfant,1886—1966),纯粹主义画家。
⑥ 巴伯罗·毕加索(Pablo Picasso,1881—1973),西班牙现代艺术家。

一　建筑或革命

柯布年轻时写就的《走向新建筑》,被认为是对上世纪建筑影响最大的书籍。在最后一章,柯布西耶为当时动荡的社会提出非此即彼的两个标题性选项:

建筑或革命!（architecture or revolution!）

为什么革命?

印象派画家莫奈①绘制的《雾中闪耀的伦敦国会大厦》可以提供线索,画中闪耀在伦敦城市上空的美妙雾气让人沉迷,但它们或许不是雾气,而是工业时代机器生产的紫色雾霾(图2-1);莫奈格外著名的《睡莲》,其间色彩斑斓的水面(图2-2),或许也是池塘被工业时代严重污染的真实色彩。被工业文明聚集在城市里的人类生活,却很难出污泥而不染,因此,需要一场城市规划与居住环境的革命。柯布将居住、工作、休闲、交通四种功能进行区分的城市规划革命,旨在将工人的居住休闲生活与被机器生产污染了的有害工作环境隔开。

图 2-1　莫奈《雾中闪耀的伦敦
国会大厦》(1903)

图 2-2　莫奈《睡莲》

---

① 克劳德·莫奈(Claude Monet,1840—1926),法国印象派画家。

在《欧洲风化史——资产阶级》里,有幅名为《伦敦的夜店》的版画,它描绘了当时城市打工阶层恶劣的居住状况:由于住宅极度匮乏,他们只能在夜店里以悬挂的绳索支住额头,聊以睡眠。它可以表明柯布提出建筑革命时所面对的严峻的社会现实:

> 一切活人的原始本能就是找到一个安身之所。社会的各个勤劳的阶级不再有合适的安身之所,工人没有,知识分子也没有。今天社会的动乱,关键是房子问题:
>
> 建筑或革命![①]

技术决定论者愿意将这场革命看作新型结构技术导致的建筑革命,但这只是建筑革命的技术支持,柯布明确提出这场革命的对象与目的,乃是为普通人建造大量住宅。

二 为谁建筑

在《走向新建筑》第二版序言里,柯布西耶指出建筑革命的特定对象与特殊标准:

> 现代建筑关心住宅,为普通而平常的人关心普通而平常的住宅,它任凭宫殿倒塌。
>
> 这是一个时代的标志,为普通人,"所有的人",研究住宅,这就是恢复人道的基础。
>
> 人的尺度/需要的标准/功能的标准/情感的标准,这是一个高尚的时代,人们抛弃了豪华壮丽。[②]

这是现代建筑区别于传统建筑最深刻的阵地转移——设计对象从少数的教堂宫殿或贵族府邸,转向多数人的普通住宅。因为这一转变,柯布才宣称——现代建筑运动,它任凭宫殿倒塌。也因为关注普通而平常的住宅,柯布才迫切需要清理折衷主义繁复的装饰。普通人非但无力拥有那些"豪华壮丽"的古老住宅,甚至也无力打扫那些风格装饰里的灰尘。柯布为具备

---

① 〔法〕勒·柯布西耶:《走向新建筑》,陈志华译,陕西师范大学出版社,2004年。
② 同上。

"新精神"的新型居住者示范了一
幢"新精神馆",这是一套示范性的
居住单元(图2-3),他不但使用了能
使小住宅显得大而明亮的白色,还
设计了可用以储藏的简洁配套家
具。只有理解这一设计对象的转
变,柯布西耶所宣称的"住宅是居住
的机器"这一冰冷的格言,才显示出
其人道性的迫切一面。

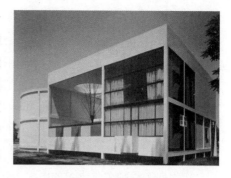

图 2-3　新精神馆

柯布曾不无诙谐地用"住宅规划——厨房里妇女的腿"为题,以表示他
对普通妇女生活的关心,新住宅的主妇们,不再拥有贵族的大量奴仆,她们
不但需要参与机器生产,还需要亲自下厨,贵族府邸巨大的地下厨房会让她
的腿跑肿。为此,柯布希望使用机器来解放妇女的腿,他以飞机驾驶舱为
例——借助机器的精确控制,飞行员在狭小的驾驶舱里不用起身就能操作
高难的飞行动作,柯布因此认为,借助新的烤箱、冰柜等厨房机器,妇女们也
能在不费腿力的坐姿中,轻松地完成原本繁复的家务工作。为此,他甚至宣
称,设计大于四平米的厨房,就是对妇女的犯罪。

三　如何建造

《走向新建筑》第一章的标题是"工程师的美学·建筑",柯布指明新建筑
的美学应该向工程美学学习,亦即后来被广泛批评的机器美学;第二章"给建
筑师先生们提出的三项备忘录",柯布旨在提醒新建筑应该学习工程师——
用可控制的几何体量满足我们的眼,用可精确的数学比例满足我们的心,而非
如当时的巴黎美术学院所教授的折衷主义风格美学;第三章"视而不见的眼
睛",柯布列举了建筑艺术应当学习的对象,它们都是当时工程师最优秀的
工业产品——远洋轮船、飞机、汽车;第四章"建筑",柯布才开始谈论建筑的
独特性创造;第五章"成批生产的住宅",柯布明确提出新建筑设计的主要任
务就是批量生产住宅,它们应当采纳汽车轮船飞机的批量生产方式。

基于向工业建筑学习,柯布提出了后来被广泛引用的多米诺体系的图
示——标准化的柱子支撑着标准化的两层楼板,一旁的楼梯通向上层楼板,

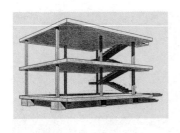

图2-4 "多米诺"体系

暗示其可以向上叠加的标准化楼层(图2-4)。楼板之间没有明确的功能区分,楼板外侧也没有传统的立面围护,其压减到最低限的造型,不是为了表现风格,而是为了声明住宅可标准化建造的最大简化,它是柯布为建筑革命提出的极简居住单元的基本骨架。

作为向工程师美学学习的图注,多米诺体系被置于与汽车、帕提侬神庙并置的位置上。而柯布后来被广为诟病的一项声明,也出自这份图纸的旁注上:

> 住宅是居住的机器![①]

四 复制还是模仿

为了给生活潦倒的普通人快速建造大量而健康的配套住宅,柯布西耶虽然反对造型模仿——譬如轮船对汽车的造型模仿,却坚定地支持机器生产的复制美学——汽车的大批量生产方式就是复制。从当时的福特汽车生产流水线上,柯布学到的经验是:只要选择好的标准,住宅建筑的标准化复制就是一项快速、经济而且能担保质量的建造方式。由此,柯布就需要面临至今还在困扰着建筑师们的问题——建筑是要个性化的艺术设计,还是要无个性的标准化制造?针对这一在德意志制造同盟内部曾引发过激烈争端的美学问题,柯布只用了几张照片就平息了旷日持久的争论——他将建筑史上崇高的帕提侬神庙,与当时兴建的谷仓与汽车的图片并置一处(图2-5),明确地指出:帕提侬神庙的美,正

图2-5 《走向新建筑》插图

---

① 〔法〕勒·柯布西耶:《走向新建筑》,陈志华译,陕西师范大学出版社,2004年。

来源于它的柱式以及其他一系列建筑构件的标准化。

当代建筑理论家弗兰普顿在他的巨著《建构文化研究》里也发现,当时被当作哥特艺术复兴标志的伦敦国会大厦(图2-6),与被批评为工程而非建筑的英国水晶宫(图2-7),两者在标准化的坚定使用上却如出一辙。这一将个性与标准化置于对立位置的常规言论,也经常以一种反讽的方式,出现在当代这个消费时代:人们一方面迷恋苹果手机的艺术个性,多数人却不愿拥有一部非标的苹果手机,非标产品通常被当作残次品在出场时就被销毁。

图2-6　英国伦敦国会大厦　　　**图2-7　1851年的伦敦**
　　　　　　　　　　　　　　　　　　　　　水晶宫

五　选择什么标准

复制的质量,在于标准的选择。

钢筋混凝土结构的新建筑,没有现成的造型标准。尽管柯布在"给建筑师先生们提出的三项备忘录"中的第一项"体量"里,提供了让他赞美的大量功能清晰、体量明确的谷仓,但居民不是谷物,人们需要通风、采光,还需要欣赏美景。为此,柯布为新的住宅建筑提出了新的美学标准,并在萨伏伊别墅里将它们一一诠释(图2-8):1. 底层架空柱;2. 屋顶花园;3. 自由平面;4. 水平长条窗;5. 自由立面。

图 2-8　萨伏伊别墅

这一被称为"新建筑五点"的造型特征,主要得自于多米诺图解里的结构模式——框架结构是用柱而非传统墙体支撑了楼板与屋顶,因此它就没有欧洲传统住宅里用以承重楼板的外墙与隔墙,不但解放了外立面——这导致了自由立面,也解放了内部的功能分区——这将导致自由平面。

但是,自由是对几何限定的反动,工程师的精确经验则需要对这些自由进行限定。柯布在《走向新建筑》摘要里的"汽车"一栏,如此定义"标准":

> 为了完善,必须建立标准。帕提侬是精选了一个标准的结果。建筑按标准行事。标准是有关逻辑、分析、深入的研究的事;它们建立在一个提得很恰当的问题之上。实验决定标准。

柯布以雪铁龙汽车的造型为例阐明,汽车的体量来源于对内部功能的精确体现,即便是汽车后盖里看似杂乱的管线,也不会有任何一根是被风格所决定的。雪铁龙造型的启示是:一旦建筑的内部功能可以如同汽车内部机器的功能一样明确,建筑就能拥有一个如汽车般精确的体量与轮廓。当建筑的内部功能与建筑的外部轮廓精确匹配时,柯布就有可能将建筑与雕塑之间分裂的茬口缝合为密不可分的"建筑物体"(Architecture Object);为了能给建筑披上这件精确的造型外衣,首先需要的就是对建筑的内部功能进行精确限定。

六　水平长条窗与自由立面

"五点"中的"水平长条窗",是柯布对自由立面的一种限定性尝试,它得自于框架体系对墙面的解放。在这种新型结构里,开窗有着从传统窗洞到全玻璃建筑间的无穷可能,甚至超过了哥特建筑引入飞扶壁对墙面的解放。与哥特教堂最终以宗教故事的彩色玻璃画来填满洞口不同,失去宗教意义的现代窗户,只能以创新本身当作意义。横向长窗,只有作为对传统建筑竖向窄条窗的反动时,其创新之处才得以成立,柯布甚至不惜为此与其老师佩雷①决裂,后者宣称只有竖向窄条窗才是具备人文精神的造型。

在"工程师的美学"里,柯布曾针对艺术引述过工程师如何精确造型的定义:

> 艺术就是运用知识来实现一个观念。而现在,工程师们有知识,他们知道造得坚固的办法,采暖的办法,通风的办法,照明的办法。②

正是照明与通风的技术观念,最终改观了柯布水平长条窗的造型特征。当他前往巴西的里约热内卢做设计的时候,玻璃幕墙或水平长条窗的表现性都遭遇挑战。当地炎热的太阳,使得这类新建筑的玻璃空间内将会热如火炉。在一篇《采光问题:遮阳》的文章里,柯布一改先前对阳光的无条件讴歌,而将太阳描述为"冬季行善夏季作恶的太阳",由此开始研究日后风靡全球的立面遮阳。

在他后来为印度设计的艾达巴德棉纺织协会总部大楼里,那些在立面上以 45 度角倾斜的遮阳格构,相当精确地遮挡了夏季行恶的阳光,并精确地吻合了印度夏季行善的季风方向(图 2-9)。这两项建筑内部的重要功能——

图 2-9 艾达巴德棉纺织协会总部大楼

通风与遮阳——在遮阳板上的双重吻合,确实可以使遮阳轮廓具有汽车般的功能精确性,它们在立面上投下的那些深凹的阴影,不但重新开始了对太阳的讴歌,其精确和规律还重铸了建筑立面雕塑般的精确轮廓。中后期的柯布,不再以区别传统为创新,柯布曾以各种造型之窗诠释过窗的多种精确而丰富的表现性。

---

① 奥古斯特·佩雷(Auguste Perret,1874—1954),法国建筑师。
② 〔法〕勒·柯布西耶:《走向新建筑》,陈志华译,陕西师范大学出版社,2004 年。

七　自由平面与精确造型

图 2-10　萨伏伊别墅浴室

图 2-11　拉图雷特修道院祷告室天窗外观

图 2-12　拉图雷特修道院祷告室天窗内室

建筑可以从雕塑般的轮廓开始，前提是必须对内部功能进行精确的确定。

柯布在萨伏伊别墅浴室里设计的那张马赛克躺椅(图2-10)，是柯布将室内功能雕塑化的最初尝试，它兼顾了浴池池壁与家具两项功能。

在柯布设计的拉图雷特修道院东面实墙上，那鼓出来的奇怪的半个方锥造型，实际是室内管风琴龛的外轮廓表现，而在一旁祷告室的屋顶上空，三个凸出屋面的筒状采光天井作为收集不同角度光线的功能造型(图2-11)，为其下的祷告室带来深邃而神秘的光线(图2-12)。与哥特或罗马建筑那些盛放雕塑品的壁龛相比，柯布这些凹凸于建筑中的体量，乃是将建筑进行雕塑化的整合结果，而非仅仅将建筑当作雕塑的展示空间。

柯布最伟大的作品之一朗香教堂的总体造型(图2-13)，几乎就由一组各自独立且各具功能的功能物体精确限定——南面那些被詹克斯称为"窗户房间"的幽深窗洞，乃是感召南向光倾斜度的最佳楔形(图2-14)；东面薄墙上那些细小孔窗，能在室内的逆光中幻化为星辰，而其间一尊匿于神龛内的圣母像(图2-15)，在室内逆光中则如众星捧月般耀眼；北部两个相背而立的高塔，各自扭转90度，以接受来自东西向的光线，并循着高塔上的高窗，划过颗粒化的壁面，将光线以粒子造型滑入下部的祷告室(图2-16)；西立面那个著名落水口下部弧墙上的一个圆凸起，则是

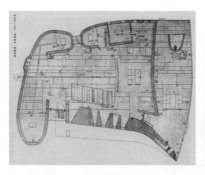

图2-13　朗香教堂平面

图2-15　朗香教堂东立面圣龛

图2-14　朗香教堂南向楔形窗龛外立面

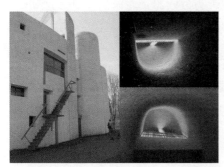

图2-16　朗香教堂西北光塔内外观

图2-17　朗香教堂告解室外凸体量

室内几间小告解室近人尺度的功能在外部的表现(图2-17),落水口正对着一方收集圣水的池子,池中是几件柏拉图几何形体的造型物。

正是在朗香教堂中,柯布验证了他关于建筑造型的格言:建筑是纯粹几何形体在阳光下精确的表演!

八　屋顶花园与平屋顶

图 2-18　屋顶花园

柯布或许隐瞒了"屋顶花园"的来历,他的钢筋混凝土技术的师傅佩雷,早在他的巴黎公寓里,就与一位园艺家合作过一个屋顶花园。按柯布自己的描述,他本人的屋顶花园则另有来历:他早年以平屋顶反动传统的坡屋顶之初,似乎并没有考虑过屋顶有成为花园的可能。

为解决混凝土热胀冷缩的裂缝问题,他采取了在屋面堆土来保温保湿的做法。意外的是,屋顶的覆土在无人问津的战乱中,在风与鸟的媒介之间,居然长出一个生机勃勃的花园来(图 2-18),他对此大喜过望。但他在大力鼓吹屋顶花园的同时,却提出了一条与此紧密相连但让人大惑不解的备忘录:

　　别忘了从屋子内部排掉雨水!①

或许是依附于平屋顶建筑的外排落水管造型乏味,总让人怀念坡屋顶排水的自然天成。柯布后来试图构造出一个让人满意的外排水物体,在

图 2-19　临海住宅"Mathes"

1935 年所做的临海住宅"Mathes"里(图 2-19),他特地提醒人们注意这处坡屋顶与传统坡屋顶的形式区别:

　　人们将注意到倾斜的屋面并非遵循传统的坡屋顶做

---

① 〔瑞士〕博奥席耶等编:《勒·柯布西耶全集》,牛燕芳、程超译,中国建筑工业出版社,2005 年。

法,相反,两个斜屋面向中央倾斜,坡向一个巨大的排水沟;立面的解决方案也是如此坦率,摆脱了传统的锌皮檐沟。①

在此,他摆脱了悬挂在传统坡屋顶前面的镀锌铁皮的檐沟。在后来的昌迪加尔大法院的设计里,柯布却再次将一个巨大的混凝土檐沟挂在屋檐前面,将其看作在干旱的印度收集雨水的一个庞大的建筑物体(图2-20),下面与之呼应的一个巨大蓄水池就是见证。

图 2-20　昌迪加尔首府集水池

以排水这一建筑功能为理由,柯布不但设计了莱茵河畔的坎贝-倪佛运河检查站看似奇特的坡顶,并为它设计了一个形同瀑布的排水沟(图2-21),还为朗香教堂古怪的曲线屋顶寻找到类似的排水理由——朗香教堂屋顶的全部曲面,都坡向西面那个形同雕塑的落水口(见图2-17),它能将收集到的圣水排放到底下那个塑有柏拉图形体的蓄水池里。

为此,柯布不再刻意反对传统的坡屋顶,也不再刻意鼓吹平屋顶的屋顶花园。

图 2-21　坎贝-倪佛运河检查站
屋顶泄水口

①　〔瑞士〕博奥席耶等编:《勒·柯布西耶全集》,牛燕芳、程超译,中国建筑工业出版社,2005 年。

九　底层架空与城市革命

"底层架空柱"依赖于结构
工程师的精确计算,并有传统上的诸多柱式为先例,从未成为建筑造型的难
点。柯布用柱子托起建筑的创意,则来自城市规划,据说它得自于戈涅的托
柱式城市,底层架空柱能将整个城市托在空中,以此方式,从技术上实现将
城市功能进行建筑分离——将居住、工作、休闲与交通进一步分离。

这一城市规划的概念,后来被写进 1933 年的《雅典宪章》,它彻底改观
了世界性的居住与工作混杂在一起的城市生活状况,也导致了今日现代城
市交通堵塞与出行不便的严重后果。但在当时以煤炭为能源的工业生产条
件下,这种城市功能分区却是基于人道的健康考量。基于对城市密度的考
量,柯布西耶提倡"垂直城市"与"集中城市":

> 为了共同防御及节省力量的目的人们喜欢聚集起来。如果他们的
> 居住状态是分散的,正如今天的状况,那便是因为城市病了,不再能履
> 行它的功能了。这种聚集是拜现代技术所赐。现代的城市规划将在这
> 些新的条件下带回与自然的联系,这正是我们机械文明所承担的最紧
> 迫的任务。①

柯布之所以要推广高密度的垂直城市,有两项考虑:密集的城市能减少步行
距离;垂直城市的高密度还能解放出更多的绿地面积,以便城市中的人类能
在城市中找回与自然的天然联系。

以此为线索,从柯布早期的雪铁龙住宅——以雪铁龙汽车为理念的最
小住宅,到随后的"新精神馆"等一系列作品,都可看作柯布对建造一个"垂
直城市"与"集中城市"理想的实验品。在 1925 年的巴黎世界博览会上,柯
布展出了他的"别墅大厦"的设计,这是他试图将分散在独立别墅里的人们
重新聚集在高密度大厦里的尝试(图 2-22)。他将一系列带有空中庭院的
住宅叠放在空中,每个庭院里绘制的植物乃是自然的象征。而同时展出的

---

① 〔瑞士〕博奥席耶等编:《勒·柯布西耶全集》,牛燕芳、程超译,中国建筑工业出版社,
2005 年。

"新精神馆"（见图2-3），作为"别墅大厦"的一个单元被建成展出。照片中引人注目的那个圆洞，出现在天花板上以容纳树木的生长，它是"别墅大厦"要将自然带入垂直城市之愿望难成留下的窟窿。

图 2-22　别墅大厦

十　城市与建筑

　　二十年之后，柯布首次以马赛公寓实现了一个垂直城市单元（图2-23）。这幢165米长、56米高、24米宽的公寓，共有337个居住单元，它们如同可拆装的抽屉一样，聚合成一个城市尺度下的居住单元。为了标识其建筑的城市性，马赛公寓在空中设有一条商业街道，它是柯布西耶七种城市规划道路的第六种——表明它是为城市尺度设计的巨大集合体，它本身就是阿尔贝蒂[①]宣称的大建筑与小城市的综合体，也表示它随时都能与其余六种城市交通发生城市间的脐带关联。

　　这个庞大体量的城市居住单元，另有几项鲜明的造型特征：底层被巨大的混凝土柱子高高举起，这给观者以空中游船的意象；屋顶设置有一个巨大的屋顶花园，它

图 2-23　马赛公寓

---

　　①　阿尔贝蒂（Leon Battista Alberti，1404—1472），意大利文艺复兴时期通才。

图2-24　马赛公寓
屋顶花园

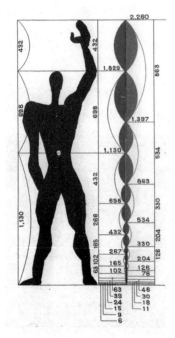

图2-25　柯布西耶绘制的
红蓝尺模度

们由小游泳池、儿童游戏场地、跑道、健身房、日光浴室等构成,柯布以其杰出的雕塑家的能力,将一些功能物体——混凝土桌子、人造小山、室外楼梯、通风井、开放的影院———处理为一系列雕塑模样(图2-24),据说,它们甚至引起了应邀参观的毕加索的嫉妒;整个建筑除北部以一架室外混凝土楼梯覆面以外,其余三面都为混凝土预制花格所笼罩,其优雅的比例则得自于柯布的模度体系。

这一利用二战期间研究的模度成果,围绕着斐波拉契①数列展开——后项等于前项之和,譬如1,1,2,3,5,8。他依据这一比例绘制的人体功能尺度,成为日后各个设计领域里的首要经典。而依据同样的比例,柯布绘制的红蓝尺(图2-25),不但囊括了从装修到家具甚至建筑的全部尺度,也是他为普通人谋求的一种包含了"需要的标准、功能的标准、情感的标准"的人道尺度。柯布选择2.26米这一六英尺人摸高为层高,符合普通人最经济的需要标准;柯布以此身高绘制的模度人,因为能将人体的重要关节与各种行为高度紧密结合,就体现了人体功能需要的人性标准;最隐晦但或许是最重要的,借助斐波拉契数列的神奇——该数列中,越往后其后项与前项之比就越接近黄金比——使得马赛公寓这幢为普通人设计的建筑具有那些曾用黄金比推敲过的教堂与

———

① 列奥纳多·斐波那契(Leonardo Fibonacci,1175—1250),中世纪意大利数学家。

宫殿一样的神性,也使得马赛公寓能够取代过去占城市中核心地位的教堂与宫殿建筑而具备某种城市纪念碑的优雅气质。

柯布对他所发明的这套模度体系如此迷恋,他将它寄给了爱因斯坦,后者的赞美是:这会让差建筑变得困难,让好建筑变得容易。

十一　建筑与理想

宁静独处,又与人天天交往。这是柯布年轻时参观爱玛修道院时获得的理想生活经验。这也是他在马赛公寓里试图为普通人实现的生活梦想。马赛公寓用巨大的鸡腿型混凝土柱将居住者从喧闹的城市中隔离开来宁静独处,它就像是一个独处于空中的微型城市,可以供人们天天交往。人们将马赛公寓邻近的街道命名为勒·柯布西耶大街。

如今已经没有人承认他们曾对柯布的建筑革命施加层层障碍。

有哪位建筑师经历过建造的理想城市没被使用就被废弃,还能坚持寻找机会?在贝萨克城,柯布就曾建造过一批近似的居住单元,仅仅因为影响到工匠行会与自来水公司的销售利益就被荒废。或者,又有哪位建筑师经历过在设计竞赛中获得竞赛大奖,仅仅因为绘图使用的是印刷墨而不是中国墨就被拒绝?柯布在日内瓦国际联盟宫的设计竞赛中,就是因为这一荒诞的理由而被淘汰。

柯布是一位手持矛盾的斗士,甚至还是一位自相矛盾的斗士。他虽然号召用普通人的公寓取代过去少数人的宫殿,但他所修建的萨伏伊别墅却俨然是现代建筑的圣殿;他虽然是一个无神论者,却修建了现代建筑史上最著名的朗香教堂;他炮制了现代建筑以及城市规划的宪章,又不断地评判它们;他一手创建了国际建筑师协会,又在协会受到青年们抵制时倒戈并支持他们;当现代建筑遭到全面攻击时,当其他现代建筑缔造者们对此表示沉默时,他却站出来将捍卫现代建筑作为一己之重任;他促成了功能主义之风,又攻击它缺乏诗意;他强调过自由平面,最后又走向纪念性;他嘲讽过裸露结构的做法,却又使混凝土得到最为裸露的粗野表达;他扬弃了形式主义,又创造出一大批新的形式。这使他的追随者们无所适从,每当他突然转向自我批判,追随者们就感到被意外地离弃,感到信仰被懵懂地抨击,最终原先的一些朋友成为他最大的敌人。因而,柯布的一生,总是左右遇敌地夹在非难中,被嘲讽被排挤。

十二　唯有思想可以流传

图 2-26　小木屋

很难想象缔造了现代建筑各种造型的大师,晚年的自宅却是一幢幽僻的传统小木屋,除了隐含的模度控制外,几乎没有任何现代建筑的造型特征。其室内简朴的陈设,更像清教徒的沉思所(图 2-26)。

1961 年,74 岁的柯布在一本旧版的尼采著《查拉图斯特拉如是说》扉页上写道:

自 1908 年以来就再未读过这本书 = 53 年 = 我个人的生活。今天,我觉得从这本偶然发现的书中获益匪浅,我明白了现实抉择及命运这些都是一个人终身的主题,因此我决定为这本书作个注释。①

晚年的他,向往着能在地中海蔚蓝的海水里自由死亡。1965 年 8 月 27 日上午,柯布如愿了:他在年轻时曾经游历过的地中海游泳时意外死亡。

唯有思想可以流传! 这也是柯布去世前最后一本著作的名字。柯布之后的伟大或著名建筑师、理论家极少有不受柯布影响的。三十年前,后现代建筑鼻祖——文丘里,在他发表的被认为上世纪仅次于柯布《走向新建筑》的后现代建筑宣言中,尽管对现代建筑展开了全面批判,还是小心地避开了柯布,并认为柯布的作品不无象征意义;詹克斯②,这位以宣判现代建筑于1972 年死亡而出名的批判家,在他的《晚期现代建筑》一书里,将主要矛头指向另一位现代建筑大师密斯,却专门撰写了一本名为《勒·柯布西耶》的书向柯布致敬;弗兰姆普敦③,今日建筑理论的新掌门人,也同样出版了一本由他本人写作的《勒·柯布西耶》;在《沿着勒·柯布西耶的步伐》论文集

---

① 〔瑞士〕博奥席耶等编:《勒·柯布西耶全集》,牛燕芳、程超译,中国建筑工业出版社,2005 年。

② 查尔斯·詹克斯(Charles Jencks,1939—　),英国艺术理论家。

③ 肯尼思·弗兰普顿(Kenneth Frampton,1930—　),美国当代建筑理论家。

里,有众多柯布之后当代建筑大师以及理论大师的身影,他们分享着柯布留下的现代建筑遗产。

柯布在《查拉图斯特拉如是说》第 8 页那句"我乐于奉献与布施我的智慧,直到智者再度因自己的愚笨而喜悦,贫者因自己的财富而快乐"旁边,写下了他的答案:

> 张开双手吧!（Open hands!）

这是 1987 年才在昌迪加尔实现的雕塑作品。柯布当时对这一张开手掌造型的解释是:

> 张开的手掌,是为了接受,为了给予,为了分配、自由……张开的手掌,是乐观主义的手势。在现代人面前,它是灾难,我给其他人留下的这句话是为了找到一个解决方案,在此刻,这是一个焦点,一个悲剧时刻。①

焦点在于我们如何既能宁静独处,从而避免个人在大众中可能丧失自我的危险,又能天天与人交往,从而避免因孤独而可能丧失现实的危险。这个两难的选择,才是这个没有英雄也没有超人的时代的真正悲剧所在。

（部分文字参考了笔者发表于《文景》的《现代建筑大师勒·柯布西耶》和发表于《建筑师》的《建筑物体》二文。）

---

① 〔瑞士〕博奥席耶等编:《勒·柯布西耶全集》,牛燕芳、程超译,中国建筑工业出版社,2005 年。

建筑与史诗:密斯的钢铁建筑

雨果在《巴黎圣母院》中表述过对未来城市的担忧:

> 从此以后,伟大城市的容貌毁损一天甚于一天,哥特式巴黎抹掉了罗曼式巴黎,后来它自己也被抹掉。那么,是什么样的巴黎取代了它呢?
>
> 巴黎照今天这个样子成长的话,每五十年就要改换一次容颜。所以它的建筑的历史意义每天都在减损。文物建筑变得越来越少,人们好像眼看它们逐渐被普通房屋淹没。我们祖辈有个石头的巴黎,我们的子孙将有个石膏的巴黎。

巴黎老区如今变化不大,还是石头的巴黎。倒是那些被誉为钢筋混凝土森林的现代城市,被柯布早年的现代风格所主宰,通体被抹得如石膏一样白。而那些经过现代主义洗礼后的新兴城市的核心——纽约的曼哈顿或今日北京、上海的 CBD——却是拜密斯·凡·德罗①的风格所赐。晶莹剔透的玻璃建筑,一直统治着这类城市的核心商业地区,它们如钻石般闪耀着资本的光辉。与柯布在各个领域里都要独领风骚不同,密斯终其一生都在执著于一项类似炼金术的工作:如何将当初被当作工程材料的玻璃与钢,带入到现代建筑的审美当中。

一　水晶宫是否为建筑的争论

文艺复兴以来,欧洲各国建筑的兴衰,与欧洲各国资本主义实力的兴衰同步。法国路易十四②缔造的辉煌,恩泽及于法兰西建筑学院,缔造出法国的希腊—哥特式;大不列颠的崛起,以英国伦敦博览会的水晶宫为标志,其通体

---

① 密斯·凡·德罗(Mies Van De Rohe,1886—1969),德裔美国现代主义建筑先驱。

② 路易十四(Louis-Dieudonné,1638—1715),法国波旁王朝国王。

玻璃所预演的未来建筑的光泽,与英国国会
大厦的新哥特式建筑交相辉映;德意志的日
渐强盛,引发了德意志制造业的自发结盟。

图 3-1　水晶宫内景

在英国博览会建筑水晶宫与德意志
制造同盟的玻璃展览馆之间,有一条玻璃
建筑雏形的隐约线索。1851 年为伦敦博
览会修建的水晶宫,作为钢铁与玻璃的巨
大构筑物,得自于工程师对建筑学的时代
性胜利:面对博览会展览馆巨大的规模与
短促的建造周期,习惯了堆砌折衷主义风
格的建筑师们束手无策;而作为园艺工程
师的帕克斯顿①能够中标,在于他有着玻璃温室的建造经验,温室的建造早
就利用了半个多世纪后柯布们宣称的标准化构件。因此,这座以温室为原
型的水晶宫,具备了后来的现代建筑的主要特征(图 3-1):

　　1.非建筑学的工程美学特征;

　　2.模数化的预制构件;

　　3.标准化构件的复制美学;

　　4.建筑作为功能的容器而非美学载体。

当一座由玻璃与钢铁构建组装的巨大构筑物呈现在世人面前时,赞美
者将它看作晶莹剔透的水晶宫,而深谙建筑学的保守学者们却将它贬低为
构筑物而非建筑物。因为美学上的巨大分歧,这类玻璃建筑当时仅仅用在
一些车站或市场大棚的项目里,由于不被看作具备艺术表现性的建筑,它们
迟迟未能进入现代建筑的专业视野。

二　玻璃与晶体

1907 年,德国为了在工业产品上与英国竞争,以穆泰修斯②与贝伦斯③

---

　①　帕克斯顿(Joseph Paxton,1801—1865),英国园艺师、温室设计师。

　②　赫尔曼·穆泰修斯(Herman Muthesius,1861—1927),德国设计师。

　③　彼得·贝伦斯(Peter Behrens,1868—1940),德国现代主义设计重要奠基人。

两位建筑师为首,联合了独立艺术家以及手工业企业,组织了德意志制造同盟,通过将艺术、工业、手工艺三者协同,联合艺术家、企业家、手工艺人、销售商来共同提高德国工业产品的竞争力,以改善德国当时只能为欧洲先进工业国家提供廉价劳动力的尴尬地位。

1914年,在科隆举办了"德意志制造同盟"第一次展览会。在这次展览会上,后来创办了"包豪斯"的格罗皮乌斯①,展出了一幢有着两个玻璃楼梯间的新建筑,这是玻璃在现代建筑先驱者作品中的首次预演。而另一件名为"玻璃馆"的展馆,则是建筑学意义上最早的全玻璃建筑,设计师是德国表现主义建筑师陶特②,它的灵感得自于作家薛尔巴特③的一篇题为《玻璃建筑》的文字:

> 无论我们愿意与否,为把我们的文化提高到新的水平,我们被迫改变我们的建筑。这一点只有在改变人们居住房间的那种封闭性的情况下才有可能。只有引入玻璃建筑的办法才能做到,因为玻璃建筑不仅允许阳光/月光/星光穿过窗户进入室内,还最大限度地允许它们通过墙体进入室内(幕墙概念),这些墙体完全由玻璃——彩色玻璃构成。

图3-2 玻璃馆

陶特的玻璃馆(图3-2),依据薛尔巴特对玻璃建筑的赞美而修建,其门楣上就刻着薛尔巴特的铭文——彩色玻璃能消除敌意。1919年,在柏林举办了以"玻璃链"为名的表现主义建筑展,陶特提交的作品,仿佛一座玻璃建造的水晶哥特教堂,以门德尔松④为首的建筑师则提交了另一类流体形状的建筑,而芬斯特林⑤提交的

---

① 瓦尔特·格罗皮乌斯(Walter Gropius,1883—1969),德裔美国现代主义建筑先驱。
② 布鲁诺·陶特(Bruno Taut,1880—1938),德国表现主义建筑师。
③ P.薛尔巴特(Paul Scheerbart,1863—1915),德国作家。
④ 埃里克·门德尔松(Erich Mendelson,1887—1953),德国表现主义建筑师。
⑤ 赫尔曼·芬斯特林(Hermann Finsterlin,1887—1973),德国表现主义建筑师。

一件作品,简直就像是后来弗兰克·盖里①设计的古根海姆博物馆。以表现主义为共同的旗帜,旗下居然汇聚了造型差异如此巨大的两类作品。其间似乎暗示了对建筑进行表现的两条线索——依据北大建筑学研究中心李楠出示的证据,战争期间,这些建筑师绘制的大量表现性图纸的风格也一样可以分为两类——严谨如晶体或钻石的建筑造型,或者自由如火焰或流体的建筑造型。

三 抽象与表现

以上两种建筑造型,可以对应于当时两类抽象主义的艺术作品——抽象表现主义与抽象构成主义。康定斯基②的"抽象表现主义",因为要表达的是冲动的意志力,因此具备自由流动的造型;马列维奇③的"至上主义",以其代表作"白上加白"为例(图3-3),因为要表现绝对意志,其作品被抽离至几乎无物的纯粹状态;而其"至上主义"的词根,借助与宗教意义的密切关系,与蒙特里安④倡导的"抽象构成主义"可归为几何抽象一类。

图 3-3 白上加白

抽象主义的这三大源头,被认为受德语艺术史家沃林格⑤ 1908 年的著作《抽象与移情》的影响。在这本著作里,借助渊博的建筑史知识并以埃及金字塔为例,沃林格将抽象意志在艺术中的最后表现归结为结晶体的具体形态——按照这一推论,"抽象表现主义"属于移情作品,而其最高级抽象,将走向"至上主义"或"抽象构成主义"那种类晶体的几何抽象。

比这本著作更早,彼特·贝伦斯对最高级晶体的钻石造型有着炼金术

---

① 弗兰克·盖里(Frank O. Gehry,1929—),美国建筑师。

② 瓦西里·康定斯基(Wassily Kandinsky,1866—1944),俄国抽象表现主义画家。

③ 卡西米尔·塞文洛维奇·马列维奇(Kasimier Severinovich Malevich,1878—1935),俄国至上主义画家。

④ 蒙特里安(Piet Mondrian,1872—1944)荷兰抽象构成派艺术家。

⑤ 威廉·沃林格(Wilhelm Worringer,1881—1965),德国艺术史家。

图3-4 法本染料厂

图3-5 玻璃摩天楼方案效果

般的持久兴趣。1901年,他为达姆斯塔特艺术家园地展览会设计的海报,就是长袍女神手捧闪耀的钻石。而他设计的法本染料厂整个中庭的砖叠涩,就旨在围合出玻璃天窗的晶体形态(图3-4),晶体与钻石的形态还出现在灯与铺地的图案里。其门下的现代建筑三位先驱——格罗皮乌斯、密斯·凡·德罗、柯布西耶是否受到贝伦斯迷恋的晶体造型的影响,尚不清楚。

1919年,格罗皮乌斯与陶特的弟弟,共同策划了一个"不知名建筑展",密斯提交了作品,但被拒绝。就在这一年,密斯开始绘制使他成为玻璃建筑先驱的玻璃摩天楼。1921年,密斯绘制了一座有着钻石形平面的玻璃摩天楼效果图(图3-5),并阐述了玻璃摩天楼三项简明的特征:

1. 室内充足的光线;
2. 街上看过来的建筑体量;
3. 反射光的表演。

他说,玻璃的魅力不是透明而是反射,或许是反射能维护传统建筑的体量,也可能是钻石体量雕琢的暗示——钻石的形体面角的确定,完全是按照光线在钻石内部相互反射而琢磨出来的精确形体。

四 抽象与造型

1919年,格罗皮乌斯在德国组建包豪斯;1919年,密斯在德国领导11月集团建筑组;1919年,俄国的康定斯基在德国举办表现主义画展。当时,三大抽象主义绘画都同时在德国呈现——马列维奇的"至上主义"、康定斯基的"抽象表现主义"、蒙特里安与凡·杜斯堡①的"抽象构成主义"。借助李西斯基②的推广,"至上主义"得以在欧洲展览;借助包豪斯的德国阵地,康定斯基以教师的身份在德国宣扬他的"抽象表现主义艺术";而蒙特里安与凡·杜斯堡则以包豪斯的讲座以及展览为契机,宣扬"抽象构成主义"的造型观念。

抽象构成主义将生命体无机化的造型构成,不但吻合了柯布机器美学里的无机特性,后来还长期成为建筑学造型训练的基础,并直接影响到现代建筑的空间构成。1922年,蒙特里安在《新造型》里提出了两度空间的宣言:新造型试图通过打破传统建筑的封闭体量,将三维盒子空间分离为二维平面与两度空间的新造型。他声明:

> 空间限定,而非空间表现,乃是表现普遍现实的纯粹造型的方法。③

受抽象构成主义的影响,次年,密斯就设计了著名的乡村砖住宅(图3-6)。这件纸上作品成为现代建筑关于"流动空间"的宣言之一。这一看似使用传统民居砖材料的新住宅,其平面的自由,并非柯布西耶宣称的由框架结构提供,它内部房间的基本分隔墙都存在,尤其是代表传统住宅的壁炉也没有消失。不同

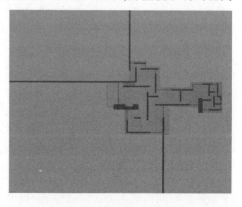

图3-6　乡村砖住宅平面图

图3-7　施罗德住宅

---

① 凡·杜斯堡(Theo Van Doesburg,1883—1931),荷兰抽象构成派艺术家。
② 艾尔·李西斯基(El Lissitzky,1890—1941),俄国抽象派艺术家。
③ 蒙特里安:《新造型》,由笔者学生何松翻译,未刊。

于欧洲传统建筑,墙与墙之间的转角被尽可能打开,住宅瓦解了盒子封闭的四角,而被分解为一系列 1 字形或 L 形墙体,没有一个房间拥有完整的四角,人们可以自由地游走其间。从这条线索上看,密斯针对他是否受到构成主义艺术影响的回答——建筑与艺术不同——是对的。画家里特维尔德①建造的施罗德住宅(图 3-7),是通过将建筑三维造型分解为二维立面来操作,而在密斯这个实验性住宅里,蒙特里安流放空间的绘画手段,却使早期现代建筑意外收获了"流动空间"的新特征。

五　空间与流动

　　1929 年,在西班牙的巴塞罗那举办的世界博览会上,密斯有机会在德国馆里尝试这一"流动空间"的建筑效果。关于"流动空间"的发明权问题,赖特理所当然地认为归他所有,他确实是最早打开传统建筑转角,并最早通过出版物将流动空间的概念带入欧洲大陆之人。

　　依据北大建筑学中心王昀教授的比较性研究,密斯设计德国馆的空间原型,很可能参考了赖特著名的草原式别墅罗比住宅。尽管如此,无论是从平面还是空间构成上看,经过密斯的提炼,罗比住宅里的流动空间的各项特征都得到了集中表现:

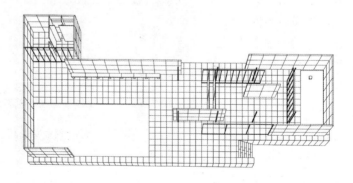

图 3-8　巴塞罗那德国馆轴测

---

① 里特维尔德(Gerrit Rietveld, 1888—1964),荷兰分离派设计家。

罗比住宅虽然也打开了许多转角的墙垛，但其砖墙承重的印象还是很强，尤其是它外围的厚墙将空间流动限定在室内；而密斯的德国馆（图3-8），因为使用了八颗纤细的钢柱承重，整个空间里似乎只剩下几堵相互平行的二维面体，它们被两端两个U形墙体所收束并限定，担保了流动空间的外部轮廓的完整；密斯的这些隔墙，分别由抛光的大理石以及玻璃隔断构成，它们反光的平面多半相互平行，但又都微微错开，有时靠近结构柱，但又绝不重叠（图3-9），如同屏风一样，独立在空间之中，在一个貌似平屋顶的巨大出挑的阴影下，开始呈现玻璃或抛光大理石在明暗中的反射魅力。

图3-9　巴塞罗那德国馆室内

将这座当时仅仅临时存在过的流动空间的杰作，与文艺复兴的巅峰之作圆厅别墅比照时，其巨大的差异更加彰显：帕拉第奥①设计的圆厅别墅的空间特征是向心、集中、对称、空间限定（图3-10）；而巴塞罗那德国馆的空间特征几乎相反——离心、发散、非对称、空间流动。

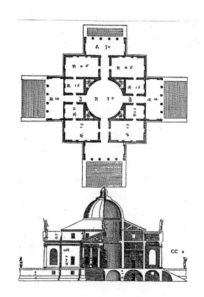

图3-10　圆厅别墅平剖面

可以对照凡·杜斯堡在《塑性建筑艺术的16要点》里的一段新建筑宣言——新的建筑是反立方体的，也就是说，它不会把不同的功能空间封在一个方体里，而是将其从内部离心式地甩开。借此，高度、宽度、深度与时间在

---

① 帕拉第奥（Andrea Palladio，1508—1580），文艺复兴时期意大利建筑师与理论家。

开放空间中趋于一种全新的塑性表达,多少有些飘浮感,反抗了自然的重力——它局部诠释了德国馆的离心以及无上下的失重特征。

这是密斯罕见的关于"流动空间"概念得以实施的例子,它曾被目空一切的赖特称为密斯最杰出的建筑,并说密斯此后再也没有达到过这个高度。在随后的几年里,除了在吐根哈特住宅里还沿用了其间发展出的流动空间的观念以外,密斯转而孜孜以求地寻求符合这个时代普通人的新建筑。毕竟,得到"亭子"之名的巴塞罗那德国馆,距离一般建筑的实际功能还有距离,密斯的这次转向,最终将他带入对玻璃建筑的普适性研究当中。

六 时代建筑是什么

密斯·凡·德罗的技术美学是对三个问题的回答:

1. 时代形式——是什么?

2. 时代技术——怎么做?

3. 时代需要——如何满足?

关于这个时代的建筑形式是什么,密斯1923年斩钉截铁地断言:

> 要赋予建筑以形式,只能是赋予今天的形式,而不应是昨天的,也不应是明天的,只有这样的建筑才是有创造性的。[①]

这段宣言,杜绝了现代建筑与历史及未来的两条时间线索,它卓绝孤立的形象,像极了米开朗基罗对上帝的猜想——上帝既无出处,也无将来,它既不应该有象征母本的历史肚脐,也不会有象征未来的生殖器,无需子本就能繁殖。它曾令米开朗基罗困惑过,在西斯廷天顶画《创世记》里,他让亚当坦裸肚脐与生殖器,却用一缕轻纱将上帝的两样器官都掩藏起来。

路斯在现代建筑清理折衷主义装饰的最早的宣言里,也曾以断子绝孙的方式恶毒地诅咒过装饰——现代装饰既无祖宗,也无后代。

然而,去除装饰后的简单形体,是否就能断定它的现代性?

1922年,阿道夫·路斯[②]为《芝加哥论坛报》大厦竞赛所提交的方案

---

① 刘先觉:《密斯·凡·德罗》,中国建筑工业出版社,1992年。

② 阿道夫·路斯(Adolf Loos, 1870—1933),奥地利建筑师与建筑理论家。

（图 3-11），似乎是对时代建筑"是什么"问题的讽刺。它是一幢将多力克柱式放大的摩天楼，尽管通体简洁，没有过多的装饰物，但它本身就是个巨大的装饰物，是希腊建筑遗产的巨大肚脐。

十年后，密斯本人也意识到追问时代建筑是什么并无建筑学上的实质意义，转而追问其他更有实际意义的建筑问题。

图 3-11 《芝加哥论坛报》竞赛方案

七 时代建筑要满足什么

> 必须搞清楚，一切建筑都是与它们自己所处的时代密不可分的，并且只有通过它们当代的形式，也只有通过它们自身所处时代的建筑语汇，才能具有表现力，自古以来毫无例外。[1]

密斯在 1924 年发表的这段讲话，很像是雨果对文艺复兴以前大建筑的陈述，密斯提出了这个时代的建筑形式需要满足这个时代的象征。

什么形式才能作为这个工业时代的象征？为了回答这个问题，密斯试图寻找这个时代的特殊建筑语汇。与柯布西耶一样，他将怎么做的问题，交给了工业标准化的制造工艺。区别在于，在什么材料最适合工业标准化的问题上，柯布认为是混凝土，而密斯则试图寻找一种更轻的材料：

> 这种材料应当重量轻，不但可能而且必须是用工业化方法才能生产，全部建筑构件都在工厂预制，而施工现场的工序仅限于装配，所需人工和工时都很少。这样能大大降低建筑造价。只有这样，新建筑才能占统治地位。[2]

在 1924 年的这段讲话里，密斯并没有明确指出这种轻材料是钢与玻璃。而他的建筑工业化的建筑理想甚至比柯布还要激进，他不满足于建造这些住宅的构件或材料的标准化，试图寻找到住宅可标准化的空间特征。他 1927

---

① 刘先觉：《密斯·凡·德罗》，中国建筑工业出版社，1992 年。
② 同上。

年对"多户住宅建筑设计方案"的评述里,曾清晰地描述过这一图景:

> 在现代,经济性的要求决定了多户住宅的建筑必须合理化和标准化。另一方面,我们的要求更为复杂了,这又需要平面布置有灵活性。①

密斯、柯布与那个年代的许多建筑先驱一样,都以各自的方式,研究最小住宅的灵活使用问题,以使它们能适合一般家庭在居住过程中的人口变化,甚至白天与晚上的使用变化。在所有灵活性隔断的尝试中,密斯注意到,住宅最大的变数,被其间不变的管井设备所制约:

> 卫生技术设备要求厨房和浴室不能不做成固定的小间,而住户中其余所有空间则可以用活动隔墙来随意划分。我认为,这样做应该能够满足全部要求了。②

厨房与卫生间因为有城市管道的肚脐而难以灵活移动,如果能在一般空间中寻找到厨卫空间最恰当的固定位置,就能构成密斯为现代城市谋求的能适应各种变化的通用空间。1930 年代前后,密斯在一系列院宅里尝试着各种组合,直到他设计的名作之一——范斯沃斯住宅这一空间模式,才达到了固定厨卫与空间灵活隔断间的理想平衡。

八　万能空间

范斯沃斯住宅被简化为被八根钢柱支撑的两块板——一块为地板,抬离地面 1.4 米以避免被季节性洪水所淹没,另一块为水平的屋面板,在这两块板之间,敞开大约三分之一部用作门廊,被透明玻璃围合的剩余部分,就是女性业主范斯沃斯医生的住宅(图 3-12)。除开一个包含厨卫的木头盒子偏心布置之外,其余的空间浑然一体,理论上能被灵活隔断成各种空间,它们的功能被密斯设计的家具所暗示——床(卧室)、沙发(起居室)、桌子(餐厅)。除此之外,空间中空无一物,它们映照在周围浓密的树林当中,如晶体般晶莹剔透(图 3-13)。

---

① 刘先觉:《密斯·凡·德罗》,中国建筑工业出版社,1992 年。
② 同上。

图 3-12　范斯沃斯住宅平面　　　　图 3-13　范斯沃斯住宅

当它处于雨季之中,较之住宅的功能,为什么不能当作水榭?类似的质疑一早就发生在巴塞罗那德国馆——人们将那个既不封闭也没有展品的建筑看作一个自我展示的亭子。密斯为 IIT 设计的用作建筑系馆的克朗楼,在没有摆设绘图桌的时候,更像是个玻璃展厅(图 3-14);密斯在柏林的"绝唱"——柏林国家美术馆巨大的展示大厅(图 3-15),在没有布展的空旷里,倒像是个候机大厅或者某幢高层建筑的超级大堂。

图 3-14　IIT 建筑系馆克朗楼　　　图 3-15　柏林国家新美术馆

以追问这个时代建筑"是什么"开始的探索,却最终呈现出难以识别其"是什么"的通用空间的造型。这类缺乏识别性的通用空间,曾被雨果讥讽:

　　　如果我们确认如下规则:一座建筑的构造与其功用相适应的程度应该能使人一眼就认出其功能,那么,对于一座在同等程度上既可充当皇宫、议院、市政厅、书院,又可用作驯马场、科学院、仓库、法庭、博物馆、兵营、坟墓、神庙、剧场的建筑,我们只有佩服得五体投地了。在没有改作上述用途之前,它是交易所。①

这个可被万能空间化的交易所原型,就是雨果讥讽过的文艺复兴提供的希腊—罗马式建筑风格。这一以风格而被确认的建筑类型——有素养的历史学家虽能辨识出其希腊帕提侬神庙与罗马万神庙的历史肚脐,却很难断定它嫁接后的时代属性——一方面得自两个不同时代,一方面又被认定属于文艺复兴或古典、这个或那个时代的时代建筑。这一颇为两难的时代属性问题,也将密斯曾执著追问过的时代建筑是什么的问题,逼上绝境。

九 空间原型

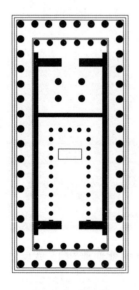

0 5 10 15 20 m

**图3-16 帕提侬
神庙平面**

J.克格拉斯②在专著《玻璃的恐惧》里,发现了一件让人惊讶的事实:密斯为现代建筑发明的万能空间的现代原型,居然也得自希腊神庙古老的空间原型。他从密斯四幢时间相距遥远、体量悬殊且功能迥异的著名建筑——作为博览会建筑的巴塞罗那德国馆、作为私人住宅的范斯沃斯住宅、作为建筑系馆的克朗楼、作为"绝唱"的柏林国家美术馆——里,发现它们都包含有对称、柱廊、大台阶、核心筒体这些希腊神庙一一具备的纪念性要素。在他的分析中,从密斯的成名作巴塞罗那德国馆看似现代主义的流动空间里,就隐藏着密斯随后几十年的重要建筑里最重要的特征:8根对称的柱——形成过帕提侬神庙的柱廊,分别支撑着密斯这四幢体量悬殊的屋顶,它们在柏林国家美术馆里达到与帕提侬神庙柱廊的惊人一致;在巴塞罗那德国馆里颇让密斯踌躇的基座与大台

---

① 〔法〕雨果:《巴黎圣母院》,施康强、张新木译,译林出版社,2000年。

② J.克格拉斯(Josep Quetglas),西班牙建筑评论家。

阶,也在柏林国家美术馆里达到与帕提侬神庙基座一般的纪念性尺度;这四幢建筑都将建筑空间进行开放与封闭部分的二分,也正是帕提侬神庙的经典平面构成的核心模式(图3-16)。

作为额外证据,老迈的密斯在轮椅上目睹了柏林国家美术馆的盖顶场面,据说,他的弟子乘兴询问密斯是否还愿意接手新的项目,他摇了摇头,回答有些伤感:除非那项目是帕提侬神庙。

帕提侬神庙的空间原型,已然具备公共与私密的两极,并以封闭与开放这对对立的空间语汇与之对应,能容纳各种人类各个时代的各种基本功能。它们曾以原型空间存在于雨果讥讽的各类折中主义建筑里,也存在于密斯最经典的建筑之中,无论是展览馆还是住宅,无论是建筑系馆还是国家美术馆。

德国馆之所以被称为亭子,秘密正在于空间的截然二分——密斯在这里将展览馆分离为两个独立的部分,一幢不那么著名的有着极简风格的封闭盒子,才是展览德国产品的展览空间,这一分离带来的好处就是,开敞的德国馆只负责展览建筑空间本身;范斯沃斯住宅将私密厨卫空间封闭,其余功能空间就可以完全开敞;克朗楼与柏林美术馆分别将私密性空间置于基座下头的地下部分,下部封闭空间就保证了其上公共空间的完全空旷。

密斯这一得自神庙的原型形式,虽然置换了华尔街商业建筑传统的折衷主义式样,却也再次通用于各种功用,它由此将"形式追随功能"这一现代主义信条修改为:功能追随形式。

十 从"是什么"到"怎么做"

早在1930年,密斯在接受包豪斯学院院长职务的就职典礼上,就反省了他十年前关于时代建筑之说:

> 新时代是个事实。……与其他时代相比,它既不更好,也不更坏。它纯粹是种依据,本身并无价值内容。……从精神角度而言,建摩天楼还是低层建筑,是使用玻璃还是钢,都无关紧要。[1]

---

① 刘先觉:《密斯·凡·德罗》,中国建筑工业出版社,1992年。

八年之后,在他乔迁美国就任 IIT 建筑学院院长的讲演里,再次重申了这一问题:

> 过去木结构建筑那种结构上的明确性现在到哪里还能再找到呢?其材料、结构与形式如此地统一,现在又到哪里还能再找到呢?①

他不再宣称这个时代的特殊性,只关心能建造质量——既然任何时代都曾出现过优秀的建筑与拙劣的建筑,时代建筑本身就只是个不能当作建筑价值判断的一般事实,他试图寻找到这个时代优秀建筑简洁而高超的工业工艺。

范斯沃斯住宅的极简造型的结构由 8 根工字型钢柱支撑,它们承担着上下等大的长 24 米、宽 8.5 米的两块钢筋混凝土板,四周的通高玻璃与地面层的意大利灰华石面材,也该在当初较高的预算额度里。那么,引起建筑师与业主官司纠纷之一的造价问题出自何处?

密斯的辩护是,一幢经典的现代住宅,不但对空间有着高度原型的精练要求,也对结构与材料有特殊的精美要求。就这么一间 200 平方米左右的玻璃大通间,密斯严苛的施工要求竟使这一项目从设计到施工花了四年多时间。从当初的照片上看,其钢结构的焊缝的全部处理,并非他曾鼓吹过的标准化生产,而来自工人现场各种复杂角度的手工打磨。为了确保整个钢结构的水平性,密斯甚至订制了一根与住宅等长的水平仪,这自然大大增加了造价。类似的反常,也曾发生在柏林国家美术馆,8 根柱子要承担一个国家级别的美术馆的全部屋顶荷载,为了解决每榀大跨钢架的受力差异,密斯在每榀钢架里使用了不同配比的合金钢来承担不同的应力,以确保超大跨度的钢梁檐口保持绝对水平(图 3-17)。这类对横平竖直绝对性的反常要求,

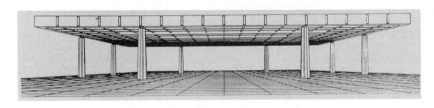

图 3-17　柏林国家新美术馆结构示意图

---

① 刘先觉:《密斯·凡·德罗》,中国建筑工业出版社,1992 年。

几乎接近宗教建筑的虔诚。尤其是密斯为柏林国家美术馆设计的一个类球形的柱头,其工艺与古典性甚至超越了帕提侬神庙多利克柱式的圆盘形柱头。

十一　上帝与细部

尽管处于密林之中,范斯沃斯住宅通高的大玻璃使得住宅在夏季如同玻璃温室一样闷热;尽管有密林遮挡,女性业主还是觉到私密生活受到侵犯;尽管她曾预计到这个住宅的昂贵,但还是为超预算过多而不满。她将建筑师告上法庭。正是密斯在法庭上精彩的陈述,才凸显了他试图将其当成超越个性住宅的空间原型来进行设计的思路:

> 当人们徘徊于古老传统时,人们将永远不能超出那传统,尤其是物质高度发展和城市高度繁荣的今天,就会对房子有较高的要求,特别是空间、结构和用材的选择。第一个要求就是把建筑物的功能作为建筑物设计的出发点,空间内部的开放和灵活,这对现代人工作学习和生活就会变得非常的重要,它导致的这座房子诸多缺点,我只能说声抱歉,并愿承担一切损失。

范斯沃斯女士应当承担的责任是——设计之初,她就宣言要建一个能载入建筑史册的现代建筑,这一点,密斯杰出地甚至超额地完成了。在这段宣言般的辩护里,它是内部空间灵活性变化的极简原型,是密斯为繁荣的城市提供的一种通用建筑范本。

我更愿意在"通用空间"与"万能空间"两种称谓间,选择"万能空间",不只因为万能属于上帝,属于神庙建筑,也因为它能匹配密斯的另一句格言——上帝存在于细部之中。

贡布里希[①]曾说,在制陶过程中,不留指纹的空白远比将指痕处理为装饰纹路更加困难;"至上主义"者马列维奇则宣称,当一切都被精简得所剩无几时,画面将变成无主题但纯净的世界,所有的物体与对象全部消失,只剩下材料的质量。用于密斯的建筑,一切功能都被精简到极致时,将只剩下围合抽象空间的物质质量。关于密斯的巴塞罗那德国馆的空间抽象性与流

---

① 贡布里奇(Ernst Hans Gombrich,1909—2001),英国美术史学家。

**图 3-18　巴塞罗那德国馆
大理石拼缝**

图 3-19　西格拉姆大厦

动性,人们讨论了很多,但在极端的抽象之后,其室内种类繁多的精美石材的物质性就格外凸显,它们以天然的材料肌理,弥补了支持"装饰就是罪恶"这一格言的现代主义建筑的物质性匮乏。馆内居中最豪华的一堵大理石墙面,是由两块理石剖开成四块对拼纹路,拼接缝所呈现的十字正处于普通人的视高位置,它与该馆的十字性镀铬柱一起(图 3-18),被认为是密斯的另一句格言——上帝存在于细部之中——的十字证据。类似的石材处理与精选的特种玻璃,曾将西格拉姆大厦这幢38 层的玻璃摩天楼打造成世界最精致的塔楼样本(图 3-19),并使之成为资本新贵新品味的新标牌——极简也极贵。

十二　少就是多

菲利普・约翰逊[1],这位密斯在美国的模仿者与鼓吹者,敏感地发现:密斯的建筑以其简练的抽象,不但赢得了追随先锋派的年轻人的捍卫,而其蕴含古典的典雅空间,又获得了保守的资本家来自另一端的青睐。

Less is more!

这是 1928 年密斯的格言。对于密斯而言,这句格言有多重含义。首先,他是现代主义四位建筑先驱里发表言论最少的沉默大师,这使得他能回避某些不愿回答的问题;其次,这也表明了他对建筑的执著方式——当别人

---

[1]　菲利普・约翰逊(Philip C. Johnson, 1906—2005),美国建筑师与建筑理论家。

问他为什么后来一生都只设计玻璃的钢铁建筑时,其回答就是极少的——人能将一件事情做到极致已经很难了;最后,追求极致的美学,才是"少就是多"的极简空间可以成为"万能空间"的链接,"万能空间"就是密斯对早年追问的"时代建筑是什么"的"少就是多"式的回答,而"上帝存在于细部之中"就是密斯对早年追问的"怎么做"的极简答案,它是密斯以毕生精力将原本普通的玻璃建筑历练成象征资本主义建筑经典的炼金术格言。

关于上帝与细部的关系,曾出现在卡尔维诺[①]《为什么读经典》引用过的福楼拜[②]的一段话里:

> 福楼拜说过:"仁慈的上帝寓于细节之中。"(Le bon Dieu est dans le détail.)我想用伟大的宇宙幻想家布鲁诺[③]的哲学来解释这句话。布鲁诺说,宇宙是无限的,是由无数个世界组成的,但不能认为宇宙"全部无限",因为每个世界都是有限的。"全部无限"就是上帝,"因为只有上帝存在于整个宇宙及其全部无数个世界之中"。

这段话,为上帝死亡后的凡人建筑师指示了一条艰难路径——避免宣称有如上帝般的能力而讨论所有建筑学问题,专注于确定而有限的问题之上,以此避免滑落到看似无限的风格时尚之中。

---

① 卡尔维诺(Italo Calvino,1923—1985),意大利当代作家。
② 居斯达夫·福楼拜(Gustave Flaubert, 1821—1880),法国现实主义作家。
③ 乔尔丹诺·布鲁诺(Giordano Bruno,1548—1600),意大利科学思想家。

第四讲

建筑与有机:赖特的有机建筑

在《建构文化研究》一书里,弗兰普敦数次将赖特①的思想与雨果比较,他引用赖特关于机器复制的下述观点:

> 直到古登堡的时代,建筑就是一种书写,一种人性的普遍书写。伟大的东方石书,经过古希腊和古罗马的传承……直至中世纪完成最后的篇章……天翻地覆的变化发生在 15 世纪。人类发现了一种长久保存思想的方式,这一方式不仅比建筑更加耐久,而且更加简单易行。建筑作为一种记载人类历史的书写意义从此不复存在。谷登堡铅字取代了俄耳浦斯石书。书籍打败了建筑。……人类思想用一种形式取代了另一种形式。

就我的阅读经验而言,这是对雨果《巴黎圣母院》相关论述的摘抄与复述。与雨果的悲观态度不同,赖特坚信,印刷术的发明,是人类历史上最伟大的事件,它将对优秀建筑的普及化有所帮助。林鹤女士新近翻译的一本《流水别墅传》,也揭示了赖特如何借助印刷术惊人的传播力量,让他的有机建筑观念传播于世。至于印刷术带来的风格嫁接问题,赖特虽避而不谈,却针对米开朗基罗嫁接的罗马圣彼得大教堂,宣称他宁可修建与自然协调的有机小建筑,也不愿意设计如圣彼得大教堂一样的大建筑。

一 有关"有机"的自然定义

赖特用了近半个世纪的努力,才以一把分量沉重且含义复杂的"自然"大锤,将"有机建筑"的玄奥观念牢牢楔入现代建筑的先锋语汇中,但他还

---

① 弗兰克·劳伊德·赖特(Frank Lloyd Wright,1867—1959),美国现代建筑先驱。

是抱怨人们曲解了他的"有机"观念。1953 年,在一篇题为《有机建筑语言》的论文里,晚年的赖特为澄清已传播于世的"有机建筑",特地罗列了 9 个需要先行定义的词条,前 3 个词条依次是:

1. 自然(Nature);
2. 有机(Organic);
3. 形式追随功能(Form Follows Function)。

"自然"的观念,乃是"有机建筑论"的核心。为此,赖特试图定义"自然":

> 自然不只是指"户外"的东西,而是指它们的性质,或有关它内在的一切。①

以"不只是……而是"这类连词来定义自然,得自于欧洲文化对"自然"理解的先天歧义:它既指相对于人工物的自然物,赖特称之为"户外的东西",也指自然万物的内在本质——柏拉图作为"理式"的抽象自然,赖特称之为"内在的一切",还指自然物的生成原理——亚里士多德作为"目的因"的自然,赖特称之为"固有原理"。

以床为例,柏拉图②曾提出过一种作为"理式"的"自然","理式"之床,是所有床之为床的本源共相;"工匠"之床,则是对"理式"之床的现实仿品;至于"艺术"之床,又是对工匠模仿之床的二次模仿。柏拉图因此将艺术讥讽为影子的影子。

为拯救工匠或艺术家只能模仿而无能创造的必然命数,亚里士多德③向他的老师质问道,既然人被人生出来,那么,床如何能被自然生成?如果种下一张床,木头腐烂发芽的话,结果长出来的不会是一张床,而会是一棵树。

以树的自然生成为比喻,在目的达成的过程中,亚里士多德弥合了工匠的创造与自然物生长之间的差异:

> 在凡是有一个终结的连续过程里,前面的一个个阶段都是为了最

---

① 项秉仁:《赖特》,中国建筑工业出版社,1992 年。
② 柏拉图(Plato,约前 427—前 347),古希腊哲学家。
③ 亚里士多德(Aristotle,前 384—前 322),古希腊哲学家。

后的终结。无论在技艺制造活动中和自然生产中,都是这样,一个个前面的阶段都是为了最后的终结。技艺制造是为了某个目的,自然生产也是为了某个目的。①

二 有机与创造

当赖特宣称鸟属里会飞出无法想象的多种多样的不同的鸟,它们都是衍生的——这时的有机造型的创造母本,或许源自柏拉图作为理式的源头性自然;当赖特宣称对建筑师来说,没有比自然规律的理解更丰富和更有启示的美学源泉——这时他所宣扬的独创性源头,却指向亚里士多德用以生成万物的自然原理。赖特似乎更倾向于将"自然"定义为亚里士多德意义上的"固有原理",以便诠释他随之而来的"有机":

> 有机这个词指的是统一体(entity),也许用"整体"(integegrall)或用"固有"(intrinsic)这两个词更好。作为整体的统一体,正是有机这个词的真正意思。②

因为只有"固有"这个词,才能联结并诠释赖特对第一词条"自然"的定义:

> 大写的"自然"(N)指的正是那条"固有"原理。③

从赖特的"自然"到"有机"之间,存在着清晰的形式铰链——"自然"指的是万物的固有原理,"有机"指被这固有原理所生成并统一起来的"整体",它们最终将构成赖特"有机建筑"的整体形式外观。

为了将这一"有机建筑"的形式,与他的老师沙利文④置于"形式追随功能"里的功能形式区分开来,他开始讨论这一曾经的现代建筑最重要的口号:

> 形式追随功能(Forms follows function),这是一个用滥了的口号。

---

① 亚里士多德:《物理学》,徐开来译,中国人民大学出版社,2003 年。
② 项秉仁:《赖特》,中国建筑工业出版社,1992 年。
③ 同上。
④ 路易斯·沙利文(Louis Sullivan, 1856—1924),美国现代建筑先驱。

自然形式常常是这样的,但这只是在较低的层次,并且常常只是适于那种把建筑置换在上面的平台。①

三　形式追随功能

形式追随功能,这句声名从显赫到狼藉的功能主义格言,得自于"芝加哥学派"对当时新兴高层办公楼的形式追问,由沙利文提出。高层建筑的需要,由1871年美国芝加哥的一场毁灭性大火所激化,并由城市人口的激增与土地价格的暴涨共同催生。针对高层建筑的密度需要,沙利文提出的形式问题是:作为历史上从未出现的新建筑类型,新的高层办公楼应该采取什么形式?

经过一系列对高层建筑的仿古典的三段式尝试,沙利文最终提出未来办公楼的五项形式法则:1.地下室及顶层作为机械用房;2.底层用于银行商店或其他公共设施;3.二层要有直通的楼梯与底层联系,功能或是底层的延续,或是楼上办公的开始;4.二层以上是重复的办公单元;5.顶楼与生命及结构用途有关,其性质纯粹是生理的,在这里,循环系统完成其循环,周而复始,上升下降地完成其大回转。

这些三段论的新建筑形式,直接由内部使用功能向外推导而出,可以被"形式追随功能"更为简练地概括。后来的沙利文进而宣称,这是新建筑的法则——那里功能不变,那里形式不变,并宣称这是一项自然的法则(Nature law)。

就实践而言,沙利文1895年用表面带有花纹的面砖装点的布法罗信托大厦(图4-1),还具有古典建筑的三段论的典雅,而到了他1899年建成的芝加哥百货大厦(图4-2),已经被简化为单一办公功能的单一开洞的形状。沙利文晚年潦倒的职业生涯,预演了功能主义建筑的迅速衰落,多亏声名显赫的赖特对他生活的不时接济。

---

① 项秉仁:《赖特》,中国建筑工业出版社,1992年。

图 4-1　布法罗信托大厦

图 4-2　芝加哥百货大厦

四　形式的生成

赖特承认沙利文从"形式追随功能"得出的形式,与自己宣称的"有机建筑"的形式从"自然"的起点上颇为相似,但却认定它是较低层次的"自然"形式。他建议以"形式与功能合一"的有机形式来提升这一口号的精神价值。然而,沙利文从"形式"背后寻找"功能"的内部种子,当初正是为了担保"形式"与"功能"的合一性,以此来反对折衷主义的任意集仿。沙利文还曾用亚里士多德一样的树的比喻,来阐明这一信条:既然橡树的种子只能长出橡树,而不能生出玫瑰,城市办公楼就绝不会生长成郊区别墅的模样。

建筑形式可以生长吗?

赖特对此非常肯定。与沙利文一样,他也坚持,有机建筑的外部形式是从内部生长出来的。针对赖特这一被强调多次的说法,批评家唐斯曾在与赖特的对话里,提出过一个尖锐问题:既然东、西两个塔里埃森,都是赖特为自己建造的家与工作室(图 4-3、4-4),为何却在形式外观上如此迥异?

在赖特的回答中,它们形式迥异的起点,不是内部功能发生了改观,

图4-3　西塔里埃森

而是地形：

> 首先,地形完全改变了,这里是一个完完全全的沙漠。……而在威斯康星(东塔里埃森所在地)由于长久的风蚀,一切都软化了,那里的风景是牧歌式的,甜蜜的。但在西塔里埃森,户外一切都是锐利坚硬,清晰而粗放的。……所以这里的塔里

图4-4　弗兰克·赖特-东塔里埃森

埃森又一次服从于它的基地和环境。当然,在亚利桑那(西塔里埃森所在地)和威斯康星的目的是相同的。①

基于亚里士多德相同的内部目的因,却没能生长出一样的形式外观,改观这两座建筑的乃是外部地形。赖特不止一次强调了形式追随环境的说法:先从地面开始。

《赖特景观》一书的作者,猜测赖特是从中国风水里获得了这一遵从外部地形的形式起点。在明代计成所写的造园经典《园冶》里,"相地篇"被不容置疑地置于篇首。

五　有机建筑的日本影响

沿着这个问题回溯,赖特早期的草原式住宅(Prairie House),其形式也

---

① 项秉仁:《赖特》,中国建筑工业出版社,1992年。

图 4-5　罗比住宅

并非发自内部功能，而是源自大草原特定的外部地形。赖特将其出挑深远的水平大屋顶（图 4-5），看作是对美国西部大草原水平性的独特反应。而学者们证实，这种屋顶形式，与赖特参观过的 1893 年芝加哥博览会上的日本馆有关。比较赖特在 1893 年 前 后 设 计 的 两 类 住宅——有着哥特复兴的尖屋顶与有着水平出挑的坡屋顶——之间的显著差异，也能证实这一影响。

赖特看中了日本建筑低矮的水平屋顶，但需要对其光照不足的问题进行改善。这一问题在中国唐宋时期，就曾以檐口反曲与屋角起翘两种方式成熟解决。赖特曾在 1896 年的一幢别墅的门厅里模仿过这一方式，但他很快就在低矮的水平挑檐与高敞大厅间的高差间通过嵌入高窗来解决。这一类似古罗马巴西利卡的采光方式，与来自东方传统的水平檐口，共同构成了赖特典型的采光与遮阳相结合的精彩剖面，并照亮了赖特有机建筑的另一项发明——流动空间。

赖特的流动空间的起源，也曾受到日本"寝殿造"建筑的空间分割模式的启发——日本建筑的分隔，由灵活推拉的障子实现。它们启发了赖特打通住宅里一系列公共空间——客厅、起居室、书房、餐厅之间的隔墙，并将它们以日本"数寄屋"的对角线方式组合起来，构成早于密斯亦不同于密斯的流动空间。

图 4-6　弗雷曼住宅角窗

赖特从凸窗开始发展出的角窗（图 4-6），不但打破了传统建筑方盒子的封闭四角，也提供了将建筑与自然景物连接起来的新形式。《赖特景观》一书的作者，证明在 1904 年路易斯安娜商品博览会上展出的日本皇家园林，也对赖特后来处理景观与建筑关系产生了深远影响——赖特从将植物种在建筑化的植物箱里，到后来用植物来模糊与软化建筑与基地的边界,就显示出这一影响。从博览会上日本建筑与园林的影响,以及他 1905 年的日本之旅,赖特发展出有机建筑的三项主要特征——水平出挑的低矮大屋顶、光线流溢的流动空间、用景物来模糊建筑与景物的内外关系。

六 有机建筑与风格杂交

赖特之所以很难描述清楚他的"有机建筑",除开"自然"自身的定义就足够复杂以外,还在于他设计的有机建筑广泛地集萃了来历广泛的不同风格:他 1917 年设计的蜀葵住宅(图 4-7),得自在玛雅旅行的朋友寄来的玛雅建筑明信片;他用一系列空心砌块编织的住宅,可能来自对沙利文用作装饰的陶砖饰面的结构性试验;他为约翰逊制蜡公司建造的塔楼结构水平出挑的惊人意象(图 4-8),直接源于他在日本参观过的出挑深远的五重塔结构奇迹(图 4-9);他为流水别墅起居室地面铺设的如水流般的自然石材,或许得自新艺术运动对材料工艺的讲究,而镶嵌在靠近壁炉处的两块原石,则很可能是对日本枯山水的绝妙翻译(图 4-10);他甚至还能从至今未衰的科学幻想里,攫取有机造型的形式灵感——在他绘制的"广亩城市"里,高耸入云的百尺高楼四周,盘旋着象征未来的飞碟,而这一飞碟与高塔相盘旋的形象,就在马林县政府的建筑里得到展现;愿意考古的理论家,能从赖特去世后才完成的杰作——古根海姆美术馆盘旋而上的体量里,找到巴别塔神话的形象关联;而一些对赖特不满的理论家,更愿意将赖特晚年的大量圆形建筑,看作晚年赖特在思源枯竭之时,依据他最后一位夫人的梦象寻找到的设计启示……

图 4-7 蜀葵住宅

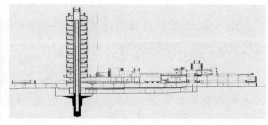

图 4-8 约翰逊制蜡公司塔楼剖面

图4-9 日本法隆寺五重塔　　**图4-10 流水别墅室内**

赖特宣扬的"独创性"里的"独"字,得自于"独立宣言"里的"独"字,它原本正是要否定一切形式的参照源头。然而,考察赖特一生的建筑,其作品不可复制的多样性,也正来源于其形式源头多样的杂交性,他抨击他的美国同行们只知模仿欧洲建筑,却大刀阔斧地引用一切他能收集到的建筑信息,这不但使得他的有机建筑不如密斯那样精致,也使其有机建筑理论不如柯布那样明晰。理论与实践的杂交含混性,甚至在上世纪30年代为赖特带来事业的危机,直至赖特在66岁时创造了流水别墅,这一以"Falling-Water"为名的住宅,才与他本人的名字"Frank-Wright"的缩写 W-L 一起,被宣告为美国现代建筑的新象征。赖特扭转了建筑界将他看作现代建筑过气遗老的说法,再次走上现代建筑的风口浪尖,也由此被誉为上一世纪最具独创性的大师。

七　流水别墅的自然关系

1963年,在赖特去世后的第四年,小考夫曼决定将流水别墅献给宾夕法尼亚保护局,在献辞中他这样评价它:

> 流水别墅的美依然像它所配合的自然那样新鲜,它曾是一所绝妙的栖身之所,但又不仅如此。它是一件艺术品,超越了一般含义,住宅和基地一起构成了一处所希望与自然结合、对等和融合的形象。这是一件人类为自身所做的作品,不是一个人为另一个人所做的,由

于这样一种强烈的含义,它是一个公众的财富,而不是私人的珍品。①

它舒展而惊人的水平性出挑于川流不息的瀑布之上(图 4-11),因此被认为是与自然协调的最佳象征。因为没有了日本风格联想的大屋顶,它被认为是赖特现代主义设计的独创性结晶;那曾在欧洲为赖特的"草原式"住宅赢得赞美的壁炉核心,在此还被赋予新的意义——作为与基地自然的垂直锚固。整个流水别墅的总体设计,被认为是赖特为这块特殊地貌设计的独特作品,它卓然独立而又浑然天成,成了赖特玄奥的"有机建筑"之所以玄奥的实证。

图 4-11　流水别墅

然而,在流水别墅却无法看见瀑布的流水。

起居室四壁间的窗景,只有山间茂密的林木,它更像日本的"额绿堂"。但流水别墅的点睛之景不是绿树,而是流水与瀑布。据说,不能直接看见瀑布,正是赖特本人的意图,他鼓励人们出去,到他那腾空悬挑的阳台上去寻找瀑布。然而,即便在阳台上不无危险地探身俯瞰,也很难看见瀑布——瀑布要么位于阳台的下流而难以俯瞰,要么位于大阳台悬挑的正下方而被遮挡,对习惯了流水别墅那张著名透视的参观者而言,在流水别墅里居然看不见流水与瀑布总归是种遗憾。

受赖特绘制的那张效果图的经典视角影响,众多流水别墅的经典照片都取自这一自溪流下方仰视建筑的角度,可这个透视定点却在建筑的对面。据说,当初为了拍摄能匹配那张效果图的实景照片,摄影师特意买来及腰深的渔用皮衣裤,不无艰难地涉水而过,才到达赖特本人也未必亲历的那个透视定点。

---

① 项秉仁:《赖特》,中国建筑工业出版社,1992 年。

八　面向自然的体量出挑

王明贤在一件精彩的拼贴作品里(图4-12),曾将流水别墅天衣无缝地嵌入一幅有着瀑布的中国山水画中。它雄踞于瀑布最上角的体量,是人们对流水别墅的常规描述——它水平地凌驾于瀑布之上;同时,它被常规地描述为建筑与自然协调的登峰造极之物:"凌驾"与"协调",就如此突兀地并置在同一杆自然大旗之下。赖特在早年设计的温斯顿住宅里,悬挂着一幅中国山水画,其间就有瀑布与建筑,热衷为赖特辩解的人们能发现一座敞亭就位于瀑布上方的丛林里,亭与瀑布的关系似乎与流水别墅一致。但是,在亭开敞的右上侧,隐约有一条更高的瀑布墨痕,这是中国山水画里建筑经营的一贯位置——建筑常常处于观者能仰视瀑布的最佳位置,它也是流水别墅业主最初基地选择的视点要求——要仰视瀑布。

**图4-12　流水别墅 +
中国山水**

而流水别墅那个透视角度的经典之处,在于它能展现建筑夸张的水平阳台的体量与瀑布跌落的垂直体量的对峙。阳台夸张的水平性,据说是对瀑布跌落流体的模拟——赖特在最初对基地的考察中,就相中了这几处垂直跌落的瀑布,它们跌落的水平边缘正如同布匹一样整齐,交错跌落出水平与垂直的体量关系。就这样,流水别墅重回西方建筑学的体量构成传统,而远离了芦原义信在日本建筑中发现的内眺性,更看重建筑外部的体量设计,而非在建筑内部对自然的眺望感受。

这件作品虽然得自西方建筑学经典的体量关系的度量，却因为要与外部自然瀑布体量发生对比，也改变了柯布以来的现代建筑的体量造型。按柯布本人对理想别墅的四种图解（图4-13），萨伏伊别墅属于第四种，它内部丰富的体量关系，不是往自然渗入，而是被一圈带庭院的方盒子刻意框围起来，以简洁的外部体量，收拢并对照着内部复杂的体量。而赖特得自于瀑布造型启示的流水别墅，阳台体

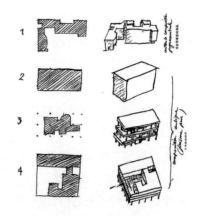

图4-13 理想别墅四种类型

量本身足够简洁，其体量大开大阖的出挑也力量十足，尤其是，它们没被体量圈围在几何形体之内，而是在对瀑布体量进行的夸张的模拟与对比中，其表现张力拉向外部，以至于美国史学家芒福德①不无偏袒地宣称，流水别墅创造出的一种动态的多维体量组合，把勒·柯布西耶的建筑比得就像是用扁平纸板做的组合练习。

沿着芒福德的这一评价，或许能诠释流水别墅对自然景观态度的一反常规：在很多草原式住宅里，赖特总是倾向于将住宅置于最佳观景点，并刻意用大挑檐的阴影虚化体量，而这一次，很可能是重回现代建筑先驱行列的野心，使得赖特在这件作品里远离了得自日本的自然观，而重回欧洲古老的建筑学体量传统，并使得他的有机建筑重新被欧洲评估与赞美。

九　技术与艺术

关于流水别墅里使用的高超的体量悬挑技术，传说匹茨堡的结构专家们对流水别墅结构的质疑曾动摇过业主考夫曼的信心，而赖特则为此大发雷霆，扬言要收回图纸。即便有赖特结构出身的背景，这一悬挑结构至今仍旧让人惊讶，其结构的局部秘密隐藏于：

---

① 路易斯·芒福德（Lewis Mumford, 1895—1990），美国当代建筑理论家。

1. 在第一层平台浓密阴影下的三根牛腿斜撑;

2. 入口东北端跨越马路的那些貌似藤架的构件,乃是打入山崖的钢筋混凝土梁;

3. 入口西北端将岩石切开,嵌入钢筋混凝土梁;

4. 两者之间连接二楼通往北侧客房的凌空的走廊栏板似乎也在充当结构。

它们与那些看得见的厚实壁体一道承担着别墅朝南的巨大出挑。其出挑的深远,当初甚至吓坏了施工工人,据说那些出挑部分浇筑完毕后,工人们拒绝拆除脚手架,这再次惹怒了赖特,赖特以一阵狂暴的拆除打消了工人对坍塌的畏惧。

为了证明流水别墅的神话,人们杜撰了赖特设计它一蹴而就的神速;为了证明流水别墅的独特性,人们愿意将它水平出挑的结构语汇看作是触机而发、即景而为。然而,也正是赖特这类结构可以引发这样的追问:它真是赖特特地为底下的瀑布而设计的独一无二的结构妙想吗?

即便没有罗比住宅在水平出挑方面与流水别墅的神似,在赖特二十年前完成的中途花园里,就能看出他对这类悬挑的兴趣(图4-14)。在流水别墅之后,赖特又将它用于一个同类功能却无瀑布景观的住宅设计里(图4-15),它的侧面与前者的侧面有着惊人的相似。

图4-14 中途花园

图4-15 劳埃德·勒维斯住宅

就在流水别墅的结构奇迹前后,赖特还曾在另一项举世闻名的设计——约翰逊制蜡公司大楼里,积累了足够多的类似结构的表现性经验——以垂直体量结构来出挑水平性。办公楼中庭里最富表现性的结构奇观——蘑菇形柱本身就可以看作是这类结构的独立实验：在圆形柱顶往外出挑向心的水平楼板，以锻造出一个无梁屋盖的大空间。与流水别墅的遭遇一样，面对工程师的结构质疑，赖特也曾毫不畏惧甚至有些挑衅地为此进行过公开的力学实验，即便其上施加的荷载已超出实际需要，赖特也不肯停下来，直至它被压垮。最终，由这些独立的蘑菇柱群构成的无梁而顶光下泄的壮丽空间（图 4-16），不但在美国各大媒体的追捧下，帮业主省去了数以百万美元计的广告费，据说员工们还因为迷恋这一空间如在海底的氛围而自愿加班，这也为公司带来了巨大利益。

图 4-16　约翰逊制蜡公司中庭

十　水平的自然象征

然而，有机建筑的重要特征之一——水平出挑的低矮大屋顶，在日本，其出挑深远，源自对木结构的保护，其空间低矮，或许来自日本人席地起居的习惯，它们本非针对美国的大草原而形成。在赖特的"有机建筑语言"里，他开头就将"有机建筑"与美国的《独立宣言》关联起来，并把他早期的草原式别墅称为美国民主与自由的象征，理由是出挑深远的水平板，不但象征着大地，而且水平延展的线条，还被当成对抗专制的自由与民主的新象征。

赖特所处的美国，是经济强盛而文化匮乏的时代，资本的雄心并不能替代文化与艺术的自信。美国艺术三百年的发展简史，见证了它如何从模仿欧洲，到有选择性地接受欧洲艺术，最终成功地引导了欧洲乃至世界的当代艺术。美国早期的人物肖像艺术，曾试图将那些富裕的农场主描绘成欧洲贵族模样；窗外独立式住宅的白色，或许构成了他们居住建筑的外观模样，但其内部繁花锦簇的帷幕与地毯，却渲染出鲜丽的赭褐色格调——由拉斐尔为欧洲绘画奠定的基本色调。《独立宣言》鼓动了美国艺术家的独立思考能力,他们开始检讨能否找到美国本土的艺术主题。他们尝试着描绘印第安人,这的确是只有他们有而欧洲没有的土著新主题。艺术家们描绘土著们的炉边生活,也尝试着描绘工业生产车间的炼钢场面。我猜测,土著炉边生活与工业炼钢火炉的共同点,乃是它们能映照出拉斐尔为欧洲绘画奠定的 300 年的暖色格调;更为关键的转向,则得自英国风景画的启示,美国的移民画家开始关注美国独特的地貌特征,并着力描绘美国西部当时未经开发的广袤的草原与壮阔的山川。

尚不清楚美国艺术家对西部自然风景的题材选择是否影响到赖特,从现存照片上看,赖特在他一系列水平草原式住宅的室内,不但悬挂有英国式的以风景为主题的绘画,还有不少中国明清山水画。

十一　民主与创造

将垂直对应专制、水平对应民主,曾是雕塑界当时的艺术新论调——将雕塑置于垂直基座上的传统,被看作是隔离普通观众的专制传统。从罗丹①的实验性作品《吻》,到布朗库西②同样题材的《吻》,完成了对这一垂直纪念性的消解——前者试图将古典的垂直基座化解为恋人蹲坐的器物(图4-17),而后者干脆只保留恋人肚脐以上的部分而彻底清除了传统雕塑的基座部分(图4-18)。出于创新的焦虑,布朗库西的弟子卡尔·安德烈③想要另辟蹊径,一次湖面泛舟的经历,让他获得了摆脱老师垂直性阴影的创造性灵感:当舟楫划过水面并拖曳出波痕时,他不但发现了水平的控制性,还意识到这控制是临时性的,并不破坏什么——就像舟楫并没有真正划破水面一样。他也宣称这是民主与自由的新的水平纪念物。

水平纪念物被当作对抗神性垂直纪念物的新艺术,因为接近人性,常常难以被凡人察觉。安德烈在中国美术馆里展出的由薄镁片铺设的艺术品,可能就被当作某种地板材料,观众们站在这件作品上方,观望另一位极少主

---

① 奥古斯特·罗丹(Auguste Rodin, 1840—1917),法国雕塑家。
② 布朗库西(Constantin Brancusi, 1876—1957),罗马尼亚籍雕塑家。
③ 卡尔·安德烈(Carl Andre, 1935—　),美国艺术家。

图 4-17　罗丹《吻》

图 4-18　布朗库西《吻》

义雕塑家贾德①挂在墙上的一件作品——一截工业方铝管(图4-19)。人们或许只有通过挂在铝管旁边的标签才认出它是艺术品,而忽视了安德烈铺设的作品一旁的柱脚上,也挂了个证明其为艺术品的标签。这里固然显示出为普通人而艺术的艺术品由来已久的尴尬——恰恰是普通人不能识别这

图 4-19　水平艺术品

类当代艺术品,同时也确认了水平纪念物确实难以引人注目。

　　柯布当年曾被早期飞机构造的水平性所打动——两片水平的薄片被纤细的支柱支起,水平效果却震撼人心。其水平对垂直的巨大优势,曾在柯布为共产党人设计的一件纪念物上被惊心动魄地表现过,只有考虑到它们脱离地面的隐性垂直高度,我们才能将它与萨伏伊别墅被架空的上部水平体量的表现性作比较。这一暗示同样适合于描述密斯的范斯沃斯住宅与其先在的模仿品——菲利普·约翰逊的玻璃住宅的差异。萨伏伊别墅被水平性架空的高度,依旧具有垂直纪念性基座的隔离作用,也同样适合于描述赖特的流水别墅的水平性如何因为垂直向度的凌空才触目惊心。

---

① 多纳德·贾德(Donald Judd, 1928—1994),美国艺术家。

十二 城市与乡村

图4-20 纽约古根海姆美术馆

以截然二分的方式,赖特以水平——开放、垂直——封闭的两种手段,对应于郊区别墅与城市公共建筑两种类型的建筑:拉金大厦、约翰逊制蜡公司总部裙房乃是以垂直与封闭应对城市的例证;而有着巴别塔模样的古根海姆美术馆则试图调和垂直与水平,却导致展廊坡道的倾斜很难悬挂绘画作品的尴尬(图4-20)。

在自己设计的唯一一座高层办公楼普莱斯塔楼里(图4-21),赖特几乎武断地规定了这幢住宅兼办公的综合楼的外观形式——垂直条纹的部分是公共属性的办公,水平条纹的部分则是私密性质的居住。它是赖特针对城市与乡村出示的两种不同的造型象征物。

这一造型的象征意义,发端于他在1932年写的《正在消失的城市》一书中提出的"广亩城市"。在这件狂想的作品草图里(图4-22),一英里高的伊里诺塔楼(1600米),就是赖特心目中的垂直城市。这些高耸入云的塔之间,隔着大致一英里的水平郊野,与其说它是理想的城市模型,不如说它是

图4-21 普莱斯塔楼

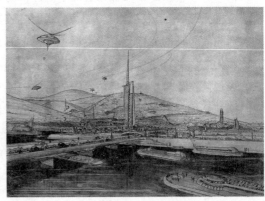

图4-22 广亩城市

将城市乡村化的理想模型,赖特的理想正是这样——他要用汽车将城市带到乡村。

赖特以广亩城市抨击柯布的光辉城市、以流动空间抨击密斯的万能空间,甚至以有机形式诋毁沙利文的"形式追随功能",都一样目标游移,其有机建筑主要针对的乃是乡间别墅。于是,被约翰逊讥讽为乡巴佬的赖特就失去了对城市建筑的贡献。在现代城市的大格局里,柯布的现代主义革命改变了城市的主要格局以及住宅建筑的主体面貌;密斯的玻璃建筑则掌控了城市新的核心商业中心;至于赖特的建筑,则以其有机建筑的纷繁多样的面貌,因为远离了城市,而只能成为世界各地郊区别墅多样性梦想的风格参照。

赖特与当时其他几位建筑大师的争斗,就此缺乏与城市建筑相关的建筑力量。据他的弟子说,赖特在用苍蝇拍子拍苍蝇时,口中老是喊着其余三位大师的名字——打死你个柯布西耶,打死你个密斯·凡·德罗,打死你个格罗皮乌斯。赖特在一种极度自我神话的幻觉中,也为美国本土的现代建筑奠基了一个建筑神话,他一生只赞许过三位人神,第一位是中国的老子,第二位是耶稣,第三位是他自认为已经超越了的老师沙利文。更多时候,他愿意将自己描述为为现代主义牺牲的建筑基督与唯一的先驱,针对现代建筑的其他先驱,他曾不无狂妄地说:如果我对了,他们就全错了,因为,I am Wright!

作为"I am right"的谐音,其间省略的一个"W",自然也可能是"Wrong"字打头的那个"W"。

第五讲

建筑与秩序:路易·康的建筑余晖

　　我相信,要成为一名建筑师需时颇久。按一个人渴望着的想法而成为一名建筑师,需时颇久。

　　你可以在一夜之间成为一名职业建筑师,但要感受到建筑艺术的精神,由此作出个人对建筑艺术的贡献,需时颇久。[1]

这是路易·康[2]的建筑告白,这位有着深厚古典主义教育背景的建筑师,却一心指望能将古典建筑与现代建筑结合为一体,他以长达三十年的理论思考与纸上建筑的探索,在现代建筑开始全面没落之际,让现代建筑绽放出最后也是最华丽的余晖。

一　美与惊讶

　　"Art"一词,以"A"开头。康因此认为,艺术是人类最早发出的音响,因为它来源于两个更简单的字母组合——"Ah"!

　　康认为,由惊讶中,必能得到对美的领悟:

　　　　存在于事物间的美,首先是让人惊讶,然后才是认识,最后是对美的表现。[3]

康简明扼要地阐述了美的历程:它首先要能触发感官,引起惊讶;继而才能驻足感悟,对其加以认知;最后,对美的欲望引发了艺术表达。以哥特教堂为例,基督教成为国教之后,需要建立前所未有的基督教堂,人们选择了古罗马用作市场的巴西里卡为原型(图5-1),并以漫长的时光,将它们逐渐改

---

　　① 《路易·康演讲录》,由苗笛提供未刊译稿。
　　② 路易·康(Louis Isadore Kahn,1901—1974),美国现代建筑师。
　　③ 《路易·康演讲录》,由苗笛提供未刊译稿。

造成可以容纳基督教仪式的哥特教堂。

第一，巴西里卡一定有着让人惊讶的美，才导致最初选择它作为教堂的原型建筑。

第二，然而，古罗马另有让人惊讶甚至震惊的建筑原型——神秘的万神庙、壮观的斗兽场、奢华的大浴场，那么，除开让人惊讶的美，对巴西里卡的选择应该另有标准。

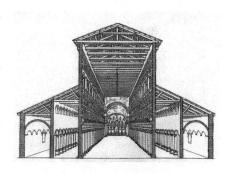

图 5-1　老圣彼得教堂巴西里卡

第三，将基督教宗教仪式的空间需求，与巴西里卡已有的空间秩序进行匹配的认知，助成了这一选择：巴西里卡用以维持市场秩序的圆龛空间，可以改造成基督教堂的核心神龛；巴西里卡用于大量交易的长长中庭，适宜表现基督教宗教仪式的深度展开；巴西里卡中厅两侧低矮的回廊，正适合给那些将信将疑的观望者提供观望。它们构成了空间秩序的共鸣。

最后，才是对美的表现。只有对教堂与市场的不同点有深刻认识，才能改造出巴西里卡原本没有的宗教美。哥特教堂之美，来自将巴西里卡的市场功能向宗教美的改造——将喧闹的改造为静谧的、将幽敞的简朴改造为高耸的奢华、将补充中厅亮度的高侧光改造为神秘的宗教仪式用光……在种种蕴含着宗教思想的改造里，所牵涉的相关材料结构与空间秩序的改造，才具备一个更高的要求——对宗教仪式美的追求。

二　感觉与思想

康在 1955 年的讲座里，对秩序与美的关系作出过如下判断：

> 秩序并不意味着美，同样的秩序创造了侏儒和阿多尼斯。设计不是制造美，美来自于选择、共鸣、结合、热爱。①

---

① 《路易·康演讲录》，由苗笛提供未刊译稿。

美起源于惊讶的感觉,但美本身既不属于秩序也不属于感觉,它是感觉与秩序的共鸣与结合。

> 倚重感觉,远离思想。①

这是康的建议,但他同时又警告我们:

> 停留于感觉,远离思想,意味着一事无成。②

所以,康强调的是倚重却不停留于感觉:

> 思想是感觉加秩序的体现。③

他将秩序添加进来以便让感觉抵达思想。因为,没有秩序,感觉将一事无成,没有秩序的感觉既不能表达也不能被表现;没有感觉,秩序虽然形成一切存在,形式却没有存在的欲望与表现的目的。感觉不属于理性,它无可度量;而秩序始于认知,它能对事物进行度量。

可度量(measurable)/无可度量(unmeasurable),它们是康有关建造的一对密不可分的核心观念:

> 一座房屋必须从无可度量的先机为起点,通过可度量而完成。
>
> 建造的唯一途径——使之具体实现的唯一途径是通过可度量的手段,而最终它将会散发出无可度量的品质。④

这是康在1961年题为"形式与设计"的演讲中的论述。

三 形式与设计

针对之前宣言要做出只符合这个时代的新建筑,密斯后来反省到:现代建筑孜孜以求的建筑形式的时代问题,本身并不包含建筑的价值意义。密斯因此放弃了对建筑"是什么"(what)的执著,转而追问建筑"怎么做"(how)的建造问题。

---

① 《路易·康演讲录》,由苗笛提供未刊译稿。
② 同上。
③ 同上。
④ 同上。

如何理解被密斯放弃的建筑"是什么"这一问题？它是对"建筑类型是什么"的否定，还是对"建筑功能是什么"的否定？在密斯的万能空间里，功能的差异可以被相同的形式所包容，只有这样，建筑"是什么"的问题才会被消解，才能凸显出"怎么做"的建造问题。

而康试图兼顾二者，针对建筑"是什么"的形式问题，他将形式看作是对事物间不同点的认识，以区别不同功能的形式：

> 从中取走一点，形式也就毁掉了，或被转换了。①

康以"勺子"为例，简单明了地解释这一观点：

> 想到勺子，你就会想到一个容器和一个柄。拿走了容器，就只剩下一把剑似的东西。取走了柄，则成为一只杯了。放到一处，它们成为一把勺子。②

针对形式与设计的关系，康有两句极其简单却难以翻译的格言：

> Form what；design how。(形式：是什么；设计：如何做。)③

康将"形式"看作"本源"——它不属于个人，属于不可度量的先机；将"设计"看作度量形式的"手段"——它属于设计者，属于建造的可度量部分。康的"形式"似乎接近柏拉图的"理式"，"理式"是所有现实物——譬如勺子的先机与共性，以及所有创造性行为——譬如不同勺子的创造都是对"理式"的具体实现。

四　欲望与需要

康将欲望与需求小心翼翼地区分开来。

因为，需要容易满足，而欲望难以实现。需要仅仅来自已知的东西，从来都无法对未知提出要求，它属于可度量的设计部分；而欲望并不仅仅满足于需要，它属于未被追问的源头，带有不可度量的形式先兆。我们常常有表

---

① 《路易·康演讲录》，由苗笛提供未刊译稿。
② 同上。
③ 同上。

达形式的欲望,却更经常地在生活里被需要(在建筑中被功能)所击倒。所以,康将欲望和需要区分开来,就可以超越功能(需要)与形式(欲望)的传统争端,并以欲望来对抗日益庸俗化的功能主义建筑:

> 贝多芬①创作《第五交响乐》之前,世界需要它吗? 贝多芬需要它吗? 贝多芬是在一种未知的欲望下进行创造,现在,世界的需要尾随其后。②

相应的,康就可以这样讨论建筑的形式与功能:

> 对我来说,一个方案犹如一曲交响曲,是结构和光的空间王国。至于此时此刻它的功用如何,我并不关心。③

他说这些话,并不是说他像密斯一样漠视功能。在将现代主义的功能置换为需要之后,康将密斯的"功能追随形式"修改为"需要追随欲望",或更积极地说就是:

> 欲望促生需要。

> 从空间希望成为什么中,陌生的方式可能向建筑师展现。从秩序中,意愿获得创造性的力量和自我批评的能力给予这种陌生以形式,美将逐渐发展。④

从不可度量的空间欲望里,康通过对"Form what"的形式追问,发展出"design how"的设计秩序;在这一秩序的展现过程中,空间欲望将展现出陌生的空间形式。

康从功能起点的欲望里,找到了不同功能间可以共鸣的共性源头:

> 我爱起点! 我为起点而惊叹!

> 我认为正是起点确保了连续! 不然,无物能存在。

> 在我自己对起点的研究中,我看到一个表达了存在欲望的存在。⑤

---

① 贝多芬(Ludwig van Beethoven,1770—1827),德国音乐家。
② 《路易·康演讲录》,由苗笛提供未刊译稿。
③ 同上。
④ 同上。
⑤ 同上。

康从人类历史的生活而非建筑内部概括了人类的三种欲望——聚集的欲望、学习的欲望以及健康的欲望，这三种人类精神内部的欲望促生了三种对应的设计形式：

街道的形式、学校的形式以及绿地的形式。①

五　形式与表达

关于街道的形式，康说：

在空间的本性中，有以某种方式存在的精神和意愿。设计必须紧紧遵守这种意愿。因此，一匹画上条纹的马并不是斑马。在一个火车站成为一个建筑物之前，它希望是一条街。它产生于街道的需要。②

然而，在汽车无所不在的侵入下，人们聚集的街道堕落为仅供人车移动的道路。康说，你有路，可是你却失去了街。

所幸的是，既然康将街道当作人们聚集的形式，因此它还能发生在别的形式里，譬如学校。关于学校的形式，是康最著名的表述：学校源于一位有表达欲望的人，他在一棵树的阴影下，情不自禁地有所表达，有的人来听，有的人走了，还有些人听得投入，就找来朋友与孩子一起来听，人群就这样聚集在一起，学校就此诞生。

而校董会却对学校另有解释，他们认为，学校不应该有窗户，窗户会分散学生对老师的注意力。康对此讽刺道：

现在哪有值得学生如此注意的教师？看看这和最初的现象差得多远，一个人只是忍不住把自己头脑中的东西传达给一些人，那才是学校真正的起点。③

康曾如此开始图书馆的设计：

想想当建筑中墙壁分开、柱子出现的重大时刻。（结构秩序提供了

---

① 《路易·康演讲录》，由苗笛提供未刊译稿。
② 同上。
③ 同上。

光线。)

一个人拿着一本书,走到光亮处,图书馆就这样形成了。(光线促生了阅读的功能。)

壁龛是小间阅览室,是空间秩序和结构的开始。(空间秩序提供的差异,促生了阅读的差异。)

图5-2　艾塞特图书馆阅读空间

在图书馆里,柱子的安置总是从光亮开始。(图书馆的设计起点。)①

这一趋光性的人类习性,给了设计以某种起点,但还没有明晰形式的具体差异——形式是对事物间不同点的认识——宗教建筑与图书馆一样,也需要光线。

一个在讨论会中阅读的人也寻找光亮,但是对他来说,光亮是次要的。阅览室是非个人的,它是读者的沉默和书籍的相会(图5-2)。大空间、小空间、没有命名的空间,以及服侍空间。在形成这些空间时考虑采光,是所有建筑物的问题。这个问题由一个要读书的人开始。②

图5-3　艾塞特图书馆藏书大厅

以这种方式,康几乎可以将计划书里的各种功能,都置于人的欲望追问里。讨论各种功能的不同欲望,康就避免了功能主义推导出来的形式教条。与沙利文从功能主义推导出的办公楼的具体形状不同,康从未具体说学校应该是什么样子,他只假设人们学习的欲望与学习如何发生的场景(图5-3);即便谈论具体

---

① 《路易·康演讲录》,由苗笛提供未刊译稿。

② 同上。

的楼梯平台,他仍旧将平台看作是邂逅(以满足会聚的欲望)与看书(以满足学习的欲望)的场所……就这样,康从来不谈论形状,形状所导致的风格问题也就从来不曾波及他。

以此,康就能专注于对"design how"里相关材料、结构、空间、节点的秩序进行可度量的设计。

六　材料与秩序

从美学角度而言,混凝土既不会唱歌,也不会讲故事。人们无法从这种面团式的塑性材料中看到任何美学品质,因为这种材料本身是一种可塑的混合物。水泥是一种凝固材料,它本身没有任何特点。[①]

面对现代材料——钢筋混凝土,第一代大师们都曾束手无策。柯布西耶早期面对混凝土材料,只能将它们抹成非混凝土质感的白色。中后期的柯布,受粗野艺术的影响,才开始尝试用模板的肌理来表现混凝土的粗犷质感。与柯布一样,赖特早年也将大部分混凝土刷上涂料;而在另一类实践里,他以混凝土空心砌块来模仿传统砖石结构的结构句法。当年轻的路易·康初遇钢筋混凝土时,他选择了装配式混凝土预制构件,因为这一型材的结构方式与传统木结构的搭接方式最为近似(图5-4)。弗兰姆普敦

图5-4　理查德医学研究楼

认为这两种表现——砌块或预制混凝土构件,并不符合结构理性的理想,因为钢筋混凝土结构本质是浇铸性的,而非装配性或砌筑性的。

与柯布从粗野主义绘画获得对混凝土的粗犷表现类似,康或许从印象派画家更加细腻的笔触里,寻找到对混凝土更加精美的表现:

---

① 〔美〕弗兰姆普敦:《建构文化研究》,王骏阳译,中国建筑工业出版社,2007年。

图 5-5　沙尔克生物研究所

**图 5-6　路易·康设计的印度管理
学院教学楼砖拱券**

我相信,如同所有艺术一样,建筑也应当保留那些能够揭示事物建造过程的痕迹。①

在沙尔克生物研究所里,正是康对混凝土浇筑的模板的精心设计,才浇筑出让墨西哥建筑师巴拉甘禁不住以手摩挲的触觉膜拜与视觉冲动(图5-5),一如康所预言的:

从触觉产生了很想去触知的努力,不只是触摸,从这里又衍生出视觉。当视觉产生的那一刻即美的领悟。②

康对于材料如何获得秩序的著名追问,却是针对古老的砖材料:

问:砖,你想成为什么?

答:我想成为拱券!

问:做券太昂贵,能用更简单些的混凝土过梁么?

答:你没问我昂贵与简单的问题,就砖的存在欲望而言,我还是愿意成为拱券。③

在这里,砖材料的存在秩序,被它所构成的结构——拱券所指引(图5-6);正是拱券的结构欲望,给了砖材料存在的秩序。

七　结构与秩序

从一个超凡的结构切出一块,以求得到一个空间,这成不了一个超凡的空间。④

---

① 《路易·康演讲录》,由苗笛提供未刊译稿。
② 同上。
③ 同上。
④ 同上。

康的这句话,明确了两件事:

第一,结构秩序不等同于空间秩序;

第二,空间有赋予结构秩序的能力。

针对康的成名作——耶鲁大学美术馆屋顶改建的三角形韵律结构是否真实,人们迷恋于引用结构工程师对其不合理性的评估,并对这一建筑提出结构真实性的质疑。人们习惯于以结构的真实指代建筑或空间的真实,这是技术决定论的典型追问:它既可以追问柯布的萨伏伊别墅的流线型体量,为什么得自传统的砖活,而非现代混凝土?也可以质疑密斯悬挂在希格拉姆大厦立面上的工字钢,为什么不具结构意义?人们基于技术真实抨击它作为结构理性的虚假。密斯在晚年申明,他所言结构并非建筑结构,而是一种局部与整体关系的哲学观念:

> 对结构,我们有一种哲学观念,结构是一种自上而下乃至最微小的细节全部服从同一概念的整体,这就是我们所谓的结构。①

这一晦涩提法的内涵,与赖特的有机建筑的复杂目标相当一致。而沿着这条线索——结构也应该服从某种概念,它不应该只是从属于结构本身。

石磊在他的毕业论文《建筑实例中的几何与结构之间相互关系初探》里,曾以康的经典作品金贝尔美术馆为例,阐明了结构与空间交织在一起的秩序判断。

康原本想以万神庙的剖面为空间模型,将它旋转就得到万神庙的圆形空间,将它往前推进就能得到金贝尔适合展览的条形空间(图5-7)。甲方明确希望这一空间不能有宗教空间的神圣感,康的修正是将拱的半圆形截面变形为轮转曲线的截面(图5-8),降低了拱高却没改变空间的基本属性,

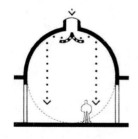 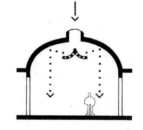

图5-7　金贝尔初始类万神庙剖面　　图5-8　金贝尔美术馆实现剖面

---

① 《路易·康演讲录》,由苗笛提供未刊译稿。

其关键的结构意义是:轮转曲线的拱顶在理论上只受压,特别适合钢筋混凝土结构的力学性能。

就此而言,拱的结构秩序,来自康对万神庙空间原型的再现欲望。这欲望从山墙里那个看似古怪的缝隙里流露出来:缝隙之上的曲线,得自轮转曲线自身的结构欲望(图5-9);而缝隙下方的曲线,则得自对球面曲线的截取。它得自空间欲望的秩序追求,缝隙之间所透过的光线照亮并显现了拱顶内部的空间秩序(图5-10)。

图5-9 金贝尔美术馆拱结构缝隙　　图5-10 金贝尔美术馆拱结构缝隙之光

八　空间与秩序

在"如何发展建造新方法"的演讲中,康表达了对支持现代空间运行的机电管道的态度:

> 我并不喜欢机电管道,我也不喜欢空调管道。事实上,我对这些玩意儿深恶痛绝,但正因如此,我必须赋予它们特定的空间。如果我因为情感上的厌恶而对它们置之不理,它们就会在建筑中横冲直撞,直至毁掉整个建筑。

康在早年建筑中使用的空腹梁,以及他在耶鲁大学艺术馆扩建的天花板上使用的密肋梁,都留有隐藏机电管道的意图。这一利用结构空腔的实践,后来被延展到康针对空间最富意义的认识:

空间秩序概念必须扩展到为机械服务提供地方之外,应该包含紧邻着"被服侍空间"的"服侍空间"。①

这将为空间的整合欲望提供有意义的区分。康自豪地宣称:在设计完屈灵顿游泳池更衣室后,我再也不用盯着别的建筑师的作品以获得启发。这个小项目已然包含了康后来那些最主要的杰作里的空间秩序——服侍空间与被服

图 5-11　特伦顿公共浴室模型

侍空间(servant space/ service space),四个结构构成的 U 形小空间——服侍空间,支撑着一个被四坡顶覆盖着的更大的空间——被服侍空间(图5-11)。在这个二元分立的表达里,涵盖了空间大/小、结构/空间这两对空间讨论里最基本的配对关系。

图 5-12　萨尔克生物研究所

这一空间秩序,成为康最重要的建筑实例中最核心的概念:在理查德医学研究楼里,尽管工字形结构没能围合出小空间,但附着于被服侍空间之外,有一系列混凝土结构围合的小空间,它们分别被用作楼梯、厕所、通风管井来服务中央的大空间;在两年后的萨尔克生物研究所,康在那些显然超出功能需求的大空间外圈悬挂的卫生间、楼梯内圈悬挂的小休息室里,施加了精湛的工艺,并使得它们的外部呈现出能构成一个露天教堂的外部空间(图5-12);在金贝尔美术馆里,服

---

① 《路易·康演讲录》,由苗笛提供未刊译稿。

侍空间与被服侍空间尽管还能从结构方式上被区分,但它们的空间却融为一体,并构成现代建筑运动以来最朴实、最宁静也最华美的展览空间。

将空间纳入到现代建筑的重要词典中,主要是赖特的贡献,它得自东方智慧的启示。赖特的流动空间的流动方向,主要来自对建筑与自然的有机整合。密斯的流动空间被当作探讨空间的先锋语汇,但其空间的流动性依赖于结构的独立性。而康或许是仅以空间句法探讨西方建筑的先驱者,通过将结构要素转化为空间要素,结构空间构成了服侍空间,结构因此是第一次在空间层面上整合空间,并让被结构支撑的大空间——被服侍空间与结构空间进行有机对话。

> 很久以前,人们用实心石头建造,现在我们必须使用"空心石头"。①

这一空间句法意义深远,它弥补了现代建筑空间被结构与维护的分离所瓦解的复杂性与丰富性。与格罗皮乌斯的包豪斯校舍建筑相比照,康所缔造的这一空间秩序的体量意义就尤为显著;正是包豪斯校舍的类似功能分离的体量处理,才在康所处的上世纪中使现代建筑遭到单调乏味的猛烈批判。

九 节点与秩序

> 假设我们训练自己一边建造一边画图,从上到下,在浇注或竖立的接合处停笔做个记号,装饰物将产生于我们对使建造尽善尽美的热爱,于是我们发展了建造的新方法。②

这一被康讴歌的装饰物乃是节点,它来自对一系列可被区分的秩序的认识——不同材料的区分,不同结构的区分,不同空间的区分。康倾向于将这些能让秩序明晰的痕迹保留下来:

> 在这一目了然的"序"中,无地可容纳隐匿结构的习惯。这习惯有碍艺术发展。我相信建筑与一切其他艺术习惯一样,艺术家本能地要把作品制作痕迹保留下来。今天的建筑需要润色,部分地出于要从视

---

① 《路易·康演讲录》,由苗笛提供未刊译稿。
② 同上。

线中抚平接缝的趋向,把组装结合部位隐藏起来。①

正是为了明晰钢筋混凝土建造过程中的痕迹,在萨尔克生物研究所里,康对钢筋混凝土浇筑的模板进行了精心设计,并对混凝土模板加固节点的痕迹也作了精心处理。这是现代建筑的主要材料——钢筋混凝土第一次获得与传统石材或木材一样的典雅细部,这些节点的细部为后来被命名为安藤忠雄②的混凝土提供了范本。

在另一处,康对节点的表述不再是秩序的区分,而类似于人体关节的连接:

> 建筑是人体的载体,创造建筑就是创造生命。建筑如同人体,如同你的手掌。手指关节的连接方式造就了优美的手掌。在建筑中,类似的细节也不应该被埋没。你应该充分表现它们。一旦建筑的连接方式得到充分展现,看上去合情合理,空间就成为建筑。③

节点是对康不同秩序的明晰痕迹的凸显或连接,这些秩序可以自下而上地被表达:

1. 材料秩序是对结构欲望的表白;

2. 结构秩序被空间欲望所明晰;

3. 空间秩序被空间结合的欲望所阐明;

4. 细部是对可度量的建造秩序的记录。

**图 5-13 金贝尔美术馆
拱顶与柱头细部**

在金贝尔美术馆看似朴实的空廊的柱头柱脚处(图5-13),呈现出多种痕迹,它们区分了柱与梁、板与梁、板厚与梁厚、排水槽与滴水线……一系列不同层面的秩序。

康的细部来自对空间秩序形成结果的记录,它是建造活动步骤可区分的痕迹,是针对

---

① 《路易·康演讲录》,由苗笛提供未刊译稿。

② 安藤忠雄(Tadao Ando,1941—),日本当代建筑师。

③ 《路易·康演讲录》,由苗笛提供未刊译稿。

"怎么做"(design how)的设计问题所提交的步骤清晰的建造过程的表现。

十 光线与秩序

在幼年时,康因为试图将灼烧的火炭捧入衣襟而在手与脸部留下了终身难以去除的疤痕,但这并没有造成他对光线的恐惧,反而导致他在建筑里对光线毕生追求。

针对夏季行恶的太阳,柯布发明了遮阳,而康更愿意从印度当地的习惯——房子挨着房子,利用房子间的间距来彼此遮阳——获得启示,他的服侍空间与被服侍空间的区分再一次具备新的意义。在一幢足够复杂的建筑中——譬如达卡议会中心,小空间支撑大空间的意义,不但从结构方面构造了空间秩序,外围服侍空间所构成的建筑体量还可以模拟外部房子对内部房子的遮阳效果:

> 于是我想到废墟之美,于是我想到用废墟包围楼房;把楼房放在废墟中,于是你的视野碰巧有缝隙的地方穿过墙壁。我感到,这是一个针对眩光问题的回答。我想把它和建筑结合在一起,而不是在窗户附近安置构件,来修正窗户的愿望。我不想说窗户的愿望。窗户的愿望不是正确的方法。我应该说:对光的欲望,也是和眩光的斗争。①

服侍空间的一圈开有几何洞口的外墙,模拟着邻居的外墙,并可以防止眩光。这层布满孔洞的外墙对空间的包围,类似于康所迷恋的废墟。这一废墟的外观,在建造过程中,甚至拯救了他设计的达卡议会寨(图5-14):

图 5-14 达卡议会寨建筑群

---

① 《路易·康演讲录》,由苗笛提供未刊译稿。

当工程全面展开,1971年爆发了印巴战争。战争接近尾声,巴方败局已定,故而下令轰炸敌方重要目标以给敌方造成最大打击。达卡政府建筑群自然是轰炸目标。当时工程正进展过半,建筑表面的建筑上布满巨大几何洞口,脚手架歪歪斜斜。巴方军队误以为自己的先头部队已将它轰炸成废墟,它因而幸免于难,真是意想不到的幸运。①

就废墟的形象而言,康所设计但从未建造的何伐犹太人教堂更为神似,它原本设计于耶路撒冷被毁的废墟之上,从城市尺度中的建筑模型来看(图5-15),位于右上角的何伐教堂就像是亘古遗存的英格兰石环,而从内

图5-15　何伐教堂与耶路撒冷旧城关系

空剖面看,它是能完美体现康关于结构与空间、服侍空间与被服侍空间、空间与光线的最佳例证。康如此赞美光线对建筑的表现意义:

太阳从未明白它有多伟大,直到它打到一座房子的一侧。

即便全黑的空间,也需要一束神秘光线证明它到底有多黑。

并非所有房屋都属于建筑艺术,自然光是唯一能使建筑成为艺术的光线。②

对于最后这句话,康以五十年的建筑剖面做了持久而感人的注释。由此可以推设,在康的建筑里,如果细部是对空间建造秩序的记录,光线就是对空间秩序所形成的细部的最终表现。

十一　可度量与不可度量

通过本性——为什么?(Why?)

---

① 《路易·康演讲录》,由苗笛提供未刊译稿。

② 同上。

> 通过秩序——是什么？（What?）
>
> 通过设计——怎样做？（How?）

在本性——起点处的欲望与设计要解决的"怎样做"之间,康置入了"秩序"来连接欲望与设计,亦即形式与建造。

而当我们试图接近康的秩序(order)时,却发现他只是说:"Order is."秩序是。是什么？他没说。

康从"无可度量"的欲望与"可度量"的建造,开始了他对秩序的接近。其间,他谈论"感觉"(felling)与"思想"(thought);他谈论"形式"(form)与"设计"(design);他也谈论"愿望"(desire)与"需求"(need);他最具体到建筑的一次谈论,是"服侍空间"与"被服侍空间"。

在这些分立而成对的概念里,有一种明晰的等级与秩序。虽然,康并不相信这些。他说:

> 我相信并无这种分立,我相信每件事情都源于同一时刻。并不存在某一事物或另一事物的良辰吉时,简而言之,某些事物同时开始。①

假如这样,康为什么要将它们分立出来？用康自己的话来说:

> 分开来,只是为了便于思辨。

康从无可度量与可度量的两种形式开始思辨。

他说"所有的一切都滋生于无可度量";又说这"所有的一切都有可度量的可能"。

无可度量如何滋生可度量的形式？他力求在两者间寻找到一处相交的门槛。在康眼里,这门槛轻且薄。也许只有康所讲述故事里的女祭司,才可以立在那薄薄的门槛上并向里面张望。

> 她的侍女走上去对她说:"小姐,小姐,朝外面看呀,看看上帝创造的奇迹。"但小姐说:"是的,是的,但要朝里边看,能看见上帝本身。"②

密斯说,看那细部,上帝存在于细部间;康说,朝里面看,你能看见上帝本身。

---

① 《路易·康演讲录》,由苗笛提供未刊译稿。
② 同上。

十二　静谧与光明

对于材料、结构、空间的秩序,康对它们的片段描述自有逻辑。他说:

> 从一个超凡的结构切出一块以求得到一个超凡的空间,这成不了
> 一个空间。①

这暗示着空间高于结构的秩序。他说:

> 建造的唯一途径,使之实现的唯一途径是通过可度量的手段。必
> 须遵循法则。②

这意味着建造是对建筑可操作部分的度量。他说:

> 材料是耗散的光。③

所以,材料从属于光。他说:

> 因为选择一种结构,与选择光线是同义的,要给空间以好的
> 影响。④

于是,光线也从属于空间的秩序(图 5-16)。

康 1969 年所做的讲演"静谧与
光明",其哲理性的文字后来被收录
到美国历史思想名家的合集里,其沙
哑的演讲录音成为一幕著名音乐剧
的主题旋律:

图 5-16　达卡议会寨顶光

> 静谧是浑然未分的陶然,
> 是两种欲望同时发生的奇异重
> 逢。我的确认为,静谧的精义

---

① 《路易·康演讲录》,由苗笛提供未刊译稿。
② 同上。
③ 同上。
④ 同上。

就是共性(commonness)。[①]

在康所有建成的作品中,金贝尔美术馆的拱顶散发出这种浑然未分的静谧光明:惊讶于罗马万神庙的美,他选择了拱面屋顶;为了从拱顶顶部引入自然光,一如万神庙在拱顶正中下泄天光,他需要从拱顶正中开设一条通长的光缝,但这正是结构工程师需要捍卫的核心部分——作为罗马建筑的拱心石部分,其 Arc 的名称正是建筑——Architecture 里的神圣部分。结构工程师与建筑师在这个部分的激烈争夺,并没有使康放弃这一坚持。新的工程师转换视角,他不再将康想要的空间结构看作拱结构,而看作是由美术馆中间服侍空间往两边曲面出挑的悬挑结构——他将它命名为鸥翼结构(图 5-17)。这一富于诗意的结构命名很少被康提及,也很少能被观众感知,观众所感知的乃是康所追求的拱形空间。在这个精彩的案例里,结构的支撑单元与空间的感受单元,在轴线标注中偏离错位(图 5-18),但它并非康漠视结构的证据,而是在结构与空间各自表现的欲望里的重逢,它抵抗了高技派被结构技术的表现性奴役,并达成结构与空间在光线下所缔结的浑然未分的平衡关系。

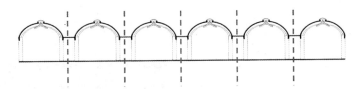

图 5-17　金贝尔美术馆鸥翼结构单元

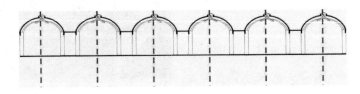

图 5-18　金贝尔美术馆空间单元

在康所有未建成的作品中,康以犹太人的身份为耶路撒冷设计的何伐教堂所作诠释,更接近他所期待的静谧与光明的要义——共性:

---

① 《路易·康演讲录》,由苗笛提供未刊译稿。

这个堂,应该更无个性,更少特征。我认为,让它特性不明,正可将一切包容。这就成为一座诺亚方舟般的建筑物,或者说,这座犹太教堂就是方舟。①

至于其形象问题,他为他的这类具备古典意象的建筑进行辩护:

它是很哥特式的,不是吗?这让你感到烦扰吗?我自己喜欢它。②

康由此也缔结了现代主义与古代建筑的秩序文脉,漠视古典与现代的二分,使他摆脱了现代主义无传统的后段乏力,也使他区别于后现代建筑将历史符号化的肤浅文脉。康对建筑明晰的秩序——材料与结构、结构与空间、空间与光线的秩序进行了超越时代的区分,它们是不同时代的建筑之所以会打动人心的共性。康将现代建筑的核心语汇扩展到具备诗性的高度与哲学的深度,并对现代建筑作出了最后的捍卫。

(本讲主要部分曾以《秩序是》发表于《建筑师》,后收入笔者文集《文学将杀死建筑》。)

---

① 《路易·康演讲录》,由苗笛提供未刊译稿。
② 同上。

第六讲

建筑与装饰：斯卡帕的有机装饰

在卡洛·斯卡帕①的建筑中，

"美丽"，第一种感觉；

"艺术"，第一个词汇。

然后是惊奇，是对"形式"的深刻认识，对密不可分的元素的整体感觉。

设计顾及自然，赋予元素以存在的形式；艺术使"形式"的完整性得以充分体现，各种元素的形式谱成了一曲生动的交响乐。

在所有元素之中，节点是装饰的起源，细部是对自然的崇拜。②

这是路易·康为斯卡帕的建筑写下的诗篇，他赞美了斯卡帕建筑元素里的整体感，也讴歌了斯卡帕释放出的被现代主义压制过久的有机装饰。

一　有机装饰

现代建筑之初，面对折衷主义建筑的繁复装饰，沙利文追问建筑中的装饰问题，建议未来建筑应克制对装饰的使用，以使思想恢复敏锐。他欣赏建筑的裸体美，断言一座剥离装饰的建筑，单是通过"体量"和"比例"，就能传达建筑自明的高贵。

对于这一断言，路斯先是以《装饰与罪恶》一书推波助澜，然后又示范剥离装饰后体量规划的建筑效果。随后的柯布西耶，承担了以体量与比例来表现建筑的重任。在20世纪中叶，柯布还以裸露混凝土的粗野方式，直接感召了沙利文关于建筑裸体美的建议。

---

① 卡洛·斯卡帕(Carlo Scarpa, 1906—1978)，意大利建筑师。

② 褚瑞基：《卡罗·史卡帕——空间中流动的诗性》，田园城市文化事业有限公司，2004年。

于是,由沙利文发起的功能主义,借助其对建筑装饰的追问,在现代建筑运动波浪壮阔的反装饰呐喊声中,掩盖了他当年对"有机装饰"的热切展望:装饰能否提升以体量与比例而高贵的建筑的内在品质?

在《建筑中的装饰》一文中,沙利文假设有一种"有机装饰",能在装饰与构筑的一体化进程中,呈现出"有机装饰"的建筑光芒。其观念之光,沙利文认为来源于"体量构成"(mass-composition)与"节点构思"(joint-consideration)的相互辉映。

沙利文的"有机装饰",被他的弟子赖特部分继承,赖特大谈他的"有机建筑",但对"有机装饰"却很少提及;柯布专注于"体量构成",却罕见地提及"节点构思";密斯着迷于"节点构思",却不甚在意"体量构成";康对建筑的理解也许最接近沙利文的"有机装饰",他以"服侍空间"与"被服侍空间"的空间构成,重新整理了柯布的"体量构成",他对节点人体关节的比喻,或许最接近沙利文的"节点构思",尽管康未使用过"有机装饰"一词,却在对斯卡帕的建筑所写下的著名赞诗中,将装饰与关联于有机的自然相提并论。

二　节点构成

康的节点,来自对形式秩序的追问——形式是对不同点的认识,因此,康的节点虽然呈现的是建筑的区别之处,其要义却是通过节点将分离的建筑连接为有机整体。

斯卡帕的节点,虽也区分建筑的不同部分,其结果却并未形成康的建筑所具备的强烈整体性。批评者与赞美者都能发现,在斯卡帕的建筑节点两端,建筑却呈现出奇特的片段性特征。

斯卡帕建筑的这一特征,并非来源于康对建筑秩序的类似追问,更可能来自斯卡帕早年涉足特定建筑项目的特殊要求。与许多建筑师一样,斯卡帕早年的两类建筑实践——针对老建筑的改造或是展示设计项目,通常是建筑师没有建筑项目时,用以消磨时光的两类小操练,而斯卡帕却能从这两类项目里,分别发展出构成他建筑特征或个人风格的片段与整体、分离与连接这两对看似对立的核心线索。

斯卡帕早年建筑的主要类型是文物建筑改造。这类项目涉及文物建筑保护的首要原则——区分古物与新建之物。这一区分法规，先是被斯卡帕在老建筑改造里反复演练为一种要素分离的改造手段，在他随后的并非文物建筑改造的项目里，这一分离手段得以发展、扩充，最终演变成斯卡帕建筑被广泛模仿的造型特征。

而斯卡帕建筑生涯里另外一类主要项目——展示设计，则要求他考虑不同空间与不同展品之间的准确对话。斯卡帕从中发展出如何经营空间与作品间微妙的对话关系，并以此将建筑与展品结合为有机整体。

借助文物建筑的区别原则，斯卡帕发展出一整套具备分离与片段特征的奇特细部；为了满足展示设计的对话要求，斯卡帕又发展出一套以对话方式缔结不同片段的经营手段。正是以对话的方式，而非以康的秩序方式，斯卡帕经营出来的空间氛围迥异于康以节点连接成的建筑整体性——康的秩序意味着以服从的方式被同化，斯卡帕的对话则要求在缔结整体性时，还需保持对话双方各自的独立性，不同部分因此将呈现出无法被同化的片段性。

三　分离与细部

在威尼斯的史丹帕立基金会改造项目中，斯卡帕设计了一座几乎被文物区分原则控制的新桥（图6-1）：从窗台下伸出的石板，出挑承托着一块起结构作用的折弯钢板，二者以材料区分；折弯钢板与其上方架设的弧形桥面木板也以材料区分；木质的桥面板又被顺桥面的厚木帮框木与垂直桥向的薄木板进一步区分；扶手结构以两片竖向薄钢板与下方从折弯钢板上出挑的水平钢件区别；其上圆钢管与真正用以扶手的圆木再一次从材料上区分；最微妙的区分来自斯卡帕所迷恋的非对称，它为这座桥带来了区别：为了桥下能过船，靠近建筑入口的那端，桥面弧度较大，为了连接桥这边的街道，桥的这一段变得平缓，由此，桥不对称

**图6-1　史丹帕立基金会
改造项目之桥**

的两端也得以区分——这边平缓的一端用作从街道过渡的平台，而在弧度较大的一端则变成了一段楼梯踏步，通往一扇由窗改造的门。

从窗户进入，是由于威尼斯海平面的上升，时常会淹没桥左的两扇古老大门，为了保证潮汐水线以上抬高了的走廊的安全，斯卡帕发明了一种踢脚线细部，用一条细水槽将新铺设的地面与旧有建筑的墙面分离开（图 6-2），以应对威尼斯运河周期性的潮汐对建筑物的不定吞没。这一与潮汐相关的细部设计，却在另一处建筑——维诺那古堡改造项目里，爬上二楼的展厅墙角。尽管此地已无潮水淹没

图 6-2　史丹帕立基金会改造玄关

之虞，斯卡帕以这个特殊的沟槽节点（图 6-3），取代了传统的木质或石质踢脚线，并区分了垂直墙面与水平地面——墙与地面交接处，常常被清洁工称为卫生死角的地方，却也正是建筑体量的交界点。类似的敏感，也出现在维诺那银行落水管的节点设计里——这个微椭圆形窗洞下方纤细如雨痕的落水饰件，得自斯卡帕对建筑物在时光流逝中痕迹的细致观察——圆形窗洞的下端，通常会成为积水垂落的位置，这一纤细的垂直落水模拟着雨水的渍迹（图 6-4）。斯卡帕以此来排除这座老建筑与他新加建的一层立面之间缝隙的积水。

图 6-3　古堡博物馆踢脚细部

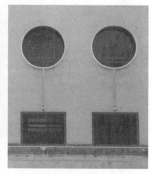

图 6-4　维诺那银行落水管细部

我们很难辨别斯卡帕是为了排水才设计了这个精妙的节点,还是为了表现这个精妙的节点才将新旧立面分离开来,但这已足够使斯卡帕的建筑与风格派的体量分离手段区分开来。

四　分离与连结

上世纪20年代,里特维尔德设计过一把闻名家具史的红蓝椅(图6-5),其舒适性让位于风格派分离的概念性——支座、扶手、靠背不但相互分离,它们之间的不同颜色,也强化了无所不在的分离概念。它与里特维尔德设计的施罗德住宅一样,都在应和蒙特里安要将三维建筑分离为二维平面的要素化宣言。

图6-5　里特维尔德
红蓝椅

而斯卡帕在有着连接功能的桥或楼梯的设计里,却将区分的原则从形式推向功能甚至意义,并在意义的终端,将这些被分离的构件再次连结起来。

斯卡帕为奥蒂维提展示中心设计了一部楼梯(图6-6),其本身的可展示性,可与楼梯史上最奢华的楼梯——米开朗基罗为劳伦齐阿那图书馆设计的那部楼梯相比较。米开朗基罗这部被称为瀑布的楼梯(图6-7),其踏

图6-6　奥蒂维提圣马可广场
展示中心楼梯

图6-7　劳伦齐阿那图书馆大楼梯

步被区分为经典的三段:第一段三步,以放大的椭圆形为标记;第二段七步,以踏步平行放大为标记;第三段五步,依旧以放大的椭圆形为标记。斯卡帕这座由石材整体切割的踏步,也被分为三段:第一步被放大成一个稍稍脱开地面的独立平台;第七步踏面并未变宽,却向一侧延伸,明显区别于别的踏步;最后一步,与米开朗基罗以放大踏面的方式区别梯段不同,斯卡帕利用二楼铺地的一块石材,也表达出类似的三段论意义。

斯卡帕对梯段最敏感的区分,来自于布里诺家族墓园设计的几阶踏步(图6-8):五个踏步中的四踏,以三种结构方式、三种不同的形状区分,而且它们的设计还选择了左右脚的先后方式,也就区别了踩踏时的身体方式。这被区分得有些不可思议的楼梯,被称为斯卡帕楼梯。

图 6-8　布里诺家族墓园踏步

它以其五步与另一个只有三步的踏步,在墓园里构成对仗;它们的行走方式的差异,还分别被斯卡帕赋予生与死的不同意义。

五　片段性与整体感

如果将维诺那古堡的那座木楼梯与一旁的雕像并置(图 6-9),其要素的分离立刻就产生了对话的连结意义:雕塑被置于一个木头台上,与楼梯第一阶放大的木平台对齐,但木台上的雕像却微微转头,转向楼梯斜上方,似乎在观察下楼的观众,而楼梯平台被放大的这一步台面,将成为过往观众各种姿态的展台。

依照他的学生的回忆:

> 他在展品与建筑之间创造出来的相互联系,是他的真正成就的标签。就像他不能设计一所房子,如果不知道它建在何处一样,他也不能设计一个

图 6-9　维诺那古堡博物馆楼梯

图 6-10　维诺那古堡博物馆雕塑

**图 6-11　卡诺瓦石膏像
画廊楔形空间**

展览室,而不知道将要展出什么。这两个方面由一直关注的对话思路所连接,避免了一个单独的个人的直觉表达。①

在维诺那古堡博物馆展厅的一堵隔墙前,斯卡帕布置的三件雕塑展现了这一有机整体关系:被钉在十字架上的圣子基督痛苦地张大口,呈现出朝向圣母回视的悲悯姿态;通常与圣母对称在基督另一侧的圣约翰,却往门洞方向旁观(图6-10),这一看似走神的姿态,正适合其施洗礼者的身份,他缔结了建筑入口、来往行人与这组雕塑的位置经营。

另一个杰出的例子,来自斯卡帕设计的一个全新建筑——卡诺瓦②石膏像画廊扩建。斯卡帕将惠美三女神石膏塑像置于一端的楔形空间里(图6-11)。她们常常被古典绘画置于自然当中,而斯卡帕将她们的立像置于这个楔形空间的一片玻璃前面,它们映衬在玻璃外花园的植物与泉水之前,春意盎然。以这种神话人物的位置经营与花园的对话,斯卡帕将室内空间与室外的自然有机地结合成一个整体。为了获得这一由对话缔结的超凡的有机整体,斯卡帕不惜牺牲建筑体量的完整性,也正因如此,对试图在其间寻找建筑整体感的批判者而言,将只能发现建筑的片段性。

① "Carlo Scarpa",Atu Special Issue, 1985.

② 安东尼奥·卡诺瓦(Antonio Canova, 1757—1822),意大利雕塑家。

六　体量与转角

斯卡帕曾在一个不太成功的住宅设计里,不太成功地在几处模拟过赖特的角窗,但他很快放弃了模仿,而将角窗置于不同语境里,并展示出比赖特的角窗更准确也更具诗意的意境。

卡诺瓦石膏像画廊的扩建,就以其角窗闻名于世。赖特的角窗来自于对传统建筑体量的瓦解,其动力源于与传统建筑封闭隅角的对抗;而斯卡帕的这处角窗却得自对功能的理解与诗意的追求。将转角窗设在上方,有对展示对象的功能考量,画廊展示的是雕刻家卡诺瓦遗留下的石膏人体作品,借鉴达·芬奇的告诫——来自上方的光线,有助于描绘人体的整体感。达·芬奇当年为模特写生的这一人体经验,被引用来展示石膏人体作品颇为恰当。四个角窗,两长两方,它们挂在白色展室的四隅上空。与赖特的转角窗是对建筑切角体量的补充不同,斯卡帕的转角窗不是外包,而是内嵌。从外观而言,它们保留了建筑切角后体量残缺的模样(图6-12),在内部,长条形的角窗被纤细的黑色金属框框成灯笼的形状。另两个方体角窗的金属框却在外部,内部无框的玻璃转角则呈现出斯卡帕功能之外的诗性追求——他说他要用这些角窗裁剪出天空的一片蓝色(图6-13)。光线从这几个角窗挥洒下来,它们滑过卡诺瓦本人作壁上观的石膏头像,顺便带出

图6-12　卡诺瓦石膏像画廊扩建天窗外观

图6-13　卡诺瓦石膏像画廊扩建天窗内空

图6-14　布里诺家族墓园礼拜堂转角低角窗

光与影,落在地面上的泛光,又给立在地面上的女性立像以反光补充,这是石膏静物素描的理想光源。这些光线,将散落在这间展室内的不同时代不同体裁不同姿态的作品,连接成与光线对话的有机整体,它们诠释了这些雕像的位置,有着与建筑空间对话的缜密经营。

而在斯卡帕的绝唱——布里诺家族墓园礼拜堂里,他为了凸显角窗的地位,竟然将整个礼拜堂扭转了 45 度。他用一个铜质的祭台,把住北部神圣的一角,在这个角落,斯卡帕设计了一个低矮的落地角窗(图 6-14)。当有两片相互嵌套的圆镶嵌其间的白色窗扇开启,其低矮的空角将人们的视线引向窗外的水池,有着睡莲的水池将涟漪的波光反射到幽暗的祭台角空间,营造出日本茶室的类似禅意。

七 斯卡帕的三种装饰语言

当被问及建筑能否具备诗歌的诗意时,斯卡帕认同这一可能,并借用赖特在一次讲演中的声明:

> 先生们,建筑就是诗歌![1]

但他补充道:与诗歌不同,建筑是日常必需之物,只有少数建筑才具备诗歌般的品质。在生命即将结束前的一次讲演中,斯卡帕曾在讲解新近完成的布里诺家族墓园时,罕见地赞美了自己这一作品,并认为它已然具备某种艺术与诗歌的高贵品质。

在这个墓园里,斯卡帕将他曾使用过的三种装饰语言——彩色马赛克饰面、双圆交集的基督鱼、凹凸层叠的锯齿形线脚,扩展为他个人的特殊风格,它们与斯卡帕设计的颇具日本禅宗意味的庭院一起,构筑了墓园中关于生与死之间神秘的诗意关联。

追随霍夫曼[2]对拜占庭艺术的迷恋,斯卡帕将自己认定为拜占庭人,在这个墓园中,他将以清洁便利为名而堕落到厕所与厨房里的马赛克,重新提升到拜占庭时期的精神高度——用它们表达天国的死亡与复活;基于对神

---

[1] 褚瑞基:《卡罗·史卡帕——空间中流动的诗性》,田园城市文化事业有限公司,2004 年。

[2] 约瑟夫·霍夫曼(Josef Hoffmann,1870—1956),奥地利建筑师。

秘图形与数字的炼金术般的个人兴趣,斯卡帕将神秘的基督鱼从故纸堆的符号里拯救出来,重新注入关联于生死的原始含义,并以此展开墓园关联于生死主题的空间叙事与位置经营;结束了对赖特的早年膜拜,斯卡帕却从赖特的建筑中发现了锯齿形线脚有包络建筑轮廓的关键意义。而且,沿着赖特早年对日本的迷恋,斯卡帕发现了日本建筑的精美节点,以及日本精致的禅宗庭园,他以布满睡莲的禅庭,将墓园的三种装饰手法结合为"有机装饰"语言,成功地塑造了他难以模仿的个人风格。

八　锯齿形线脚与建筑轮廓

柯布的模度通常隐形地控制着建筑的立面与体量构成,斯卡帕则直接以5.5、11公分为度量单位,对它们以不同材料进行建筑表现,并以此来确定自己的建筑风格。一直到1968年前后,斯卡帕才将它们发展为具备包络建筑轮廓的立体线脚,之前,它们多半以平面的方式模印在墙面或其他部分(图6-15)。

用凹凸的锯齿形线脚来包络建筑轮廓,很可能与赖特有关。1967年,斯卡帕拜访了赖特的居所。在赖特的橡树湾工作室里,就有一座建筑镶嵌有一圈凹陷的齿形线脚(图6-16),凹陷的深度区分了建筑下部的砖墙与上部的木瓦墙裙部分。它们最为近似地反映

图 6-15　奥蒂维提展示中心饰面

在斯卡帕1973年设计的维诺那公共银行的沿街立面上(图6-17),同样参与了将墙面分割为上下两部分,但比赖特的齿形线脚更加多义——在一个地下室的高窗下下降,而在一个需要进入的入口上方又转折抬起。这一细部,在赖特或许只是他众多天才手笔中不经意的一笔;而斯卡帕在造访赖特的第二年,就在接手的布里诺家族墓园里,通过漫长的斟酌与修改,最终将它们发展为对建筑轮廓有着明确提示的立体线脚。

图6-16　橡树湾工作室

图6-17　维诺那银行立面线脚

在墓园庭院两侧,有时,它们隐藏在 V 形围墙之间,提供植物攀爬的线脚(图6-18);有时,在墙边与高台绿地间,它们又凹凸出难以攀爬的楼梯模样(图6-19);在拱形墓室周围,它们在一条指向棺椁拱桥的细条水池尽端构成一个曼荼罗十字图案;同时,又在棺椁两种对比鲜明的石材上雕出如榫卯般的线脚;就在礼拜堂那个著名的角部,它们既在上方镂刻出两个交织在一起的奢华藻井,又在下方以黄铜材料为祭台推出一个耀眼的基座——它们一起形成了一个有着神圣意义的圣龛空间……

图6-18　布里诺家族墓园 V 形围墙

图6-19　布里诺家族墓园梯形挡土墙

最能体现它们对建筑轮廓的包络意义的位置,就出现在小礼拜堂北角的外部(图6-20)。在体量转角的高处,它们开始分离为两片独立的墙体,被各自的线脚包络,并形成两扇独立如门框的锯齿形门罩,墙板悬挂在这些凹槽中间,似乎是可以滑动的混凝土门板。在这个对角部分上下

分离的中段凹槽处，还蕴含有门的另一种
开启意象，一条细长的凹缝，几乎模拟了门
扇开启时的状态，而在其底部的一小段混
凝土转角中间再次出现的凹槽，似乎在模
拟门扇开合的铰链。转角墙体如门的开合
意象，表现出与柯布要表现建筑体量相反
的意图：斯卡帕似乎要将建筑体量瓦解为
独立的平面，并以此确定节点构思的连接
意义——分离乃是为了表现节点的连接
意义。

图 6-20　布里诺家族墓园
礼拜堂外部转角细部

墙体如可开启门扇的隐喻，还被其下那
扇真正可以开启的底部角窗所见证。就在
那两扇白底门扇的内表面，镶嵌有两个相交
叠合的圆，或许因为被暖色圆压住的冷色圆的绿色酷似角窗外部莲池里的
睡莲意象，反倒隐匿了它们作为基督鱼的另一重神秘意义。

九　基督鱼与马赛克

在墓园的起点入口玄关，彩色马赛
克与双圆相交的基督鱼（图 6-21），就以
空间的远/近、明/暗，参与了与生/死、历
史/现在相关的时间经营。

彩色马赛克，曾用在拜占庭教堂的
穹窿上，曾以色彩斑斓的闪耀材质装饰
过穹窿有关生死的天国意象；双圆交织
的基督鱼符号，其作图法是让各自的圆
心都落在另一个圆的圆周上，有着比基

图 6-21　布里诺家族墓园
入口玄关基督鱼

督教更为古老的神秘历史：它源自古老的以女阴与子宫为象征的生殖崇拜，
曾在古埃及象形文字里用作王名圈以指证王权，也曾在基督教受迫害的年
代作为聚会的隐秘标志临时画在门头；它在中世纪壁画里曾被用来形成死

图 6-22　基督圈

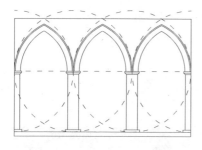

图 6-23　哥特教堂尖拱里的
隐形基督鱼

图 6-24　布里诺家族墓园
水榭半个基督鱼

者基督或生者圣母画像的神圣边框（图6-22），也曾被中世纪的修士用来诠释哥特尖券窗洞的神秘来源（图6-23）；它作为生的象征，与后来以拉丁十字象征的死亡受难一起，成为基督教最显赫的一对有关生死的象征符号。

在玄关处，斯卡帕将基督鱼原本隐匿起来的两个圆相交的轨迹补充完全，还用两种冷暖不同的马赛克将它们分别独立标识。两个圆各自跨入相交的轨迹，在逆光中犹如象征生死的两个时光转轮，分别滑向其南的生之水榭与其北的死之墓拱。几乎没人提及这两种彩色马赛克的冷暖选择在这处玄关的正反两面正好相反，可以猜测，斯卡帕在这里对马赛克的冷/暖二分的使用，或许对应着墓园设计的生/死主题。

南边那个看似简单的供活者冥思的水榭，耗费了斯卡帕上千张草图。这个水榭的南部下沿，在类似于骑马雀替的位置正中，隐藏有半个很小的铜质基督鱼（图 6-24），因为截半部分的特殊形状，它们既像是女性象征繁殖的丰满臀部，也像是一副望远镜。其大小接近人的眼距，高度也接近人眼，正适合透过它们进行观望。它所圈围的最远视野，正是围墙之外的教堂钟塔；围墙以内，它正对远处那个拱形墓室；往回收束视线，则是一片草坪；再往回，就是位于水榭下方来自日本禅庭的莲池。莲池在佛教中，也有着与重生相关的生死交替的象征意义。在莲池中间，浮着一枚镶嵌有冷暖马赛克的十字架。

一条贴墙北行的线性水渠，将水榭下象征生命流逝的莲池之水从南往北引，在临近拱形墓室不远处戛然而止，消失在一个圆形水池里，但其生命的延续象征则在紧邻的另一个圆形池子里以植物续起，被一小垄线性植物引向末端那个被曼荼罗十字线脚包裹的圆池（图6-25）。最终，象征重生的曼荼罗十字指向那个高贵的拱形墓室。

图6-25　布里诺家族墓园线性水渠

十　桥与拱

斯卡帕选择了一个高贵的字眼"arcosolium"，用以称呼这个拱形墓室，并以诗性的语言描述其设计意图：

> 两个活着的时候相爱的人在死后仍然可以继续互相问候是一件美好的事情。它们不应该立碑：那是为战士们的。所以建造了一个拱形物，一个由加强的混凝土制成的桥。但是为去除一个桥的印象，这个拱形物需要被装饰，涂绘拱券。①

这一装饰意象在墓园的核心——覆盖住布里诺夫妇棺椁上方的拱底的马赛克上达到顶峰。两座由整石镂刻而成的棺椁（图6-26），各自向对方倾斜——它们执行着斯卡帕的意愿——互相问候。斯卡帕为它们建造了一个拱形遮蔽物，在这个可仰视的拱底上，覆满蓝绿马赛克，它们斑驳的反光，不但照亮了其下棺椁的顶面，也斑驳成蓝色天空与植物葱郁的天堂意象：它们复苏了马赛克

图6-26　布里诺家族墓园拱形墓室

---

① 　张昕楠：《卡洛·斯卡帕》，天津大学硕士论文，2007年。

**图 6-27　布里诺家族
棺椁上的基督鱼**

在拜占庭穹窿上的宇宙象征,为布里诺夫妇营造出一幕生机盎然的天堂意象。

　　就在这两具有着黑白两色石材包裹的棺椁侧面,基督鱼再次出现(图 6-27),以黄铜材料镶嵌在棺椁长向的外包实木上。它在黄铜上刻画出的一个圆圈有着黄铜本身的暖色,另一圈则被涂成冷色;这一转动了90 度的基督鱼开始升腾,蓝色圆圈象征的生在上方,它似乎向上攀升,升向缀满拱顶马赛克光泽的天堂,与下方圆相交的一段弧线,如同拱桥的弧面连接着暖色圆环下方的死亡棺椁。

　　除入口玄关以外,基督鱼在墓园三座最主要的建筑里,分别以不同意象出现:礼拜堂神圣角窗上的双圆重叠、水榭挂裙下的双圆截断、墓室棺椁上的双圆扭转。借助这几条古老的基督鱼符号,斯卡帕将这三座建筑媾和成一组三位一体的有机总图。

十一　建筑与装饰

　　1963 年,斯卡帕成为"装饰系"的一名教授,但这却是"装饰就是罪恶"的现代主义讨伐声余音在耳的时代。现代建筑继承了路斯在《装饰与罪恶》一文里对装饰的敌意,并以"装饰就是罪恶"的歧译,夸大了自身与装饰之间的绝缘。斯卡帕则铭记着拉斯金[①]的"建筑就是装饰"这句格言,并以其精湛的技艺恢复了装饰的尊严。十年之后,就在现代建筑被讨伐而没落的后现代时期,斯卡帕被提名为英国皇家设计学院的院士。讽刺的是,终身没有建筑师执照的斯卡帕,不能在图纸上签名的斯卡帕,还曾因此被告上法庭的斯卡帕,却被任命为威尼斯建筑学院的院长,曾因装饰被讥讽的斯卡帕,开始领衔建筑界。

---

　　① 　约翰·拉斯金(John Ruskin,1819—1900),英国艺术评论家与社会学家。

斯卡帕的有机建筑,并非从沙利文建议的"体量构成"开始,而从"节点构思"发端,继而以"有机装饰"将建筑连接成一个有机整体。斯卡帕的建筑之所以屡被批评为只有片段,乃是因为斯卡帕为了使节点呈现出明确的连结意义,才有意制造出了让人吃惊的建筑体量的分离,不但布里诺家族墓园礼拜堂的著名转角处显示了这层明确的意图,我甚至认为,被王方戟教授认为是斯卡帕用以压迫行人弯腰致敬的混凝土斜墙,也有这类为了消除体量而确立节点的意图,就在两堵斜墙相交之处,因为倾斜而被夸张的体量也被打开一个难以弥合的缺角,斯卡帕将一个得自中国烟盒的镂空"囍"字镶嵌其间,"囍"字被折成两个"喜"字各居一隅(图6-28)。我猜测,或许是为了这个"囍"字的节点构思,才有了倾斜的围墙。中国原本就有"红白喜事"之说,这一"囍"字的运用,也得自斯卡帕关于生与死的悲欢意识,他曾经自豪地宣称周围居民愿意来此嬉戏散步,活人的使用让死者的安息之所充满喜悦的气氛。

我曾在《从家具建筑到半宅半园》一书里,将斯卡帕的这个镂空"囍"字与我在云南民居里发现的一个红砖砌筑的"囍"字相比较(图6-29):在意义层面上,红砖喜字比斯卡帕在墓园里使用的这个混凝土喜字更加准确,但它缺乏某种技艺,因而难以承担建筑节点的连接作用,只是某种吉祥的图案,是一种类似于被沙利文讥讽过的作为家徽标榜的装饰。这类被建筑师使用至今的图案化装饰,并非沙利文展望过的"有机装饰",但"有机装饰"却曾充盈于斯卡帕的许多建筑设计里。

图6-28　布里诺家族墓园围墙交角处的"囍"字节点

图6-29　云南某民居喜字

十二 工艺与文脉

图 6-30 威尼斯建筑学院大门

威尼斯建筑学院大门（图6-30）围墙外侧有一块石板，上面刻着"Vdfum Jpsum Factum"：真理源于实践，或译为真理源于制作。

一块截角的白色石头，被金属框包裹出一个45度角的三角板形状；入口上空飞起的一块折弯混凝土板，隐藏着三角板的另两种角度——30或60度；大门上方有个滑轨吊起大门，其滑动模拟了建筑制图的水平尺的滑动；大门右下方的混凝土齿形凹槽，以水平垂直的投影方式，暗示了在滑轨的辅助下绘制出的线条。

就大门设计构思而言，建筑学院的大门模拟制图过程的设计概念，因为容易得到而显得幼稚甚至简陋，但它却在斯卡帕的精湛工艺的支持下，绽放出实践的物质辉光。它直接质疑了语不惊人死不休的当代设计，他们之所以要将概念推上前台，乃是由于概念实施过程中所需要的核心工艺的极度匮乏。

在威尼斯建筑学院大门与由修道院改建的教学楼之间，庭院里躺着一方早年翻建时在餐厅里发现的门框石构件，斯卡帕否定了将它复原矗立在入口的建议，继续让它躺倒在原地，成为庭院水池的古老边框（图6-31）。

图 6-31 威尼斯建筑学院老大门设计

如果不是对斯卡帕的锯齿形凹槽有着特殊的记忆，人们很容易漠视水池里没入的正是斯卡帕本人的线脚设计，它们的混凝土凹凸线条，混同于大门框件石材古老材料的古典线脚间，浑然一体。斯卡帕的这件设计，与维诺那银行一样，都是在他本人去世以后才被执行完成。

如果一个工程要在它的建筑师死后继续的话，它一定要由某个懂这种语言而且能实现这种语言的人来完成。这种从一代人到另一代人的工程的传递，正在变成一种关于"城市建筑"的规范，无论怎样，这是很正常的。广场和街道是"房间"，而这"房间"的内墙是缘于不同时期的房子的正面。如果这里没有共同的语言，那么连续性就不会稳固。①

这段由斯卡帕的弟子写就的文字，深刻地指出了城市获得连续性的过程，它来自建筑师曾引以为豪的工匠传统与工艺传统，并非如某些技术决定论者们宣称的那样——时代的区别来自时代的材料与技术的特殊性。斯卡帕设计的这方水池，混凝土新材料的细部并没有断裂式的创造性宣言，也没有用它复制古老的测绘式样，以工匠的传统，原本能为已然兴起的后现代理论提供更加坚固的实践示范；它诠释了这方水池前方悬挂于壁的柯布雕塑——open hands 的开放意义。正因将现代建筑向着传统工艺开放的工匠态度在学院派的抽象语汇里的全面丧失，才导致现代建筑的日益单调，城市文脉终于在后现代建筑的符号性滥用间沦为昙花一现，它们并未丰富而是加剧了城市语汇的混乱状况。

（本讲部分文字曾以《装饰的正名——斯卡帕的布里诺家族墓园设计》为题发表于《室内设计》。）

---

① 张昕楠：《卡洛·斯卡帕》，天津大学硕士论文，2007 年。

建筑与符号:1960 年代的后现代主义建筑思潮

1951 年在美国圣路易城,日裔建筑师雅马萨奇①设计了 33 幢低造价公寓,当年就以其现代建筑般的简洁特征,获得全美高层建筑金奖。二十年后,这组建筑因频繁发生斗殴贩毒事件,被政府决定定向爆破拆除,爆破的照片被詹克斯当作现代建筑死亡的证据,而且他振振有词地将这次拆除的日子宣称为现代建筑的死亡祭日。

更早时期,雅马萨奇曾检讨自己对现代主义纯粹造型的嗜好,并尝试将阿拉伯尖拱符号引入设计。在他设计的美国混土研究中心里,以混凝土折板构造出的尖拱语汇,很快就成为后现代建筑模仿最多的对象。1962 年,他接手了一项让他声名远扬的摩天楼项目,为纽约世贸中心设计了两幢超级摩天楼。楼身密集的金属格栅,据说是为了降低人们的恐高感受,它们在接近裙房时两两交汇,形成一圈变异的阿拉伯拱券。在将近二十年后的 9·11 事件中,它们双双被阿拉伯恐怖分子炸毁。面对那堆坍塌成废墟状的阿拉伯拱券,不知好出惊人之语的詹克斯,是将它们当作资本贸易的死亡诊断,还是看作后现代建筑消费符号的死亡证明?

一 时代精神与历史继承

文丘里②的《建筑的矛盾性与复杂性》,被认为是上世纪唯一能与柯布的《走向新建筑》媲美的建筑理论。在《建筑的矛盾性与复杂性》序言里,文森特·斯库利③指出二者的差异:

---

① 雅马萨奇(Minoru Yamasaki, 1912—1986),日裔美国建筑师。
② 文丘里(Robert Venturi,1925—   ),美国建筑师与建筑理论家。
③ 文森特·斯库利(Vincent Scully, 1920—   ),美国建筑史学家与评论家。

柯布西耶的著作要求建筑、单栋建筑物和整个城市中体现纯粹主义;文丘里的著作欢迎城市经验中各方面的矛盾与复杂。

尽管有这些区别,斯库利认为,这两部伟大著作的作者,都是罕见的能从建筑史里学习的建筑师;区别在于,柯布试图用建筑历史里的智慧充盈现代建筑,他说:

> 倘若我不得不意识到诸世纪的垃圾玷污了我的手,那我也宁愿濯洗它,而非切除它。何况,我的手,诸世纪非但没有玷污它,却盈满了它。①

以柯布那张有着文丘里管风向标的图纸(图7-1)为例:复杂的建筑功能,被分散的单体建筑所分解,与柯布将城市分为四种功能的规划意旨相一致。以功能区分为起点,以雅典卫城的历史格局为鉴,柯布将被分离的功能化为纯粹的建筑体量,并以雕塑家的敏锐,将它们变成能在阳光下表演的建筑体量,重现了雅典卫

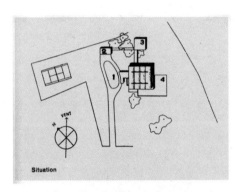

图7-1 柯布西耶带风标之总图

城那些分散的建筑体量间的经典表演。

文丘里认为,这种纯粹主义造型的分离手段,不曾解决而是回避了建筑的复杂性与矛盾性。他试图从建筑历史里寻找能弥合被现代建筑的时代追求所造成的历史断裂。他在《建筑的矛盾性与复杂性》自序里说:

> 如阿尔多·范艾克②所说的:"唠唠叨叨地反复讲我们时代的不同东西,以至到了使它们脱离什么是相同与什么是基本一致的程度。"

然而,文丘里的理论开篇,也试图使自己宣扬的建筑与现代主义建筑全面区分,以至于要以与现代建筑的断裂为代价来粘结另一个时代的建筑——折

---

① 〔瑞士〕博奥席耶等编:《勒·柯布西耶全集》,牛燕芳、程超译,中国建筑工业出版社,2005年。

② 阿尔多·范艾克(Aldo van Eyck, 1918—1999),荷兰建筑师。

衷主义建筑,而它正是被现代建筑全面批判过的建筑风格。

二　纯粹对复杂

> 我爱建筑的复杂和矛盾。我不爱杂乱无章、随心所欲、水平低劣的建筑。……宁要平凡的也不要"造作的"。①

在第一章里,文丘里以上述文字当作温和的宣言。站在复杂而矛盾建筑的立场,他将矛头直指现代主义建筑的纯粹性,他以建筑中的"两者兼顾"的复杂性,来比照现代主义"非此即彼"的纯粹性:

> 遮阳板不能兼顾它用;承重同时又作围护墙者极少;墙上不能打洞开窗,要开窗就必须全部都是玻璃;功能要求过于明确,不是连成几翼,就是分成数幢;甚至"流动空间"也意味着把室内当作室外,室外当作室内,而不是两者同时兼顾。②

图7-2　金贝尔美术馆前廊大跨

1."遮阳板不能兼顾它用":柯布发明的遮阳板,有时尺度怡人,但多半确实没被用作别的功能,否则它就难以区别于阳台。

2."承重同时又作围护墙者极少":路易·康,文丘里这位让人嫉妒的同事,正是区别承重与围护的高手,在他的金贝尔美术馆的门廊里,围护如果肯充当结构,将极大地降低造价,但它让人惊讶的跨度(图7-2),正得自于承重与围护的区分。

3."墙上不能打洞开窗,要开窗就必须全部都是玻璃":文丘里针对的主要是密斯·凡·德罗的那些玻璃建筑。

---

① 〔美〕罗伯特·文丘里:《建筑的矛盾性与复杂性》,周卜颐译,中国水利水电出版社,2006 年。

② 同上。

4."功能要求过于明确,不是连成几翼,就是分成数幢":最著名的例子,应该是格罗皮乌斯设计的包豪斯校舍(图7-3),它被看作功能分区的典范;但也可以指向柯布那张标有"VENT"风向标的方案设计,在柯布那里,功能分区的结果,能获得纯粹体量的表现力。对后来那些缺乏体量敏感的模仿者而言,现代建筑的这种功能分区的趋势,最终导致了雨果寓言的建筑裂变的乏力后果——现代建筑的体量表现,最终堕落为石膏几何体的陈列。

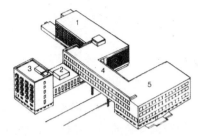

1作坊 2教室、餐厅、健身房 3公寓 4办公 5工艺美术学校

图7-3 包豪斯校舍

图7-4 菲利普·约翰逊自宅

5."甚至'流动空间'也意味着把室内当作室外,室外当作室内,而不是两者同时兼顾":或许是对赖特当年讥讽菲利普·约翰逊的隐喻,前者在应邀光临后者自己设计的玻璃住宅时(图7-4),曾宣称他不知是应该脱帽还是戴帽,理由是,他不清楚他是待在室内还是室外。

三 简单对折衷

针对密斯提出的"通用空间",文丘里表示出微妙的讥讽——基于对现代建筑"非此即彼"的单一价值的反动,他本该对密斯被理解为"多功能"的通用空间表示颔首,但是他还是讥讽道:

> 在现代建筑中,通过固定家具实现功能区分与专门化这一特点,难道不是这一理念的极端表现么?①

① 〔美〕罗伯特·文丘里:《建筑的矛盾性与复杂性》,周卜颐译,中国水利水电出版社,2006年。

据说,密斯设计的范斯沃斯住宅,在看似通用的灵活空间里,家具位置的严格限定,实际上强化了功能分区的极端理念——座椅暗示了餐厅、沙发意味着起居、床意味着卧室。

对此,文丘里抛出了建筑中的走廊问题——功能分区,导致了连结不同功能的走廊的需要,但他意识到这一需要,是欧洲十八世纪就兴起过的需要,与现代建筑的单一功能的走廊不同,凡尔赛宫的走廊,其宽度至今还可以充当画廊,这才是他所赞许的复杂性功能——走廊兼顾画廊,文丘里以康为例,含蓄地对这种不灵活的功能专门化提出质疑:

> 康喜欢画廊,因为它同时既有导向又无导向,既是走道又是房间。①

这里所指,或许是康设计的金贝尔美术馆,其拱廊长条形空间,模糊了房间与走廊的界限,这一两可观念,后来为当代日本建筑师提出了相当重要的空间意向。

在第五章"矛盾的层次续篇"里,文丘里以"双重功能的要素"为题,以双重功能的古典细部,来讨伐包括康在内的现代建筑师旨在区分的细部。

> 作细部时,现代建筑也崇尚分离。即使是平缝也是拼连的,并突出接缝阴影。双重功能要素还能作建筑细部。手法主义和巴洛克建筑有丰富的两用细部,如滴水线脚可作窗台,窗户可作壁龛,檐部装饰可作窗户,外墙转角的竖条可作壁柱,额枋可作圆拱。②

针对文丘里的描述,能出示的最明确的例子,依旧是文丘里褒贬不一的康,而非他一直针对的密斯,在路易·康的金贝尔美术馆里,柱子与拱顶相交的细部中,确实可以检验文丘里这里的指责——"即使是平缝也是拼连的,并突出接缝阴影",原本混凝土现浇的梁柱可以是平缝,甚至可以是无缝的,但康为了表明建造的内部秩序,刻意用凹线脚区分了它们。

就这样,文丘里以建筑存在的矛盾性与复杂性,全面检讨被现代建筑分离的每个部分,从功能到空间,从墙壁到窗户,从建筑到细部。他试图在其

---

① 〔美〕罗伯特·文丘里:《建筑的矛盾性与复杂性》,周卜颐译,中国水利水电出版社,2006年。

② 同上。

间兼顾什么,以直面而非回避建筑自身包含的复杂性。

但是,兼顾什么? 如何兼顾?

四 从复杂到折衷

> 法则在废除之前必须存在。毫无疑问,动辄爱废除法则的倾向,可以说是夸大。建筑师必须运用传统使他生动活泼。[①]

在该书第六章"法则的适应性和局限性"里,文丘里走入被现代主义清剿出去的折衷主义传统,走向"传统的要素"这个被现代建筑当作禁忌的要素,他也需要郑重声明它区别于折衷主义的方式:

> 我是说应当非传统的运用传统。[②]

为了展示如何"非传统的运用传统",文丘里在栗子山"母亲住宅"进行试验(图7-5)。这幢被认为是后现代建筑的开山之作,确实有一个模棱两可的正立面——它有一个山花,但比巴洛克的断裂山花断得更加随机;它有一个石膏制作的貌似额枋的圆拱,但起始得毫无理性,右侧指向一个貌似柯布的水平长窗,左侧却连着一个方形窗洞;正面靠近地面的位置,有一条断续的腰线,它在空白的墙面处分割墙面,在遭遇门窗处爬上门窗,行使着或许不足的雨罩功能。这一腰线具备可疑的单一符号功能,诋毁了他所期望的双重功能的细部,而那条貌似额枋的圆拱,因为与山花一起断裂,甚至连为入口遮雨的单一功能都不具备。在摆脱功能之后,他的建筑进入西方建筑学难以回避的折返惯例——他走向了折衷主义非正式的符号引援,这一曾被现代主义当作靶子的折衷主义,也是被

图7-5 栗子山住宅

---

① 〔美〕罗伯特·文丘里:《建筑的矛盾性与复杂性》,周卜颐译,中国水利水电出版社,2006年。

② 同上。

雨果在《巴黎圣母院》里讥讽过的建筑没落:

> 建筑艺术倒是绞尽脑汁来掩盖这种赤身裸体的状态。于是有了嵌在罗马式门楣里的希腊式门楣,或者相反。

按通用建筑教材对折衷主义的简要定义——"折衷主义"又称"集仿主义"(Eclecticism),是十九世纪上半叶兴起的另一种创作思潮,为了弥补古典主义与浪漫主义在建筑上的局限性,曾因任意模仿历史上的各种风格,而被称为"集仿主义"。

文丘里倡导的后现代建筑,为了与现代建筑全面区分,绕道现代建筑的身后,却与现代建筑之前的折衷主义建筑不期而遇,这为后现代建筑的"后"字,也为那些动辄谈论超越的评论家,提供了一条意味深长的超越后路。

五　非传统的使用传统

抛开对现代建筑笼统的抽象理解,赖特对于如何"非传统的运用传统"的探索,曾达到后现代建筑难以企及的深度与广度;而柯布西耶,早在《走向新建筑》的青年时期,他就出示过如何"非传统的运用传统"的经典证据——较之后现代对传统的符号运用,柯布对传统的理解更加深刻而隽永;即便早年将现代主义当作特殊时代宣扬的密斯,也在定居美国后反思这一激进的念头,他以帕提侬神庙为万能空间的原型,实际上也在尝试以钢铁材料来非传统的运用传统,并得到一句流传至今且被晚近的极少主义发扬光大的格言:

Less is more!

针对这句"少就是多"的格言,文丘里只修改了一个字母,就得到后现代主义建筑的另一条含义模糊的格言:

Less is bore!（少就是烦!）

文丘里用它来对密斯迷恋的技术提出态度温和的批评:

> 19 世纪的建筑师的困难与其说是把革新留给工程师,不如说是他们忽视了别人发展的技术革命。现代建筑师不实际地热衷于新技术的

发明,而忘记了自己作为现有传统专家的责任。①

但是,无论是文丘里本人的栗子山母亲住宅,还是他所推敲的一系列折衷主义立面,与折中主义建筑一样,都未曾真正涉及现代建筑的核心技术问题。于是,文丘里所指引的"非传统的使用传统符号"固然是非传统的,但因为回避了现代技术,也不能认为它是现代的,它为现代建筑增添了形式造作的复杂语汇,却很难实现文丘里在宣言里表达的愿望——宁要平凡的也不要"造作的"。

罗伯特·斯特恩②为后现代指定三项特征性:

1. 文脉主义(Contextualism),2. 隐喻主义(Allusionism),3. 装饰主义(Ornamentation)。

"文脉主义"旨在修复一味创新所导致的城市中新老建筑的脱节;"隐喻主义"批评现代建筑试图走向学科自明的困境;"装饰主义"则试图恢复被现代建筑清洗的装饰语言。然而,正是后现代建筑的一系列相关装饰的符号性实践,证明了后现代主义非传统的运用传统的失败,那些一度进入过建筑史的后现代的代表作品,相继面临拆除或改造的命运,正是它们不可控制地杂乱无章、随心所欲、水平低劣的风格所致。

六 文脉的复杂与隐喻的杂乱

文丘里提出类似于折衷主义的后现代建筑,本意有着对城市文脉背景的关心,他对现代建筑漠视传统建筑的文脉忧心忡忡,他说:

> 陈旧的题材既老又乱,仍将成为我们新建筑的环境,而我们的新建筑又一定成为它们的环境。我承认我的眼光未免狭隘,但建筑师轻视的这一狭隘观点,与它们所崇拜但不能实现的空想一样,都很重要。③

---

① 〔美〕罗伯特·文丘里:《建筑的矛盾性与复杂性》,周卜颐译,中国水利水电出版社,2006 年。

② 罗伯特·斯特恩(Robert Arthur Morton Stem, 1939—   ),美国建筑师与评论家。

③ 〔美〕罗伯特·文丘里:《建筑的矛盾性与复杂性》,周卜颐译,中国水利水电出版社,2006 年。

这段话,包含了对什么是现代的双向定位:看似陈旧的古老题材,以及看似乌托邦的未来期望,乃是当下建筑或城市来自时间两端——历史的题材与未来的乌托邦——的有效指导。面对新旧建筑与新旧城市间的矛盾,文丘里看似妥协的建议,不无真知灼见:

> 权宜地结合新旧的短期规划,必须伴随长期规划。①

图 7-6　新奥尔良意大利广场

但是,在文丘里"非传统的使用传统符号"这杆大旗之下,后现代建筑理论并无力改变城市的总体面貌,它只能盘踞在建筑单体本身,以历史符号的语言,展示这些似是而非的文脉关联,其最显著的例子,是查尔斯·摩尔②设计的新奥尔良广场(图 7-6),他以比集仿主义更夸张的方式,展开更加宽泛也更加任意的符号集仿——在一个规模不大的广场设计里,既有来自建筑史的风格集萃——柱廊、拱圈、山花的拼贴,还有来自新奥尔良的地图图形象征,据说,镶嵌在柱廊楣枋下的喷水的人头雕像则出自他本人。其间包含的众多非建筑的隐喻,的确瓦解了柯布、密斯非传统的运用传统的技术意愿,而走向符号美学的任意性,导致了杂乱的复杂——一种被文丘里反对的假复杂,它很快就因为风格杂乱、质量低劣而声名堕落。

七　装饰性符号

后现代建筑的文脉,除文丘里不多的尝试以外,更多的不是用以解决建筑在城市中的文脉性,而是成为建筑造型语汇的获取捷径。格雷夫斯③设计的波特兰市政大厦(图 7-7),文学性隐喻压倒了对建筑历史的复述:以一

---

① 〔美〕罗伯特·文丘里:《建筑的矛盾性与复杂性》,周卜颐译,中国水利水电出版社,2006 年。
② 查尔斯·摩尔(Charles W. Moore, 1925—1993),美国建筑师。
③ 迈克尔·格雷夫斯(Michael Graves,1934—　),美国建筑师。

种装修方式,格雷夫斯将建筑立面用褐色饰面材料,装扮出一个巨大的拱心石图案,用以表示它与相关建筑"ARCHITECTURE"里"ARC"的表面关联,它既不具备建筑学拱券结构里拱心石的结构意义,也不具备任何构造含义,犹如为掩盖雨果所说的裸体建筑的一圈内衣花边。按照当时的图档记载,如果不是因为市政厅在公民监督下压缩了造价,建筑师还曾为这个拱心石建筑设计过一圈石材的领带纹样。

图7-7　波特兰市政大厦

　　格雷夫斯,这位在改革开放之初,借助当时中国不多的专业杂志的渲染,向当时的建筑师出示了两个范本——对建筑符号近乎任意性的文学解说,或者将建筑当作美术画建筑。格雷夫斯竞赛获奖的以彩铅绘制的桥状图纸,成了那个时代评判学生设计的重要摹本,它将桥当作文化交流的隐喻纯属文学,其表现则纯属绘画,至于在空中断裂的山花如何支撑在两根柱子上,以及两个夸张的拱心石为何落在两根柱子上这些问题,既无法从建筑学的传统得到内部解释,也无法从制图里获得结构支持,它们虽能以装修的方式拼贴出来,却也检验了雨果对建筑的不详预言并不完全——除开文学将杀死建筑之外,原本从大建筑分离出去的绘画,在中国当时建筑学学生们中所挑起的热情,很快也在非绘画的建筑问题面前被浇灭。与摩尔的新奥尔良城市广场的命运相似,格雷夫斯那件进入后现代史册的名作——波特兰市政大厦,后来也面临着改造或拆除的命运。

八　模仿与集仿

　　在美国,密斯的崇拜者以及支持者菲利普·约翰逊,则发明了另两种还在流行的后现代主义的集仿方法:一、模仿同时代建筑师的作品;二、模仿非建筑的其他现成品。

　　密斯1945年设计的范斯沃斯住宅,直到1950年才建成。1949年,约翰逊依照这一母本,提前建造出自己那座全玻璃住宅。他的另一项后现代作品,则很具备奥登伯格①的美国艺术家精神,受前者将衣架放大矗立在城市里命名为雕塑的启示(图7-8),他将一个古典衣柜放大成一座后现代经典的摩天楼(图7-9)。

图7-8　奥登伯格波普雕塑

图7-9　美国纽约电话与
电报公司大厦

图7-10　筑波中心建筑群模型

约翰逊以其高寿与善变,成为罕见地参与并推动了现代建筑、后现代建筑,乃至80年代的解构主义建筑的先驱,这位美国现代建筑的教父,以其雄厚的财富,将这些不同时代的几类建筑都一一集仿在他的庄园里。

在风格善变方面,能与约翰逊相提并论的是日本建筑师矶崎新②。他师承丹下健三并追溯其师祖柯布西耶的步伐,在年青时就提升了日本现代建筑的水准。正当其时,他几乎同时参与了后现代建筑的早期运动。他

---

① 克拉斯·奥登伯格(Claes Oldenburg, 1929—　),美国波普艺术家。
② 矶崎新(Isozaki Arata, 1931—　),日本建筑师。

既建成了日本现代建筑史上声名显赫的群马县美术馆,也以筑波中心建筑群蜚声后现代建筑史(图7-10)。后面这组建筑群,显示了矶崎新对建筑史上众多风格的超凡集仿能力,既有对法国大革命时期勒杜建筑的古典腾挪,也有对同时代的斯特林①建筑的就近搬运;最广为传颂的是他对米开朗基罗设计的市政广场的图案援引,而更为神奇的是他赋予这个广场中心喷泉的文学性解释:在米开朗基罗的广场上高耸着一个骑马的雕像,而这个泉涌的喷口则被诠释成耸立的阴面——它是城市中心消失的雕塑性隐喻。

对这位建筑师不可思议的风格转变,另一位建筑师汉斯·霍莱茵②以一张人体解剖图(图7-11),图示了矶崎新本人集仿的众多构件——1. 头:马赛尔·杜尚③;2. 脑:罗伯特·文丘里;3. 颈:菲利普·约翰逊;4. 胸:詹姆斯·斯特林;5. 心脏:米开朗基罗或朱利奥·罗马诺④;6. 左手:阿基格拉姆;7. 胃:卡洛·斯卡帕;8. 屁股:玛丽莲·梦露⑤;9. 睾丸:丹下健三⑥;10. 左腿:莫里斯·拉庇达斯;11. 右腿:阿道夫·纳塔里奥;12. 右手:汉斯·霍莱茵。

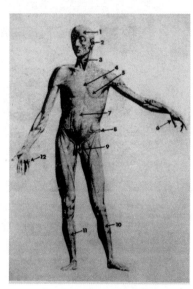

图7-11 矶崎新集成图解

这个集仿主义的人体,满足了文丘里对后现代建筑提出的"两者兼顾"的复杂性要求,他(她?它?)简直太过复杂,复杂到难以用两者就兼顾完全。

---

① 斯特林(James Stirling, 1926—1992),英国建筑师。
② 汉斯·霍莱茵(Hans Hollein, 1934—   ),奥地利建筑师。
③ 马塞尔·杜尚(Marcel Duchamp, 1887—1968),法国籍美国艺术家。
④ 朱利奥·罗马诺(Giulio Romano, 1492—1546),文艺复兴矫饰派建筑师。
⑤ 玛丽莲·梦露(Marilyn Monroe, 1926—1962),美国影星。
⑥ 丹下健三(Kenzo Tange, 1913—2005),日本建筑师。

九 经典与方言

在《建筑的矛盾性与复杂性》第七章里，以"适应矛盾"为小标题，与柯布一样，文丘里也试图将后现代建筑理论扩展到城市领域：

> 我们今天的命运面临着：不是无穷无尽杂乱无章的路边城镇，即混乱；就是莱维敦那样无限的统一，即枯燥无味。路边城镇是假复杂，莱维敦是假简单。只有一件事是明确的：假的统一，绝不会产生真正的城市。

在随后的一本著作《向拉斯维加斯学习》里，文丘里却开始为"枯燥无味"、"假简单"的莱维敦辩护：

> 尤为反讽的是，现代建筑师们能够包容在地点和时间都很遥远的方言建筑，却倨傲地拒斥当下的美国方言，比如莱维顿的建筑承包商的方言和第66大道的商业方言。

这一对现代建筑的批判，将文丘里的这份宣言与地域主义的方言建筑区别开来，《建筑的矛盾性与复杂性》鼓励向时间线索上的传统语汇学习，而《向拉斯维加斯学习》则将当下的城市方言当作可供学习的当代对象。

没有柯布西耶对城市规划的革命性理解，文丘里的城市宣言依旧只具备建筑视角的宣言意义，在这本书里，文丘里以"坚固＋实用不等于美观"来声讨柯布的机器美学——一种向工业建筑学习的工业方言，他将矛头指向格罗皮乌斯的生物技术决定论，认为那里隐含有包豪斯美学的这样一个等式：坚固＋实用＝美观。

> 结构加上实际功能相当直接地导致了形式，美是一种副产品。或者篡改这一等式成另一种方式：建造建筑的过程，就自然而然形成了建筑的形象。路易·康在50年代就说过，建筑师应当为他所设计的外观感到惊讶。①

他随后又将矛头指向现代建筑才竖立起来的空间观念：

---

① 〔美〕罗伯特·文丘里：《建筑的矛盾性与复杂性》，周卜颐译，中国水利水电出版社，2006年。

现代建筑放弃了圣像学传统。依照这个传统,绘画、雕刻和图形是与建筑结合在一起的。

将艺术整合进现代建筑中是被首肯称善的,然而没有人在密斯式建筑上刻画什么。雕塑呢？或则在建筑中,或则靠近它,就是在建筑本身。艺术品无一例外地要牺牲其本身的内容以强化建筑空间。[1]

在密斯的建筑里,譬如巴塞罗那德国馆里的雕塑,被置于空间之外的水池里,即便在柏林国家美术馆这一艺术容器里,奥登伯格的现代雕塑也只能置于广场之上,而难以进入密斯的通用玻璃建筑里——主厅里甚至没有可以挂画或雕刻的墙壁。

十 大招牌与小建筑

因为缺乏柯布身兼雕刻家与画家的天赋,文丘里既不能将对纯粹空间的批判指向柯布,也无力模仿柯布,但他从拉斯维加斯这一并非普通城市的特殊赌城里(图7-12),发现了建筑与绘画或雕刻的现成的融合例证:

> 在这种环境中,是符号的空间而非形式的空间。建筑的决定作用非常有限,第66大道的原则是:大招牌与小建筑。[2]

图7-12 《向拉斯维加斯学习》插图

借鉴柯布将他的现代建筑美学与帕提侬神庙媲美,文丘里将世俗的赌场与神圣的哥特教堂相提并论:亚眠教堂被认为是一个广告招牌,加上一个紧跟其后的建筑躯干,西立面的钟楼被认定为一个召唤信徒的广告牌(图7-13),其意义与赌场霓虹灯的广告牌类似。

---

① 〔美〕罗伯特·文丘里:《建筑的矛盾性与复杂性》,周卜颐译,中国水利水电出版社,2006年。

② 〔美〕罗伯特·文丘里等:《向拉斯维加斯学习》,徐怡芳、王健译,中国水利水电出版社,2006年。

**图 7-13　《向拉斯维加斯
学习》插图**

他将这个观点置于一个看似古怪的标题——"教堂作为'鸭子'和构架"之下,并出示了一个鸭形建筑的例子,并书写了对它的辩护词:

标牌比建筑重要,这本是开发者们预想中的事。处于前台位置的标牌在演出粗俗浮华的戏剧,建筑乃是必不可少的龙套角色,谦恭的避居于后。有时候建筑本身就是标牌。①

但这是一样批判国际式的阿尔瓦·阿尔托②也难以同意的谦恭,据说,因为经营者在他设计的珊那特塞罗市政厅上悬挂霓虹灯,阿尔托愤怒地破坏了它们,并宣称是对建筑自身的捍卫。

文丘里的这一宣言简单易行,它先是在日本赢得了隈研吾③设计的东京 M2 大厦,以爱奥尼柱头为建筑的记忆标牌(图 7-14),又在后现代于国际上没落的年代来到中国,曾以五粮液酒厂的酒瓶建筑标牌赢得过一位古建专家的仰慕(图 7-15),也以福禄寿三座人像建筑为"天子大酒店"在北京郊区竖立了一个标志性符号(图 7-16)。

图 7-14　东京 M2 大厦

图 7-15　五粮液瓶楼

图 7-16　天子大酒店

---

① 〔美〕罗伯特·文丘里等:《向拉斯维加斯学习》,徐怡芳、王健译,中国水利水电出版社,2006 年。

② 阿尔瓦·阿尔托(Alvar Aalto, 1898—1976),芬兰现代建筑师。

③ 隈研吾(Kengo Kuma, 1954—　),日本建筑师。

十一　消费时代的建筑周期

文丘里从旅馆所需要的风格流变里,敏锐地发现了风格流变的速度有加速度的趋势:

> 恰恰是这种迈阿密旅馆,暗示着从后来的巴西假日旅馆的国际式风格的联想,而巴西的国际式,无疑又来自中期的柯布的国际式风格。这种从盛期到中期到通俗化的、流行开来的晚期的国际式风格的演变,前后仅用了 30 年。①

在对拉斯维加斯的建筑进行系统研究之后,文丘里发现了建筑作为符号演变的周期更加短促:

> 在拉斯维加斯,这个过程被压缩到几年而不是几十年。这颇与我们时代的节奏相符。当然,它有较多的固有商业广告词语,而不是宗教宣传。②

这是雨果在《巴黎圣母院》里曾预言过的加速度,神权建筑的风格稳定期长达千年,而哥特教堂的流变也需要几百年,即便文艺复兴的建筑被雨果贬为风格的堕落,但罗马圣彼得大教堂的修建本身就花费了 120 年之久,现代建筑正如雨果对未来巴黎建筑的寿命预言,大概维持了 50 年的运数,而后现代建筑的命运,果然更加短促。

文丘里将后现代建筑等同于广告牌的宣言,加速了当代建筑风格流变的速率:

> 广告招牌的淘汰速率,似乎更接近汽车而不是建筑的淘汰速率。门面总是经过一系列的翻修和连续的主题变换,不变的只是中性的体系化的汽车旅馆的结构。③

从这一基于现实调查的结果来看,建筑从大艺术瓦解为自明性艺术,如

---

① 〔美〕罗伯特·文丘里等:《向拉斯维加斯学习》,徐怡芳、王健译,中国水利水电出版社,2006 年。
② 同上。
③ 同上。

今又从表现性前台退守到结构性后台,瓦解的速度确实惊人。如今,前台的广告招牌设计有广告专业接洽,后台的中性体系化结构又有结构专业独立支撑,建筑学就摇摆于广告与结构两个专业之间,岌岌可危。当代乐观的建筑师,却从中发现了专业的跨界自由:建筑师可以以霓虹灯的设计来主管建筑的表现性,这在上海世博会建筑里得到大量验证。建筑师还可以从建筑越来越短的消费周期里,获得大把从业机会:从此可以摆脱慢工出细活的专业历练,可以赤膊上阵地卷入将建筑符号化的消费品大生产之间。在灯红酒绿之间,人们可以假设,这个专业已然进入了罗兰·巴特书写的《符号帝国》里,并因此有了微叙事时代的迷幻感觉。

图 7-17　后现代美学测试图片

十二　反动与创新

张永和曾以一张用电脑合成的人像图来检测这个时代的后现代美学判断。这一人脸道具(图 7-17),从上部男性面孔到下部女性面目之间,用男女渐变的方式,罗列了五张性征不一的面孔,当代科学测试的结果是,大众普遍钟爱中间那张兼顾男性稳健与女性柔情的两可人像,这种实验至今还有检验偶像的效用,超男超女们将杰克逊的这种倾向继承至今。

他(她)们类似于我在南宁见过的一株古怪的叶—花两可的植物(图 7-18),我当时无法辨认它是花还是叶,它两者兼顾,似花似叶,却又非花非叶。我陷入分类的困境,猜测它是后现代美学之花,而一位精通植物的学生告诉我:这花名为圣诞花。

以圣诞为名,我发现,这个表面开启了个人微叙事的民主时代,一样隐藏有类似于宏大叙事的神圣根源,基督教具备区分善/恶、美/丑的判断力,在上帝死亡之后,在权利下放到个人微叙事的时刻,还是承接了这一二元对立的美学判断:人们比任何时代都迷恋原本属于上帝的独创性,其途径是求新,推陈出新的时间周期因为过于缓

慢,求新的途径就简化为求异,最
为妥当的求新捷径就是求反,它有
二元对立的哲学提供的古老指
令——现代被描述为反古代,而后
现代就以反现代成就自身。矶崎
新在《反建筑史》里就发现,建筑史
上许多建筑运动都将"反"当作"超
越"的创新力量,它们造就了当代
三种最时髦的理论前缀——

图 7-18　圣诞花

"post-"、"un-"、"Super-","post-"的结果,显然没能导致新,后现代的"后",
结果只是后退之"后";"un-"的情况也没好到哪里去,其结果更多是"非",
非物质、非精神、非技术、非历史……自然,最后也能非建筑;最为夸张的则
是"Super-",这是罗兰·巴特预言的结果:消费时代的形容词癖,导致了形
容词的迅速贬值,人们只能以超级来描述一切——Superstudio、Superobjects、
Supercities、Superarchitecture,似乎只要在任何名词前加上前缀,就能获得对
其本身的超越。按照尼采以超人置换上帝的超越等式——超人 = 非人 =
神,超男超女的超越,并未超越人性,最多成就出了非男非女,他(她)们非
但没能为超级市场带来真正的多样性,反而带来原有物种的趋同和失衡。

第八讲

建筑与地域：地域性建筑的不同表现

以文学与建筑类比，雨果讨论了特定地域建筑所具备的特定特征：

> 在建筑术的时代，为数不多的诗篇与纪念性建筑物颇为相似。在印度，毗耶娑芜杂、崎岖、密不透风如宝塔；在东方的埃及，诗和建筑一样，其线条宏伟、宁静；古代希腊的诗作亦优美、清明、安详；基督教欧洲的诗作有天主教的庄严，民众的天真烂漫，一个万象更新时代的花团锦簇。《圣经》与金字塔相像，《伊利亚德》堪比帕提侬神庙，荷马与菲迪亚斯相似，但丁是十二世纪最后的罗曼式教堂，莎士比亚是十六世纪最后的哥特式大教堂。①

雨果列举的这些地域性建筑的特征，甚至涵盖了地方文化的文学特性。在现代主义进程里，似乎只有意大利理性主义建筑师特拉尼②设计的但丁纪念堂，才具备类似的文学诗性。除此以外，现代建筑的国际化运动，造成现代城市普遍的技术同化后果，在安德里亚·布兰兹③对现代都市的描述中，在雨果预言的媒体轻薄的流动性中，建筑已然流失了地域性里曾经坚固的水土：

> 现代大都市已经不再意味着某一个地方，而是变成了一种条件；这样的状态随着消费品的分配和扩散而在整个社会传播，居住在城市中不再意味着定居在一个地方或城市街区，而是同化于某种行为方式、语言、服饰以及印刷和电子传播的信息，城市一直延伸到这些媒介的边缘。④

---

① 〔法〕雨果：《巴黎圣母院》，施康强、张新木译，译林出版社，2000 年。
② 居赛普·特拉尼（Giuseppe Terragni, 1904—1943），意大利建筑师。
③ 安德里亚·布兰兹（Andrea Branzi, 1938—　），意大利建筑师和建筑理论家。
④ 朱亦民博客文章：《六十与七十年代的库哈斯》。

一　现代化与国际化

现代化,这一现在进行时态的术语的核心乃是时间,其指向为现代。就造型艺术而言,能否为现代艺术引入当下的时间观念却值得怀疑。塞尚①为艺术带来的现代革命,与柯布为建筑带来的现代革命,一样地是对柏拉图形体的造型复古:塞尚说,一切自然之形体都可以归纳为圆锥体、圆柱体和球体;柯布在游历罗马的建筑速写下面也写道,一切皆可还原为球体与圆柱体(图8-1)。

图 8-1　柯布的纯粹形体

柏拉图在《论爱美与哲学修养》里讨论过这种造型永恒美的种种特征:

> 这种美是永恒的,无始无终,不生不灭,不增不减的。

首先,这一永恒美的时间特征,宣告了它是无时代性的普时美:

> 它不在此时美,在另一时不美。

其次,这种永恒美的空间特征,也宣告它是无地域性的普世美:

> 它不在此点美,在另一点丑。

最后,这种由机械制图术制造出来的几何造型,还是反人性与个性的机器美:

> 它也不是随人而异,对某些人美,对另一些人就丑。

因此,塞尚与柯布为现代艺术与现代建筑引入的造型革命,其目标既非现代主义的时间特殊性,也非地域主义的空间特殊性,而是试图将无时代无地域的永恒美再度引入到这个机器时代,并以柏拉图形体的机械制图性消

---

① 保罗·塞尚(Paul Cézanne,1839—1906),法国著名画家,现代艺术之父。

除传统艺术造型里的手工个性;也因此,现代主义里的"现代化",所指向的并非时间的特殊化,而是以空间技术的普遍化模式所推广的国际化。时代性与地域性的双重剔除,才是现代建筑与现代艺术走向国际化大道的通行证;也正因如此,在现代建筑之后,两种建筑思潮才能分别针对现代建筑的两无而展开——后现代建筑针对现代建筑造型的无时间性,地域主义针对现代建筑空间的无地方性,而它们共同强调的艺术个性,则模糊地源自柏拉图形体的非人性特性。

二 现代性与历史性

现代建筑的首宗罪恶,被描述为对时间历史向度的割裂,其时间割裂的过程可被描述为:现代性 – 历史性 = 现代化。将现代性里的历史性时间剔除的过程,被认为是现代建筑的现代化进程之一。现代与历史,原本作为时间连续的两个阶段术语,以反对先前的折衷主义建筑起家,以洗涤传统建筑美学符号为重任,在密斯早年的现代建筑宣言里,现代建筑的形式既不应是昨天的形式——拒绝了历史,也不该是明天的形式——拒绝了未来,只有今天的形式才是现代建筑的形式——密斯将现代建筑置于时代价值之下,以对抗将建筑当作个人风格创造的任意性:

> 人们都把希腊神庙、罗马巴西里卡和中世纪教堂看作是各时代的产物,而不认为是哪个建筑师个人的创造。它们的真正意义就在于它们是自己时代的象征。[1]

然而,以割裂时间脉络的代价来担保现代建筑特殊的时代性,掩盖了希腊、罗马、中世纪教堂建筑时代次第的延续性,也使得现代建筑丧失了它在历史进程中的演化能力。时间就此成为后现代建筑对现代建筑进行批判的核心靶心,并且是从时间后方射出的历史之箭。后现代建筑试图援引建筑历史的时间积淀来重系被现代建筑割裂的时间脐带。然而,其反向而动的结果,并非如詹克斯描述的是现代建筑之后,而是绕道现代建筑曾一路杀来的后方,重新返回到现代建筑之前的折衷主义建筑,看似新鲜,只是因为它

---

[1] 刘先觉:《密斯·凡·德罗》,中国建筑工业出版社,1992 年。

比较古老。

雨果曾将更为古老的古典主义建筑指证为伪地域与伪时代,后现代与折中主义的风格嫁接一样,也属于伪时代的建筑,因为前者对任意时代建筑的嫁接,与后现代对传统的非正式嫁接,都一样放弃了建筑式样自身的时代性,实际上也否认了建筑历史的延续性。

将时间当作时代价值的源头,或许来自基督教的价值判断;而最后的审判将如何处置那些早于基督教的先贤们,曾是中世纪经学院探讨的时间问题之一。

三 国际化与地域性

地域主义对现代建筑的批判则指向空间,要控诉的是现代建筑的另一宗空间罪恶,它对地域性的空间剿灭可以被表述为:国际性－地域性＝现代化。

柯布将现代建筑与汽车、轮船、飞机这类机器进行广泛类比,最终宣称了现代建筑的无地域性。这类能动的机器物,以其拔根性的技术特征,通畅无阻地驶向世界各地,而不必与特定地域发生扎根的形式关系。

在弗莱彻①绘制的建筑树图示里(图8-2),世界各地共生的树根下,有着能滋养建筑的六种不同养分:地理、地质、气候、宗教、社会、历史。

从空间维度上,文丘里曾试图拓展后现代建筑的理论疆域,试图从美国商业街的本土语言里攫取地域性的当代力量。他质疑道:既然柯布西耶能从地中海传统民居里为现代建筑援引外援,后现代建筑为什么不能从当地商业街广告里获得启示?

图8-2 建筑树

---

① 班尼斯特·弗莱彻(Banister Fletcher, 1833—1899),英国建筑理论家。

二者的区别在于:柯布既没有强调其本土性,也没有贩卖其乡土性,他引入地中海民居的白色体量,只是为了给他的现代建筑增加机器美学的技术养分。当年,柯布西耶正是用技术重锤,在地域性建筑特征最为鲜明的意大利上空,敲响了地域性建筑的警钟:

> 按照地域主义建筑的观点,第一个警报不期而至:一位意大利议员要求采用同样的手段重建他们毁于地震的西西里岛。那个 1915 年的地震契机,首次促成我们深入思考——一种国际式的建筑即将来临。①

柯布的预言是,既然抗震技术可以全球通行,基于以技术为核心的现代建筑美学,必将导致国际式建筑。因此是对技术的执著,而非对时间或空间源头的漠视,才使现代建筑在国际化进程中具有汽车、飞机、轮船之类交通工具的无根性,它所遭遇的来自时间与空间的两方面抵抗,都因绕过了现代主义的技术核心而抗错了方向。

四 地域性与本土性

图 8-3 建筑阳伞

追随柯布西耶在印度对相关气候的建筑思考,柯里亚②提出了"形式追随气候"的口号。受柯布 1956 年在印度建造的肖丹住宅启发,柯里亚结合自己对当地特殊气候的理解,并以柯布的一项带有"屋顶阳伞"的设计为蓝本(图 8-3),将柯布的新建筑五点修正为适宜印度建筑的四项典型特征:

1. 立面"遮阳";2. 屋顶"阳伞";3. 中厅"通风",4. 空中"花园"。

据此,柯里亚提出两类针对印度特殊干热气候的居住模式——以帕列克住宅为代表的露天空间(open-to-sky space)(图 8-4),以及以筒式住宅为代表

---

① 〔瑞士〕博奥席耶等编:《勒·柯布西耶全集》,牛燕芳、程超译,中国建筑工业出版社,2005 年。

② 查尔斯·柯里亚(Charles Correa, 1930—),印度建筑师。

的管式建筑（pipe architecture）（图
8-5）。他认为，"露天空间"乃是基于
印度人特殊的生活方式——人们一
天70%的生活可能都发生在露天庭
院，而"管式建筑"则是针对印度干
热气候而设计的封闭但通风良好的
室内空间。弗兰姆普顿注意到，柯里
亚基于"露天空间"而得到的开敞特
征，与基于"管式建筑"而获取的封
闭特征，两者之间并不能形成良好的
景观互动关系。相比之下，柯里亚以
康的金贝尔美术馆为起点设计的甘
地纪念馆（图8-6），其穿插于建筑间
的庭院却有着调节建筑与景观关系
的开放潜力。

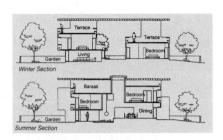

图8-4　帕列克住宅剖面

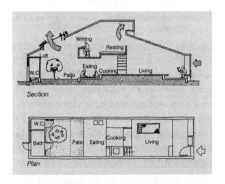

图8-5　管道住宅平剖面

柯里亚以"形式追随气候"的建
筑，对照空调这一消极的普世技术而
言，确实具备更积极的建筑意义。而
当他将露天空间当作印度建筑的特殊
地域性特征时，试图以此摆脱柯布西
耶的影响——他对柯布西耶设计的昌
迪加尔的后期批判，与他多年前对同
一件作品的颂扬，在激烈程度上不相
上下——然而，柯里亚最好的建筑，似
乎都是沿着柯布或路易·康的建筑路
线而展开的，在他晚近的建筑实践中，
他尝试着加入的富于印度文化符号的
建筑，虽然试图以此证明其建筑的印
度性，却也使它们很难与后现代建筑
对历史符号引用的肤浅区别开。

图8-6　甘地纪念馆

或许如此,弗兰姆普顿在其《20世纪建筑学的演变》里,并未将中国学者汪芳归为新地域主义建筑师的柯里亚收录于"批判的地域主义"一章,而是将这位印度建筑师置于"路易·康在南亚、加拿大、瑞士和德国的影响"标题之下,并侧重分析了柯里亚前期的"形式追随气候"的系列作品,却不再涉及柯里亚关注的印度建筑的民族性问题。

> 一个地域或民族文化的概念是个悖论命题,不仅因为当前明显存在着固有文化和普世文化的对立,也是由于所有文化,不论是古老的还是现代的,其内在发展似乎都依赖于与其他文化的交融。

弗兰姆普顿在他批判的地域主义定义里,意识到这一描述中的悖论:地域主义流派如何在反对以气候文化为核心的乡土建筑形式中,寻求到某种区别于现代主义普世价值的文化独立?

五　开放的地域性

单从作品形式的空间起源考察,毕加索、高更为现代艺术带来的现代形式,都是从地域遥远的民间艺术嫁接而来,都被当作对现代绘画的有益补充。为此,弗兰姆普顿认可了一个矛盾的复合词——开放的地域性,它将现代技术当作特定地域建筑的开放性补充,同时检讨现代建筑的技术化倾向对人性与身体感官的漠视。

在这条途径上,来自芬兰的建筑师阿尔瓦·阿尔托做出了最早也最持久的探索与努力。针对现代建筑的理性主义部分,阿尔托将现代建筑视为一项建筑遗产,对它进行了有选择的批判与继承。1935,阿尔托在《理性主义和人》里宣称:

> 在光谱末端,存在着纯粹的人性问题。[1]

1940年,他在《建筑和人情化》里,再次重申人情化建筑对待技术的理性态度:

> 在最近的现代建筑阶段不是要反对理性主义倾向,而是要将理性

---

[1]　刘先觉编著:《阿尔瓦·阿尔托》,中国建筑工业出版社,1998年。

的方法,从技术领域转向人文和心理学领域。①

在这段时期,他设计了著名的帕米欧结核病疗养院(图 8-7)。他并没有回避现代建筑的功能分区——这一原则在传染极强的结核病疗养院里尤其重要;也没有回避现代建筑的白色宣言,试图为现代建筑注入相关身体感知的人性考量。阿尔托设计了一系列人性的功能与细部——供病人晒太阳的屋顶平台的设计、能避免直接看见灯泡的照明设计、不会溅起水珠的特殊水龙头与洗手盆的设计。

关于技术与人性间的细微关系,约兰·希尔特在《阿尔托全集》里有过更为全面的剖析,一方面,阿尔托并不排斥在建筑中使用现代技术,甚至机械技术,在伏克赛尼斯卡教堂中,用电力发动机带动的滑动墙装置,甚至成为阿尔托设计这个教堂的主导概念——它既能将教堂空间分割成三个独立的房间,又可以在需要时组成一个整体的大厅(图 8-8);另一方面,在丹麦灵比公墓的设计中,阿尔托却愤怒地拒绝了电动平台的应用,虽然,在现代公墓里,这种负责将棺木移出礼拜堂的电动平台被广泛使用。按希尔特的分析,教堂里的电动滑动墙,与公墓里的电动棺木搬运机,其机器差别虽不足道,但对人情而言,却有着天壤之别:在教堂,墙的电动开合,发生在仪式之前,技术因素不会被注意到;而在公墓礼拜堂里,电

图 8-7　帕米欧结核病疗养院

图 8-8　伏克赛尼斯卡教堂
可电动分割空间

———————————

① 刘先觉编著:《阿尔瓦·阿尔托》,中国建筑工业出版社,1998 年。

动装置的使用过程,却会被哀悼者注意到——逝去的人明显被机械控制了。阿尔托因此坚持使用传统方式,并希望能由生者移走逝者。

六　是建造还是布景

阿尔托与柯布西耶一样都曾谈论过古希腊建筑,柯布西耶在雅典卫城看到的是柱式的标准化,阿尔托看到的却是单元构成的自由与材料间的统一性,因为它吻合了阿尔托对现代主义使用的空间几何网格的批判,他开始

图8-9　维保图书馆下沉空间

探讨民居村落的自由组合方式,并发展了一种与基地更为精确更具个性的斜角与弧线空间的构成方式,但他的建筑并未滑向后现代为了对抗现代建筑的直角之诗而刻意为之的各种角度的扭曲。

从功能视角而言,阿尔托设计的图书馆也没有回避功能分区的问题,而是试图兼顾与功能相关的人性问题——阅读功能所需要的光线、管理功能所需要的空间流线安排。他设计了一系列经典的地窖式半下沉空间(图8-9),这使得管理人员可以同时鸟瞰上下几部分空间。空间下沉,意欲为阅读创造宁静;下沉空间上方,阿尔托经常性地使用矩阵排列的圆形天窗,则旨在为宁静的阅读引入静谧的天光。这些天窗,虽与柯布在拉图雷特修道院引入的筒状天光类似,但区别也一样显著:柯布让天窗呈现各自不同的角度,以引来带有沉思品质的各种宗教光线;而阿尔托更希望天窗能创造出无方向性的漫射光,避免自然

图8-10　塞伊奈约基市立图书馆

光照在印刷品上产生的眩光，为此，他不但为圆形天窗底部作倒角的细微处理，有时，为将天光进行粒子化的处理，他还特地将内部建筑的体量调整为弧面以对天光进行漫反射处理(图8-10)。这类直面建筑问题而非风格问题的构造设计，与柯布设计的一些看似反常的屋顶如出一辙，而远离了阿尔托身后的后现代建筑。

阿尔托对待现代建筑的这种态度，与后现代建筑最大的区别在于，后现代建筑理论先行，将表明理论立场看得比如何建造还要重要，在面对一切现代建筑当初遭遇到的问题时，后现代的反应似乎总是理论上的：

我反对！（I object！）

阿尔托在面对一切相关理论的问题，都以更为实践的态度来进行应对，他著名的回答是：

我建造！（I build！）

以阿尔托的自宅与文丘里设计的母亲住宅类比，阿尔托在莫拉特塞罗夏季别墅墙面上实验的砖的各种砌法(图8-11)，来自建筑学内部的构造演习，而文丘里的断裂山花或窗檐线脚，却像是为了对抗现代建筑所书写的宣言，它最终更像是为这幕宣言所搭建的概念布景。

图8-11　阿尔托自宅

七　地方材料与身体感知

在对待材料方面，不同于柯布西耶坚信现代材料本身的美学价值，阿尔托着眼于芬兰大量的木材，并为当时的现代主义引入了传统的地方工艺。1937年，阿尔托为巴黎世界博览会设计了木结构的芬兰馆，阿尔托将它命名为"木材正在前进"，表明他要将古老的材料带入现代建筑的信心；而正是借助对木材的工业化技术处理——集成材工业制造与对它的压弯技术，为他带来了这种自信。因此,仅仅将阿尔托对木材的建筑使用,归为对木材的自然主义情节,显然并不恰当。

在将建筑材料处理成能与人体发生知觉关联方面,阿尔托与柯布之间的相似性,甚至超出了他们之间被夸大的差异。

他们都曾设计过家具史上的经典家具,并都有将家具与建筑相互结合的倾向。与柯布将家具建筑化的倾向相反,阿尔托则试图将家具对材料的细微处理带入建筑,他说"家具形式中的垂直受力部分,是建筑中柱子的小妹妹",他如同对待家具一样对待他的建筑,并以家具对人体感官而言的细腻程度来检验他的建筑细部。

图8-12 珊那特塞罗市政厅内挂木百叶窗

在梅丽娅别墅里,阿尔托在钢柱人手可及的地方绑扎自然材料,仔细处理门把手的材料与形状以匹配手感。在珊那特塞罗市政厅里,阿尔托设计的内挂于建筑的木格栅(图8-12),其家具的细致倾向,与柯布设计的外挂于建筑的建筑化遮阳相映成趣。最著名的例子则出自弗兰姆普顿的描述——在梅丽娅别墅里的地面处理上,从壁炉到起居室的琴房,地面材料从地砖到木地板再变为粗糙的铺路石,不但关注到行走者脚掌与地面的身体接触的微妙变化,还对倾听者提示着由远及近的脚步声变化。

建筑与身体不同知觉——除开视觉之外的触觉与听觉的密切结合,如今被视为地域主义区别于现代建筑的特征之一,而现代建筑的真正先驱们却很少有漠视这一方式的,即便没有赖特建筑对多种地方材料的杰出研究,即便没有密斯至今还被屡屡模仿的对材料出示的经典细部,柯布西耶的晚期建筑也能与此直接对接。柯布为朗香教堂里设计的家具(图8-13),就兼顾了粗野主义的美学与身体的细腻感受——温暖而滑润的木头提供坐面与靠背,而粗粝的混凝土则提供木板的结构支撑。作为对人体知觉的反应,朗香教堂本身就被柯布当作奉献给听觉的柔软器官。而在拉图雷特修道院里,借助音乐家塞纳基思的搭档贡献,他们设计的混凝土格栅的疏密间距(图8-14),引入了与当代盛行的"具体音乐"的节奏,据说它们的间距与日

图 8-13　朗香教堂家具

图 8-14　拉图雷特修道院
混凝土格栅

光投影,对人体心脏的律动有着神奇的感应与互动能力,它们对身体的影响,可以媲美弗兰姆普顿对梅丽娅别墅铺地的描述。

八　有情感的建筑

约翰逊以现代建筑的拥趸向后现代的华丽转身,获得了首届普利策建筑奖,墨西哥建筑师路易斯·巴拉干①随后一年也获此殊荣,则意味深长。在后现代正当兴盛的年代,巴拉干的建筑既能与后现代的肤浅绝缘,也一样能显示比风格化的现代建筑更为健康的差异方向。不是基于后现代为了反对的反对,而是基于人的情感,巴拉甘的建筑对现代建筑的批判也一样指向并改观了现代建筑通行的大玻璃,也恢复了被现代建筑赶出门庭的墙体的尊严。

> 建筑除了是空间的还是音乐的,是用水来演奏的乐曲。墙的重要性在于隔绝街道外部的嘈杂,街道是带有侵略性的,而墙则为我们创造了宁静,在这份宁静中用水奏响美妙的乐章在我们身边缭绕。②

以墙来隔离街道,既与之前的赖特与康相似,也鼓励了后来安藤忠雄在日本的卓有成效的实践。基于对生活的讨论,巴拉干对现代建筑的开放空间与大玻璃墙面进行检讨,认为它们失去了传统生活的私密与宁静,并建议现代居住空间与办公空间都应减少一半玻璃,以享受不同层次光线的微妙

---

① 路易斯·巴拉干(Luis Barragán,1902—1988),墨西哥现代建筑师。

② 谢工曲、杨豪中:《路易斯·巴拉干》,中国建筑工业出版社,2003 年。

图 8-15　伊格斯顿马厩

图 8-16　巴拉干自宅

氛围。面对日益公共化与指标化的景观,他建议花园也应用墙壁封闭起来(图 8-15),既然多数人都愿意享受四季不同的户外生活,这类花园就不应该暴露在公众的视野之下,它们与住宅空间一样,需要担保日常生活不会受到越来越公开化的潮流影响。

在巴拉干的私宅里,为了确保不同空间的私密性,墙壁的大量使用给室内带来幽暗的氛围。他在楼梯间等高光下泄之处,用悬挂在墙壁上的金箔为室内经营出金色弥漫的光线,而对被墙壁庇护的庭院景物,巴拉干并不拒绝使用整面墙的大玻璃(图 8-16),并且,借鉴赖特惯用的玻璃镶嵌的类似方式——隐藏玻璃与天花、地板、墙壁相接的窗框,而让视线沿着墙壁与地面天花板滑向室外花园的林木花卉,中间仅剩的十字窗框则如同对自然景物的礼拜。

在获得普利策奖后的获奖感言中,巴拉干感慨现代建筑已然放弃了美丽、灵感、平和、宁静、私密、惊异等语汇。在这些主要是来自感官的语汇里,我们并没有看见相关风格或地域性的暗示,与阿尔托一样,巴拉干将现代建筑要为普通人盖房子的任务,提高为建造能让普通人身体感知到的美丽建筑。

九　地域与乡土

为了跨越风格之争,藤森照信①试图以宇宙遗产来开放地域性建筑的封闭性,这位日本跨界的建筑史学家,将目光投向更远的石器时期,因为那

---

① 藤森照信(Terunobu Fujimori, 1946—　),日本建筑史学家。

时的世界文化尚未被区分。他认为，那一时期的建筑，也具有现代建筑追求的国际化的普世价值。至于青铜器时期以后的建筑，他认为只有金字塔才勉强算是宇宙遗产，金字塔就此常常成为藤森建筑作品里的典型造型。

图8-17　一夜庵

从实践来看，他对日本当代建筑的造型贡献并没有那么显著，他更多的贡献，是将日本乡土建筑的技术与做法带回到现当代建筑中，并为日本当代建筑师提供了多样性的材料选择。但是，其少量与茶室相关的杰出实践（图8-17），则试图向现代建筑提出另一项控诉——在现代建筑以技术为核心的运动里，建筑已然遗忘了它亘古以来与自然相互依存的种种关系，它们曾构成不同地域不同文化的建筑最显著的差异。

然而，正如人们所质疑的，伊东流的日本当代建筑固然有以时尚讨好消费时代的癖好，藤森流的建筑也有以古旧讨好消费时代的另一古尚癖好的危险。

与芒福德一样，弗兰姆普顿也对将地域性里的本土意识当作乡土怀旧保持警惕。因此需要区别本土性与乡土性的差异——本土性以方言描述，其对抗的对象是国际化倾向，要确认该方言出自何方的空间边界问题，以此提出本土性将以何为本的另一个问题；而乡土一词的提法，原本针对的是当代城市化对乡村的同化，要确认的是同一地域间的城乡身份问题。

在造型风格范围内讨论的地域性建筑，因此常有两种相反的乡土或本土的描述：在将现代主义当作时尚的风格时，人们对乡土鄙视的是其"土"，它类似于对乡下人曾经的"乡巴佬"鄙称，这种语境下，乡土特点被当作缺点被讥讽；在保守的地域主义语境里，人们颂扬的乡土乃是其"乡"，它类似于在超级市场里对乡村农产品的过度颂扬，在这种语境之下，乡土特点被当作土特产而抬高身价。在这两种语境下，乡土建筑都被当作某种与希腊、罗马、哥特建筑一类的风格模式，要么拒绝它们，要么讴歌它们。但这只是对现代主义口号式的目标下放——柯布向同时代的工业建筑学习，后现代将城市当下方言当作学习的新对象，地域主义如今挑中了乡土建筑来进行学习，再往下，或许只剩下拥挤的贫民窟可以成为当代建筑师学习的新榜样。

对待乡土建筑的这种敝帚自珍的封闭态度,让人们对乡土建筑失去了真正的辨识力,人们倾向于将乡土建筑当作混沌一团的价值进行肯定,就如同历代的建筑复兴一样,只是阵地每况愈下,从宗庙教堂下放到街坊民间,造型则从古典建筑的希腊、罗马、哥特复兴的伪时代、伪地域堕落到当代的伪乡土。

十　地域文化与国家边界

普世文化与地域文化的交融,既然是多数文化在多数时代发展的途径,文化独立性的诉求从何时开始,又是以何种边界确定其服务机体的空间边界?

就欧洲有建筑学的建筑史而言,它始于文艺复兴对宗教文化边界瓦解后的需要。随着宗教提供的大文化边界的瓦解,取而代之的是对国家意识强盛起来的边界重建需要。以地域性建筑特征鲜明的意大利为例,作为宗教中心梵蒂冈所在地的意大利,其复兴的希腊-罗马建筑在地域上的部分重叠,掩盖了地域性边界的独立诉求。风格选择的本土性问题随后出现,当路易十四成为法兰西君权帝国的新象征时,古典主义建筑在法国选择希腊尤其是罗马风格复兴,就会引发模仿蓝本的地域性问题——为什么伟大的法国,却要选择位于意大利的罗马遗产为复兴蓝本?

张翼在北大建筑学研究中心就读期间,发现了西方建筑学三百年间近乎闹剧的风格之争,就源于以国家独立意识为本的边界修订:为了对抗意大利日薄西山的宗教文化中心地位,1671 年成立的法兰西皇家建筑学会,发动了对本土哥特建筑进行重估的运动——它曾被意大利为中心的文艺复兴运动斥为野蛮的建筑。这个时期,克洛德·佩罗①与布隆代尔②虽在国内敌对,却有着一样地域性的哥特建筑情结,其间就带有强烈的本土边界的国家意识。十八世纪的科德穆瓦③,开始以"希腊-哥特"式样里的法国"哥特"部分,来置换文艺复兴"希腊-罗马"体系里的罗马,最终,经由洛吉耶④的努

---

① 克洛德·佩罗(Claude Perrault,1613—1688),法国古典建筑师与理论家。
② 布隆代尔(Francois Blondel, 1617—1686),法国古典主义理论家。
③ 科德穆瓦(Jean Louis de Cordemony, 1651—1722),法国古典主义建筑理论家。
④ 安东尼·洛吉耶 (Marc-Antoine Laugier, 1713—1769),法国古典主义学者。

力，偷梁换柱的"希腊-哥特"风格，首先被系统化，它甚至得到意大利理论家米利萨的认同，后者将法国的"希腊-哥特"与意大利的"希腊-罗马"体系，看做建筑学并行不悖的双核心传统。一方面，这引起意大利的皮拉内西对古罗马建筑近乎疯狂的图纸捍卫，另一方面，十九世纪的勒-迪克①，最终将哥特建筑论证为唯一的核心建筑传统，并以哥特建筑的结构理性的建构语境，流传至今。法国发动的哥特复兴，就此成为那个时代的新主流，它甚至为随后兴起的英国提供了修建新议会大厦的风格选择。英国、德国的相继强盛，也曾引发过对法兰西建筑学院的仿效——仿效德洛姆为法兰西绘制的法兰西柱式（图8-18），英国的詹姆斯·亚当②发明了英国柱式（图8-19）；仿效亚当的英国柱式，德国则发明了斯图尔姆式德国柱式（图8-20）。随后在《建筑学教程》里出现的花样繁多的柱式（图8-21），不再成为大一统的教会疆域的文化象征，而成为类似于封建领主徽标式的地界标志，它们在建筑学意义上的伪时间性与伪地域性，并非现代建筑的无时间所追求的永恒性，而更接近文丘里为美国本土选择的无历史的城市方言的符号性。

图 8-19　英国柱式

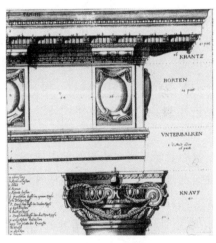

图 8-20　德国柱式

---

① 勒-迪克（Viollet-le-Duc，1814—1879），法国古典建筑理论家。
② 詹姆斯·亚当（James Adam），18 世纪英国建筑与室内设计师。

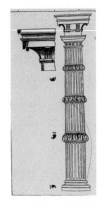

图 8-18 法兰西柱式

图 8-21 《建筑学教程》中的柱式

十一 现代建筑与美国风

现代建筑的先驱中,赖特是唯一以"美国风"来强调建筑地域性的大师。在一场为"有机建筑"正名的演讲里,他将"美国风"建筑看作是对现代建筑国际化进程的抵抗。他蔑视美国同行们对欧洲建筑的风格模仿,却将源自日本传统建筑的低矮坡屋顶的特征当作对美国大草原这一特殊地域的特殊反应。与此相对照的是,柯布也曾以现代建筑之名讨伐折衷主义建筑前辈们对古代建筑的风格嫁接,但并不妨碍他将雅典建筑当作他的机器美学的古代外援,并在 1930 年代又以乡土建筑来拓展他的现代建筑的国际化语汇。

援引建筑史或乡土建筑的手段的相似,并不能诠释柯布西耶宣称的现代建筑与赖特宣称的美国风地域性的差异。赖特援引日本传统建筑,乃是看重它与自然间的一种有机关系,通过强调建筑与地域性里的地理环境的密切关联,他以"一切从地形开始",将他的有机建筑当作扎根美国本土建筑的新文化;而柯布援引古希腊建筑侧重的乃是其技术层面,他将帕提侬神庙柱式的美看作是标准化的技术结果,以鼓吹现代建筑以技术为核心的机器美学。其结果就是,赖特将他的两个塔里艾森的形式差异,当成是地理与气候差异的结果,以证明它们的各自形式乃是基于地域性生成出来的有机建筑;柯布西耶援引了泰罗尼亚地方传统的拱顶技术,但并未强调其地域传统的一面,而是强调其技术性这一现代建筑的核心价值,他因此未加区分地将这一拱顶技术广泛地使用在巴黎的周末别墅以及印度的一座别墅里。赖特与柯布对不同地域的传统建筑的引入,都拓展了现代建筑的营养范围,前者从日本传统建筑里寻找到建筑与环境有机结合的可能,后者从乡土建筑里寻求到某种具备表现性的造型语汇,既能区别于之前的折衷主义风格集仿,又能区别于后现代建筑将传统当作符号的肤浅引用。

至于被赖特类比于美国独立宣言的"美国风"建筑,其对于美国国家性的强调,并不如对大草原这一地形特征的强调,其从日本获得的扎根于大地的"有机建筑"匠心,并没有因为他强调美国的国家性而增添有机建筑的新光辉,尤其是,有机建筑如果仅仅适宜于美国大草原的特殊地域性,他就不应抱怨或嫉妒柯布们的现代建筑在国际而非美国的建筑影响力。

十二　独创性与可能性

因为缺乏地域文化的传统,美国对反文化斗士表现出异乎寻常的扶持力度——在法国失意的反文化斗士杜尚,却被美国如英雄般接纳,并自此将美国乃至世界艺术引向达达与波普的反文化狂潮之中,它以反文化来缔造无文化的新文化用意,是文丘里要以广告淹没建筑的波普先驱;因为缺乏地域文化的历史传统,美国文化将创新的时间方向,要么指向当代,要么指向未来——因为它们都能回避历史,这就与意大利未来主义意欲摆脱历史过于沉重的反历史殊途同归,以美国建筑师弗兰克・盖里[①]为旗帜,引导了当代建筑对无历史的视觉奇观的无尽追逐;因为缺乏理论传统,美国现当代建筑理论虽然格外发达,却一律发明或杜撰反时间或无时间的理论框架,前者以文丘里对历史符号的非正式使用为先驱,后者在艾森曼[②]相关建筑不及物的自明性与抽象性里达到极端。

美国建筑界或许是最早意识到从未来还能借贷消费时代的创造力,并以篡改柯布著作的名称为起点——他们将柯布的"今日城市"宣言,改译为

①　弗兰克・盖里(Frank Owen Gehry, 1929—　),美国建筑师。
②　彼得・艾森曼(Peter Eisenman, 1932—　),美国建筑师与建筑理论家。

"明日城市",以将柯布为这个时代制定的现实规划描述为未来的乌托邦城市创意——这是翻译《柯布西耶全集》的牛艳芳提醒我注意到的一次篡改;台湾建筑学者阮庆岳则向我提醒美国翻译界的另一次篡改,他们将柯布的《迈向建筑》篡译为广为流传的《走向新建筑》,台湾译者施植明认为,柯布要迈向的建筑,本是人类普遍而本性的建筑,《走向新建筑》的增"新"译文,则以"新"强调现代建筑的时代独特性,最终,以创新为由,现代建筑被描述为与传统时间全面断裂的分裂运动。从《明日城市》里的"明日",能借贷未来的可能性;从《走向新建筑》里的"新"中,则能指引"独创性"的消费方向:"可能性"与"独创性",由此成为消费时代建筑创造的一对时间利器。

建筑与消费：电影 *Play Time* 里有关创造的秘密

1967 年，导演塔蒂①完成电影 *Play Time* 的制作。为了制作位于巴黎拉·德方斯的电影布景，塔蒂濒临破产，但他辩解说这并不比请索菲娅·罗兰②更费钱；他坚持要用 70 毫米的豪华胶片拍摄电影，这让他的财政处境更加艰难，但他强调说，这将有助于展示现代建筑的宽阔场景。他虽然宣称不愿将批判建筑当作职业，他的这部电影却对建筑与思想界都产生巨大影响，它不但很快进入德勒兹③的哲学之眼，并在《时间与影像》里对它其展开哲学分析，而且至今还在正统建筑学院内部被屡屡讨论。

按影片片名"Play Time"的提示，它要我们关注的似乎是时间或时代，但影片看似一整天的时间连续性，却经不起推敲。真正明确的似乎只有地点，其依次安排的机场、办公楼、展销大厅、公寓、旅馆、皇冠夜总会，隐约能与柯布西耶对城市功能的区分——工作、生活、休闲——相对应，这是对现代建筑所处时代的反映吗？

假如这部电影仅仅表达了对现代主义的讽刺，塔蒂不过就是现代主义走向尾声的及时批判者；假如这部电影还表达了对即将兴盛的后现代主义的同样讥讽，那么塔蒂就几乎可以成为一位对未来时代的卓越预言家。

一　电影场景之一：机场——作为历史集仿的地点

一开始，一幢密斯般的现代玻璃摩天楼从屏幕一角飘出。明净的玻璃走廊里（图 9-1），两位衣着纯净的修女飘然而至：这是一座中世纪的修道

---

① 塔蒂（Jacques Tati, 1909—1982），法国导演。
② 索菲娅·罗兰（Sophia Loren, 1934—　），意大利演员。
③ 吉尔·德勒兹（Gilles Louis Réné Deleuze, 1925—1995），法国现代哲学家。

图9-1 玻璃走廊上的修女

院？这是菲利普·约翰逊与该电影同年设计的现代水晶大教堂？

厅堂远处有三位军装女性，她们在落地大玻璃窗前往外眺望，近景是一对衣着考究的老年夫妇，正神情紧张地窃窃私语：他们会是二战时期逃难的犹太人吗？

中景是一位手持笤帚的清洁人员，正东张西望地在洁净的地面上寻找不存在的垃圾：他会是克格勃派来的密探吗？

护士与军官接踵而来，清脆的皮鞋声加剧了场景的诡异气氛，护士抱着啼哭的婴儿匆匆走进一个隔间，军官尾随其后，却在隔间外忽然停顿，隔间内的婴儿哭声又起：那是二战期间恶名昭彰的毒气室吗？隔间上标注的35—39是二战开始的时期吗？隔间上间隔开的两个字母"N"与"O"，表示的是NO还是ON？

一截在大玻璃窗外滑过的飞机形象、一阵飞机降落的轰鸣声、一群忽然从四面八方涌出涌进的游客，它们一扫影片中的巴黎曾杂交过的历史阴霾——中世纪的宗教阴影以及纳粹在二战期间反人性的黑暗，呈现出一片消费时代喜气洋洋的节日气氛(图9-2)。

芭芭拉就夹杂在这群游客之间，她总因对事物的凝视而滞后于时间，并在延迟的时间镜头中，凸显为我们认可的主人公之一。其凝视所在，或许正是导演塔蒂提请我们关注的地点所在。就像此刻，芭芭拉被带入旅游大巴时对外面的凝视，指向玻璃大楼上的巨大标识——Paris，而随后更换座位的

图9-2 机场内游客

图9-3 机场外停车场

窗外,却是停有无数汽车的停车场,其地面 Parking 的标示(图 9-3),与先前建筑上的 Paris 字样,以字母的相似,玩味着巴黎历史的剧烈演变。这幕建筑加停车场的宏大场景,既是几年后文丘里《向拉斯维加斯学习》里的开头场景,也是几十年后雷姆·库哈斯诠释过的超级市场前的超级场景。

二 离题讨论之一:现代还是后现代批判?

旅游大巴的引擎启动,将芭芭拉们带到另一组颇具密斯风格的玻璃摩天楼前。

这群玻璃建筑布景(图 9-4)很可能是依据柯布西耶的一张草图所搭建的。为表达新建筑可以与历史建筑和平共处,1940 年代的柯布曾勾勒出几幅巴黎发展的历史假想图。在第一幅中世纪图景中,只有巴黎圣母院耸立在群山与塞纳河间,到了埃菲尔铁塔建立起来的机器时代,山上矗立有洁白的圣心教堂,山下也添建了宏伟的凯旋门,在最后最大的一张草图上,柯布将四幢平行板状的现代摩天楼拼贴入这几幢象征巴黎的历史名胜当中(图 9-5)。

图 9-4 玻璃办公楼群

图 9-5 巴黎新旧建筑相处草图

银幕上一开始就出现的那几幢玻璃板楼,与柯布草图中的那些板楼体量近似,只是方向旋转了 90 度,随后,在影片中由那些玻璃楼房所刻意折射出来的古老巴黎的影像,赫然就是柯布草图中曾出现过的埃菲尔铁塔、圣心教堂以及巴黎凯旋门(图 9-6)。

借助塔蒂的这部电影的影像为媒介,当代建筑似乎可以继续柯布的巴黎梦想。新修建的拉·德方斯新区,据说就曾受到塔蒂布景建筑的玻璃的影响。在巴黎 2008 年申报奥运会的建筑咨询方案里(图 9-7),*Play Time* 那一

图9-6 巴黎三幢旧建筑折射

**图9-7 巴黎2008年申报奥运会的
建筑咨询方案**

经典镜头——被玻璃折射出的埃菲尔铁塔,占据该方案的头条位置,方案构思的核心观念也是折射,它要通过玻璃大楼扭曲出的各种角度的折射,折射出奥运场馆周围巴黎最主要的历史记忆,它们竟然也是埃菲尔铁塔、圣心教堂以及新德方斯大拱门!

假如这件奥运作品真的实现了的话,我们倒是难以断定它的建筑时代性:一方面,它通体都使用了现代建筑的玻璃语言,具有现代主义建筑的典型面孔;另一方面,它又将不同时代的建筑以符号的方式投射到同一座建筑当中,似乎又具备后现代主义的符号面孔;将它与一座折衷主义名作——巴黎歌剧院做最终效果比较时,它们对历史样式的形式集仿能力居然不相上下。

借助玻璃折射出不同地点不同时代的历史建筑,这幕电影布景就杂合了现代主义、后现代主义甚至折衷主义等不同的时代特征。

三 电影场景之二:办公楼——现代建筑的效率特征

塔蒂本人扮演的休洛特,以雨伞、风衣、烟斗的绅士的形象,从公共汽车上狼狈而下,来到这群玻璃摩天楼前登台亮相。他被安排在布置有密斯式家具的玻璃大厅里,等待着吉福德的接见。

在等待被接见的间隙,休洛特被一旁开启的小间内的一张迷宫图引诱进去,于是,他被这个电梯小间带入办公楼深处,错失了被接见的良机,并开始了与吉福德长达半集的相互寻找。寻找的焦虑取代了悠闲,尤其是他深陷接待厅的等待时间过于漫长,看到他一再迷失在那些标准化的办公迷宫里,就让人格外焦虑,借助主人公鸟瞰的办公楼场景,我们得以考察一个标准的现代办公隔间所具备的古代迷宫特征:

1. 那些高效而标准的办公隔间刚刚高过踮脚所能眺望的高度,这是古代迷宫的第一项特征——你没有机会纵观全局。

2. 这些隔间完全标准划一、毫无特征(图9-8),这是迷宫的第二项特征——你不可能指望有什么可识别性的特征来提醒你所处的位置。

3. 这些隔间以矩形阵列的方式排列出的所有路径,至少都有三个岔口,这是迷宫的第三项特征——路径交错,以便让深陷其间的人们失去方向感。

这个办公迷宫正中的一位女接待,似乎可以帮助可怜的寻找者确定所处方位,但她的存在显然是为了管理效率,她被安置在一个可360度滑动的圈椅上,以便控制全局,因此,无论休洛特从哪个方向进入,他所看见的总是那个女招待及时滑转过来的正面的标准微笑(图9-9),情形就像是休洛特一直就在原地没动,与其说她帮助了他的定位,不如说她加重了他方位感的极度困惑。我们不再指望他能找到那个本身也在游离的目标——吉福德也正四下寻找休洛特,只能以目光追随他的慌张与错失,在他一半慌乱一半果断之间所打开的那些隔间中,我们得以借机一瞥原本隐蔽在现代生产迷宫当中的高效工作。

图 9-8　办公隔间迷宫

图 9-9　办公隔间接待装置

四　离题讨论之二：文明与远虑

迷宫原本可以成为消磨时光的悠闲道具，在一个追求效率的时代里，却变成条条充满挫败的焦虑歧途，因为，效率是现代主义关于文明定义的时间哲学之一。

在罗素①对文明不无忧郁的定义里，悠闲的时间只有用于远虑时才具有文明意义。这是阿道夫·路斯当年提出"装饰与罪恶"的崇高动机：他假定一旦人们在建筑中放弃那些费时费工的繁复装饰，就将从繁复的劳作时间中解脱出来，并获得思考文明的悠闲时光。路斯的这一社会道德感，影响了柯布西耶的现代建筑革命：他要借助机器标准化生产的效率，将人们从繁重的手工劳动里解救出来，并获取文明的悠闲。

在影片的等候大厅里，就并置了悠闲与效率生活的截然对比——休洛特的等待悠闲而好奇，他一边玩味着仿密斯椅的皮革弹性，一边对新进入的等待者充满好奇。在他的注视下，新来者展现了新生活的高效性——他将等待的空隙时间，变成相关工作、振容、提神等一系列充满效率的优美动作。对于接待者吉福德而言，休洛特的悠闲散漫在这个高效场合里给他带来不良印象，他舍弃了休洛特的先行求见，而选择了那个高效如机器的工作者，这才导致了休洛特在玻璃大厅中反复于等候悠闲与寻找焦虑间，这焦虑将他带到玻璃奇妙的反射性面前。

密斯在缔造万能玻璃摩天楼之初曾预言性式地宣称，未来玻璃建筑的魅力不在于它们的透明性，而在于它们的反射性。休洛特就被玻璃这种虚幻的反射所迷惑——他忽然发现苦苦寻找的吉福德就在对面那幢玻璃楼里，他夺门而出，穿过街道，几乎扑向对面那幢玻璃楼房。正当他在那边因苦于不得其门而入而焦虑时，我们却在这边发现事情的真相，他不过是被两幢玻璃摩天楼的相互反射所欺骗，吉福德实际上还在这幢楼里，休洛特所发现的那个吉福德是这幢楼的玻璃所反射的影子的二次投影，他所寻找的不过是柏拉图所讽刺的艺术——影子的影子。

---

①　伯兰特·罗素(Bertrand Arthur William Russell，1872—1970)，英国哲学家、数学家。

休洛特终于找到那幢玻璃大楼的正确入口,他推门而入,立刻陷入另一种物质迷宫——琳琅满目的商品迷宫当中。

五　电影场景之三:展销大厅——后现代主义时代的消费观念

柯布曾以先驱口吻宣称,现代建筑里存在着这样一个等式:机器的标准化效率＝现代主义机器美学。

柯布在厨房规划里,曾将飞机驾驶舱的高效,当作解放女性腿脚的美学秘诀。塔蒂在航空售票处,以一个小小装置,也制造出这样一幕美学场景:一个接待生以不可能的高效速度,从容处理川流不息的人群的各种业务,而从招牌背后看,接待生的高效秘密乃是他假借了一项伟大的机械发明——万向滑轮,他坐在一把有着万向滑轮的椅子上,从休洛特这边的视角,我们看不见他应接不暇的忙乱,所能看见的就是一截套有女性丝袜的腿脚,与一组万向轮之间的完美滑动组合,所能看见的就是它们往前往后、往左往右滑动自如的效率舞蹈,一幕被标准化滑轮所加速的效率芭蕾(图9-10),它们验证了现代主义的机械美学:美＝效率。

现代主义高效生产的结果,就陈列在这个展销大厅里(图9-11):

图9-10　轮滑装置舞蹈组图

图9-11　展销大厅奇特展品组图

一把带有探照灯的拖把,演示着它便于打扫人眼看不见的橱柜角落——但是拖把照亮了垃圾能否帮助打扫的人们也看见?一截多立克柱头,演示为可以投放垃圾的希腊样式的垃圾桶——为什么要将垃圾置于美学典范的多立克柱式中?一种可以单片旋转的眼镜,演示着它对于女士们涂抹睫毛时的单眼便利——这难道比干脆摘下眼镜更加便利吗?

这项眼镜的发明,或许是对柯布当年为自己设计的眼镜所做广告的模拟。而电影里那扇可以完全"无声无息"的专利门,则更可能是对柯布宣扬过的隔声门的讽刺。这是一项真正具有创造性的技术,可是,当它连该产品总裁的狂怒摔门声都不能表现出来,"无声无息"还是显出它荒诞的一面。那个总裁在门那边狂怒的声音,被这无声之门无声的开阖掐得断断续续,以至于门这边的休洛特倍感迷茫——声音告诉他那个暴怒的人就在他的背后,而眼睛却只能看见那扇"无声无息"的创新之门。休洛特无法听清将他误认为商业间谍的总裁发出的狂怒声,也难以感知那狂怒声所焦虑的时间缘由——它以专利创新的时效期,隐藏了时间与效益密不可分的交易秘密。

六 离题讨论之三:生产与消费

后现代主义的时间焦虑,焦点转移:当现代主义以标准化生产高速填补战后的物质匮乏,结果并没有获得罗素理想中的悠闲时间,在资本主义再生产的环节里,这一机器效率所节省下来的时间,乃是千载难逢的剩余价值的利润时间,生产在利润的润滑下继续高速运转,迅速出现了产品囤积。

而囤积——这一曾被历史镶金嵌银的光芒词语,而今却成为后现代时期的最新焦虑。这焦虑,不如现代主义的效率焦虑高尚,距离罗素关于文明的悠闲时间也更加遥远,但它同样急迫,因为,资本一旦因为利润而活过气来,它需要永不间断的消费供养,丝毫不亚于人类需要可被消化的营养,一样生死攸关。因此,詹克斯将矛头指向现代主义的生产的标准化方式并不能缓解这一销售焦虑,他只能将"标准化"当作个性的对立面进行死刑宣判,以便以个性的由头推销囤积的产品。

现代主义所奉行的标准化影像,在这部电影里无处不在:几个标准模样的公务员,驾驶着同样标准的汽车,以标准划一的时间同时发动汽车,它们宣称了这个时代已然实现人类自身的标准化;在一样标准的玻璃摩天楼下,

却有着地域完全不同的地名——美
国、夏威夷、墨西哥与斯德哥尔摩(图
9-12),它们傲慢地宣称了现代建筑
国际化的进程已然剿灭地域性建筑
间的差异;似乎只有休洛特的古怪衣
着才能消解无处不在的个性单调,但
就是这套个性行头,却给他一直在寻
找的吉福德以标准化的伤害——吉

图 9-12　地域性建筑广告招贴

福德也一直在寻找他,当他被玻璃的透明性所欺扑向外面的休洛特时,挺拔
的鼻子被玻璃所伤害(图 9-13),而被玻璃的巨响声所惊回的"休洛特",居
然只是一个同样风衣在身、雨伞在手的陌生人,更大的讽刺却是——当夜色
中的吉福德捂住被包扎过的鼻子,在街上再一次遇见"休洛特"时,那居然
只是衣冠、雨伞与休洛特同样标准的黑人兄弟(图 9-14)。

图 9-13　玻璃门外的
个性衣着

图 9-14　黑人个性衣着

七　电影场景之四:公寓——消费时代家庭的瓦解

眼前同样灰色同样透明的标准化玻璃公寓,连家具陈设都与前几幕场
景同样标准。透过玻璃的透明,我们得以发现,不但不同居室里的人们衣着

一律,甚至连他们电视的位置以及看电视的行为,也标准得近乎单调——这是后现代主义反复指责过的现代建筑的单调。就标准化所导致的建筑式样的单调而言,未必就比我们的传统四合院更加单调,不过是玻璃的透明,罕见地将原本隐藏在高墙大院里的私密性生活公开展示出来,并以生活的单调性指证并指责建筑的单调性。

就生活而言,建筑原不过是外在的物质蔽体,其任务不过是要庇护其间千姿百态的各类生活,玻璃公寓却第一次将家庭生活暴露于公共视野,玻璃的透明性先是强迫后是引诱人们过着一种表演性生活——人们生活于其间,就必须衣冠楚楚,举止得体。

图9-15 公寓温馨互动场景组图

休洛特就被偶遇的战时朋友拉到这样一座公寓前面。从外面看,在灯光之中,里面人们围绕着电视观看的家庭场景相当温馨甚至相当感人。塔蒂却通过将镜头拉到室外,让我们旁观这一温馨家庭的幻觉。

因为建筑的经济性原则,邻居两家的电视机被镶嵌在同一堵墙的同一个位置上;因为电影的经济性原则,塔蒂将那个被撞破鼻子的吉福德安排在休洛特这位战友公寓的隔壁。于是,在外部特定角度下,外面的人看不见这堵电视墙,只能看见两家人相对而坐,场景像在一间大屋子里的大家庭密谈(图9-15)。当我们发现那边是撞破鼻子的吉福德,而这边是一直在寻找吉福德的休洛特时,以为他们终于在一个大家庭里愉悦地相遇。为了加深这样温馨的聚会幻觉,当那边吉福德夫人挑衅地要捏吉福德那只受伤的鼻子时,这边的休洛特们忍不住要与吉福德一道惊呼出口;

当这边的休洛特滑倒在地，那边的吉福德夫妇也会有遗憾的表示；当那边的吉福德更衣行为发生的同时，这边的屋主夫妇就将年轻的女仆轰走，似乎她所看的不是少儿不宜的电视节目，而是隔壁吉福德的宽衣行为；似乎根本不存在一堵将人们隔开的电视大墙，似乎并不存在两边各自不同或相同的电视节目，情形就恍惚是几十年前温馨的家庭聚会，人们围绕着家庭共同的圣火——壁炉这一古老的家庭中心聚集交流。

八　离题讨论之四：壁炉与电视

表面上看，电视取代壁炉的家庭圣火地位，还能继续成为当代家庭生活的中心，人们的坐姿却发生了变化：曾围火对坐、促膝交谈；而现在，面对电视里遥远的符号世界，同向异心，这是家庭分裂的不祥预兆。

瓦解家庭，是消费资本寻找消费新出路所必需，因为，在那里，不但存在着空间裂变的产品新需要，也存在着让消费人群倍增的数量潜力。

通过对家庭的瓦解，家庭的空间消费力被成倍地挖掘出来。人们在起居空间共享电视的聚集行为，被后现代的个性原则所驱动，人们购买更多的电视机，并将他们搬入各自私密的空间——卧室、卫生间里分别享用，在家庭聚集空间所分裂的私密空间数量中，产品获得第一条销路。

在同一面个性大旗之下，资本要将产品的销售数量，从以家庭为计量单位的数量激增为与人口数量等同。在这一销售信念的策动下，那些原本沉重的家庭器物——留声机、电视机变得越来越轻薄，轻薄得成为随身听、随身看而被别在个性主人的腰间或装入口袋，产品终于可以任意脱离家庭空间，在任何时间或任何地点紧紧跟随任何个人，本雅明所悲叹的艺术品此时此地的古老地域性韵味，在产品的消费时代就此香消玉殒了。

而玻璃公寓对住宅革命提出的新问题则是：在大批量住宅生产之前，即便普通人也能聚集在一幢像样的住宅里过着悠闲的生活，而有了机器生产，格子间小公寓里的忙碌生活为何反而成为值得炫耀且为之奋斗终生的居住目标？人们普遍将之归罪于城市人口的密度，而真正的缘由，或许正是家庭的瓦解——大家庭瓦解为小家庭，大家庭的大住宅可以世代传递，如今每一代人可能要购置多栋小公寓。为了这一目标，男人女人都被平等地卷入生产机器的运转之中，由此带来的男女家务分配与老幼的奉养问题，原本曾以亲情的分工与传递方式在家庭内部解决,如今被雇佣与福利机制解决,家庭关系被纳入新的资本运作,成为资本又一利润侵入的生产新基地。家庭成员则分别被卷入孤立无援的劳作当中,再无悠闲,亦无文明。而理想的销售状况是:家庭继续瓦解,瓦解为单身或丁克家庭,那将是人类数量与产品数量之间最后的余利空间。

九　电影场景之五:旅馆——作为对消费时代的质疑

图 9-16　旅馆里的收音机

眼前这间旅馆(图 9-16),能区别前面那间玻璃公寓的仅仅是一张标准的床,以及一架如同玻璃摩天楼模型般的古怪玩意儿。从整个影片来看,这幕场景仅在夜幕降临的短暂时刻,才被女主人公巴芭拉当作更衣间短暂使用。她准备前往夜总会,后来,在那里消磨了一夜时光。当影片结束她坐上一辆旅游大巴(一如她乘坐大巴从机场而来)时,我们看不出她有回来的必要与迹象。既然她一夜未归,塔蒂为什么要置入这样一处微不足道的建筑场景?

值得注意的细节是,她在这个旅馆为数不多的动作,有一个是拨弄那个如模型般的玩意儿。我们忽然发现,这个表面看来完全现代的旅馆,已然浸满后现代主义的销售意味——那玩意儿其实是一台正在播音的收音机,我们能听到推销快速清洗器广告的只言片语,她随即就心不在焉地将它关上了。

这真奇怪,在影片中最为经典的镜头里,巴芭拉在一幕被玻璃折射出的晶莹剔透的埃菲尔铁塔符号前持久凝视,这泄露了她对古老巴黎的向往,但她为什么不直接前往有着真实的埃菲尔铁塔的真实巴黎?她不远万里从美国前来,为什么却徘徊在由美国生产的新奇却无用的产品之间?此刻,她在这家旅馆里,显然已经对那些所谓的创新产品失去兴趣——居然没有听完,就将收音机关上了。

哈贝马斯①将责任直接追究到现代发展的速度与贪婪上：

> 是现代发展的速度和贪婪性，而不是先锋派文化，应该对分裂和失望以及大众明显的对新事物的反感负责。最终，即使是最坚定的新保守主义者，也承认很少有机会可以真正抵抗现代化的无情发展。

正是现代发展的利润贪欲，才导致了人们对新事物的狂热追求，并被不断鼓吹的推陈出新所加速，因为：

> 人们说时间就是金钱，这是最新款式。

这是在那座玻璃公寓前，由休洛特的那个战友说出的，当时他正从汽车里抱出两件包裹严密但不知何物的商品，显然是在解释他自愿成为消费者的购买动机。他将"时间就是金钱"这一资本销售动机，与他被蛊惑的购买动机——"这是最新款式"模糊并置，这是消费资本愿意制造的模糊。

十　离题讨论之五：顾客与上帝

理想的再生产体制的高速运转，依赖于这样的消费人群——他们购买，以最快的时间抛弃，与此同时，重新购买，以此来匹配消费利润越来越短的兑现周期。在"时间就是金钱"的消费模式里，时间已脱离它在现代主义生产中的效率时态，无需再以提高生产速度获得时间有限的剩余价值。它将这一利润寄托在消费利润的末端——消费上，消费速度将成为消费在空间被开发竭尽后又一利润无限的时间阵地。其无穷的潜力，来源于对人类贪婪本性的深度开发，时尚则成为开发人们消费欲望最深处的时间钻头。在这个钻头之上，"最新款式"伙同最短时间的生产周期，被同时抛光兜售，挖掘出人们喜新厌旧的深层欲望。为了获得永不衰竭的"最新款式"，资本必须与后现代艺术家们相互勾结，并仰仗他们所宣称的上帝般无穷的创新能力。只是为了推销的策略，他们才伙同起来，将上帝的称号赐予量大无知的消费者们；他们说顾客就是上帝的时候，就是为了获得其与金钱等价的消费时间。

掀开"顾客就是上帝"这一消费信条的背面，我们却意外发现传统消费

---

① 　哈贝马斯(Juergen Habermas, 1929—　)，德国当代哲学家。

者与生产者之间那条等级森严的鸿沟,消费者在不同时期分别是教皇、君主或资本新贵,而生产者尽管有着不同的名字——奴隶、劳工、工人,无疑都处于社会最底层。历史上,与消费者相比,生产者始终占据着绝对的数量优势。正是这一数量优势,将成为产品最后的销售出路——将数目庞大的生产者变成消费者,就在底特律的汽车生产流水线上完成。这一次,生产者不但在工作时间生产产品,在业余的休闲时间,他们还将以消费者的身份,对资本再生产做出永不休息的消费贡献。将上帝的神圣外衣披在他们身上,是对利润至上的资本时代的肯定,资本的销售触手开始从空间转向时间,转向这些"上帝"们的日常生活,转向如同巴芭拉这样的游客上帝的休闲时光。如今,传统的节假日被称为"黄金周",这些黄灿灿的字眼,见证了这个时代的利润新宗教。

表面看来,劳动者完成向消费者的蜕变,是民主进程中劳动者地位提高的表现,但愿我们记得柏拉图对民主制度的揭露——即便在希腊时代,民主制度也是政治家获取政治权力的诱饵。那么,后现代的民主,将原来地位卑微的生产者推上顾客性上帝这一崇高位置,怎么看都像是资本魔鬼的欲望诡计,而不是上帝的精神恩惠:

1. 大众顾客不可能成为上帝,因为上帝是单数的,至少是少数的,就如同历史上那些真正的消费者一样;

2. 上帝与魔鬼都有能力满足大众,而顾客总是等待被满足;

3. 上帝与魔鬼的区别在于,上帝鼓励大众通过克制欲望而获得幸福,而魔鬼则通过诱惑欲望而承诺快乐。

十一　电影场景之六:夜总会——消费时代的末日狂欢

此前影片一直都笼罩在禁欲般的灰色调中,而此刻,华灯初上,随着那盏显然与美元符号有关的粉色霓虹灯的闪烁,皇冠夜总会将那些白天忙碌于生产消费产品的人们吸入其间,参与到消费者的行列。

在《向拉斯维加斯学习》一书里,文丘里曾抨击现代建筑的美学等式——坚固+实用=美观,并指责这一等式对美学的极端漠视。他同意拉斯维加斯赌场里的建筑美学,鼓励的建筑美学乃是美学的大广告与结构的小建筑。

在符号美学所向披靡的攻击当中，在这个皇冠夜总会霓虹灯的闪烁暗示里，我们再也看不见建筑关于坚固、实用这些古老的质量承诺。

能被皮鞋粘住拔起的舞池地砖、一拔就掉的皇冠形椅背、一碰就塌且一再坍塌的木制吊顶，似乎都在诋毁现代主义关于建筑的坚固原则：在那幢现代主义的办公楼里能将吉福德的鼻子撞歪而自身无损的玻璃，在这家后现代主义的夜总会里，在休洛特与他另一战时朋友间的礼貌拉扯当中，分崩离析颓然坠地（图9-17）；那个还没有一条鱼大的厨房出菜口（图9-18）、那条将女士高跟鞋卡住的地砖缝隙、那盏只有在拳打脚踢的情况下才亮的地灯，表明的实用性问题，在皇冠符号上达到顶峰——作为酒吧柜台的皇冠形装饰板，遮住了侍者的视线；作为座椅的靠背符号，不但诱使一位女客摔跤，还一再将侍者们的衣服划破。

在这样的狂欢当中，功能与坚固虽被管理者作为质量问题质疑，却被消费者当作消费闹剧的多样性调料。

一百年前的新艺术运动时期，一家生产铁花椅子的厂家倒闭，足以让消费时代的后现代主义警觉：那种铁花椅子既坚固也实用，甚至还不乏美观，它们几乎立刻就占有了当时的销售市场；但恰恰是它们无比地坚固，才导致了公司的迅速坍塌，因为它们坚固得使再生产无法继续，公司恰恰就坍塌产品的坚固与实用上。

古罗马的维特鲁威为后世建筑制定了黄金三原则——坚固、实用、美观："实用"早已被现代主义的效率满足，"坚固"又成为再生产的障碍，后

图9-17　夜总会被撞碎的玻璃门　　图9-18　没有鱼宽的出菜口

现代主义唯一的销售途径似乎就只有"美观"一途。好在对美观的判断既不像坚固那样客观,也不像实用那样可以检验,它就可以利用美学符号来兜售一切物品。

只有在符号可以被消费的美学层面上,我们才能理解那把不实用的皇冠形椅背的存在意义,它们成功地将铁椅的皇冠符号压模印制到男人们的晚礼服、女人们的肉色内衣甚至肉体之上(图 9-19);那个在坚固方面不足的坍塌了的木质天花板,成为一位美国富翁设置的符号栅栏——只有背上压印有皇冠形椅背符号的男女,才能通过这一破烂关卡入内;那个在实用方面不足的出菜口,仅仅在那扇黑色小木门的半圆形加上一个啤酒垫,就为里面的老厨师成功加冕一顶烹饪国王的符号王冠(图 9-20);玻璃门破碎后的不锈钢把手,则在玻璃的透明性掩护下,继续充当着门的开启符号继续开合,有时还被侍者用作接受消费者小费的化缘钵;当那堆碎玻璃被当作冰块来冰镇香槟的时刻,真是一个消费符号值得庆贺的时刻,因为,即便因盈利需要而始终保持清醒的夜总会老板也难以察觉其真假,当他用手触及这些作为冰块符号的玻璃碴子时,温度的意外不但没引起他对它们是否是冰块的怀疑,反而使他摸了摸自己的额头,以为是他自己身体或者神志出了问题,怀疑自己不饮而醉于这样的消费狂欢当中;而一个真正的醉鬼,正在仔细研究那棵碍手碍脚的柱子上的大理石贴面纹理,执著地将那些纹理当作巴黎地图来辨认,并试图从中找到一个可以供视觉停留的确切地点。

图 9-19　身体上模印的皇冠符号

图 9-20　被加冕的厨师

十二 离题讨论之六:符号与奇观

我一直觉得,被排除在这个符号帝国之外的那个衣衫褴褛的侍者,才真正代表了消费者的处境——他一开始就因为上衣被划破而被发配到夜总会外面;一位划破裤子的服务生先将他的裤子换去,一位被翘坏皮鞋的服务生又将他的鞋换走,一位弄脏蝴蝶结的服务生将他仅有的完好行头换走,他眼看着他们行头整齐地粉墨登场,继续穿梭于这花天酒地里,而他,只能衣冠不整地旁观这欲望之池——他承担着消费品所有的质量问题,却没能参与到这样的消费浪潮当中。

我还觉得,在人群将散之际,塔蒂将人们安排到一家药店喝咖啡也别有用意,那盏标有"Drugstore"字样的破败霓虹灯,依次闪亮的只有 D-G-O 三个字母,这三个字母或许是上帝 GOD 与热狗 DOG 的文字玩味,证据不只是人们在此享用的热狗,也在于一位现代牧师的忽然出现,还有此刻出现在玻璃里的圣心教堂的反射影像,它们似乎与开场白里出现的修女一起,在迷狂间浮现出最后一点宗教暗示;我也觉得,那个醛醉的酒鬼才是狂迷的消费人群里唯一的清醒者。因为,当夜色褪尽而人群散尽的时刻,导演是将他,而不是男女主人公的任何一个,置身于那个玻璃摩天楼的巨大剪影之前(图 9-21),他微微斜倾,试图站稳,此刻,标志影片所有关键时刻的天堂咖啡厅的音响再次响起,而且,还夹杂着大都会里显然不可能听到的一声清脆的雄鸡啼鸣。

我不清楚,在那声啼鸣里,塔蒂是否有所表达。当我们发现,那辆在街上行驶的巴士倒行的古怪方向,不过是所有乘客反向而坐的结果时,或许有些迟疑地微笑了;当我们发现,那在环岛缓行的一圈汽车,实际上只在围绕环岛作同心运动时,几乎要领会到导演塔蒂对技术进步的讽刺意味了;当我们发现,让游历巴黎的满车乘客集体眩晕的惊呼,不过是一位擦窗工人偶然旋转玻璃窗所导致的影像旋转时(图 9-22),这讽刺就不但深刻,而且具有哲学意味了。

契诃夫①曾以哲学深度探讨过幸福与满足的关系,他意识到,幸福正是

---

① 安东·契诃夫(Anton Chekhov, 1860—1904),俄国小说家、戏剧家。

图 9-21　皇冠夜总会巨大剪影　　　图 9-22　旋转的玻璃窗幻觉

在需要与满足间脱节,他说:

> 没有闲适就没有幸福,能够得到满足的只是并不需要的东西。

　　柯布也曾从现代文明的精神角度慎重提出生活必需品的限制性种类。而罗素提出来的关于悠闲与文明间的哲学问题,以及关于欲望与需要的矛盾,或许只有苏格拉底①才真正有解,在雅典市场上,苏格拉底说了一句全无豪迈也不甚流传的话:

> 我逛遍雅典市场,但发现一无我所必需。

　　(本讲以《时间六像》为题发表于《建筑业导报》[香港]2006 年 5 月第337 期,后收入笔者文集《文学将杀死建筑》。)

---

　　①　苏格拉底(Socrates,前 469—前 399),古希腊哲学家。

建筑与教育：1980 年代的解构主义思潮

"God as Architect/Builder/Geometer/Craftsman"，这是西方艺术史反复讨论的"上帝建筑师"的复合身份——上帝作为建筑师、建造者、几何学家、工匠（图 10-1）。这一在中世纪聚集了不同身份的上帝建筑师，在雨果预言的文艺复兴建筑的专业分离中逐一裂变。与建造者的分离，使得建筑师摆脱了工地的苦力形象；与几何学的分离，使得建筑可以摆脱理性分析而能纵情感官；与工匠的分离，使得建筑师可以避免工匠学徒的枯燥生涯，以此可以对建筑进行不及物的多种抽象幻想。

图 10-1　上帝建筑师

一　建筑与建造

冯炜在《透视前后的空间体验与建构》里，追溯了文艺复兴以前的建筑教育。建筑师需经历几个阶段——学徒（apprentice）、工匠（craftsman）、行者（journeyer）、师傅（master），最终才能成为技艺高超的大师（grand master）。

从学徒开始的建筑生涯，学习地点在工地，而非教室。学习的技能，是建造技术，而非抽象设计。前三年，主要通过实践，掌握各种材料特征和建造技术；制图的学习，则在最后一年。冯炜注意到，即便最后阶段的几何绘图学习，也并非要表达后来被誉为创造性的设计意图，更多时候，它们是用以推敲细部和解决实践问题的建造工具。一旦建造完成，抽象的图纸就失去保留的意义。不保留设计图纸，还由于当时的建筑图绘制在昂贵的羊皮纸上，在工程完成后，图纸部分被打磨掉后还可以重复使用。

比学徒高级的行者学习,也以建造为核心。行者旅行的学习需求,要么源于在工地上遭遇无法解决的实践问题,要么源于想学到更高明的建造技巧。通过旅行,可以考察同一建造问题在不同历史建筑中的不同经验。譬如,正是为了解决佛罗伦萨主教堂的穹隆技术问题,伯鲁乃涅斯基①用去近十年的时光,反复考察古罗马建造穹隆的各种技术。

行者的学习阶段,后来被建筑学院的罗马旅行大奖所继承,但其差异在于:后者更接近如今的美术实习,仅仅提供见证抽象设计与建筑实物的比较性认识,而非带有明确问题的针对性考察。这也是古代游学与今日留学之间的一般差异。

二 建筑与制图

建筑作为一门创造性职业,自文艺复兴开始。其立身技巧,是透视图的发明。伯鲁乃涅斯基利用小孔成像的原理,发明了一项有关透视的制图技术,其技术能与画家媲美——能在建造之前,就绘制出建筑的将来模样。因此,它甚至有高于绘画对现实物模仿的地位,其无中生有的创造力,可以与上帝媲美。

一方面,透视术使建筑师的地位发生转变。此前此后建筑师的身份差异,正如达·芬奇区分过的雕刻与绘画:前者属于对石头材料进行操作的体力劳动,后者却可以在工作室里优雅地进行设计。它将建筑师从建造的体力劳作中解放出来,作为脑力劳动者,建筑师从此获得了超然地位。另一方面,透视术一旦使建筑脱离了工地的建造行为,随即就剥离了建筑与物质的天然联系,并将目光从建筑的物质性转向抽象的几何设计。

文艺复兴晚期,借助透视学,乔治·瓦萨利②建立了最早的建筑学专业。平立剖面制图技术的完善,将透视图里虚拟的三维物质性也抽离出来,变成纯二维的抽象设计,它们与透视一起,成为建筑学得以独立的学科基础,构成了古典建筑学的基础课程。

18 世纪的迪朗③对平立剖面进行了类型学的真空抽象,他先是将历史

---

① 伯鲁乃涅斯基(Fillipo Brunelleschi,1337—1446),意大利建筑师。

② 乔治·瓦萨利(Giorgio Vasari,1512—1574),意大利艺术家与作家。

③ 尼古拉斯·路易斯·迪朗(Jean-Nicolas-Louis Durand,1760—1834),法国建筑理论家。

上的不同建筑类型进行分类,然后将它们的平面物质性逐渐抽离——抽离墙线、抽离门窗,直至最后抽离为近乎虚线的轴线(图10-2)。结束的轴线以虚线表示,这多少象征了建筑学被抽象的虚度;而虚线的轴线,自此成为后世建筑设计的起点。迪朗对建筑制图的高度抽象,原本源于快餐教学的必要——它是迪朗为非建筑学的工程师们制定的快速了解建筑学的图表。正是其便利性,使之成为后世建筑学的初级必修课程,也因此改变了建筑学的起点:它既不源自建造的物质性,也不源自文艺复兴透视图的体量造型,而是源自与工程师共享的抽象的几何图形,奠定了柯布向工程师学习的机器美学的制图基础。

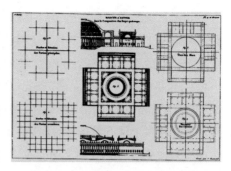

图 10-2　迪朗对建筑的抽象图表

图 10-3　杨廷宝设计的
高尔夫俱乐部

巴黎美术学院的建筑学,就建立在这两项制图技巧之上——以平立剖面为基础,以轴线来控制建筑总体格局,最终以透视图的渲染效果来完成考核(图10-3)。

三　建筑与工程

在《现代建筑设计思想的演变1750—1950》里,彼得·柯林斯[①]考察了

---

① 彼得·柯林斯(Peter Collins, 1920—1981),英国建筑理论家。

工程技术从建筑学里分离出去的过程。在结构计算的工程力学发明之前，建筑师承担工程项目与工程师承担建筑项目都颇为常见——达·芬奇就将设计类虹桥的军事桥梁与设计教堂看作一类事情。

1750 年前后，欧洲成立的工程学院开始将建筑学里的工程部分分离出去，并使建筑学里的工程经验贬值。有了科学的力学计算，工程师在承担大规模建筑项目上就有着格外的优势。在 18 世纪，掌握了力学计算的工程师渐渐成为大型项目的主导者，很快就导致了建筑学的职业危机——承接的任务越来越少也越来越小。这种悲观情绪使得建筑师以沉湎于折衷主义风格来区别并维护自身的美学领域，并加剧了建筑学与工程技术的分裂，其结果正如柯布西耶的描述：

> 建筑师，就结构而言，不如工程师；就经济而言，不如金融家；就审美而言，不如画家。①

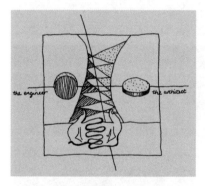

图 10-4　柯布绘制建筑师与工程师理想关系图

为了重整建筑学失去的力量，柯布首先提出向工程师学习，并以一张双手媾和的草图（图 10-4），展望未来建筑师与工程师之间的理想关系：

> 两手紧扣，手指水平交错，代表着在建造机器时代的文明时，建筑师和工程师友好的团结。②

就柯布本人而言，他深知工程师与建筑师的差异，认为工程技术可以满足需要，但建筑美学旨在打动人心。

关于工程技术与建筑美学之间的关系，在格罗皮乌斯最初写下的包豪斯宣言中，其哥特大艺术的宏大理想是将技术与艺术或者建筑与工程重新聚合为总体艺术。几年之后，格罗皮乌斯本人去艺术化的建筑教育倾向，为他的继任迈耶所继承，包豪斯的建筑教育最终被工程化倾向所笼罩，并被格罗皮乌斯带入美国的现代建筑教育。在将现代建筑进行国际化的普及教育

---

① 《结构概念设计》，由赵小雨提供未刊译稿。

② 同上。

进程中,它日益在美学上遭受来自后现代建筑的猛烈抨击。

四 建筑与教育

杰出的建筑难以在学院里传授的证据是:现代建筑运动的四大先驱,只有格罗皮乌斯有过建筑学教育的背景。

只在土木工程专业短暂学习过制图的赖特,终身都对古典与现代建筑教育充满敌意,他所建立的塔里艾森学校,更像是以中世纪学徒制为蓝本的私塾,学生们在建造工地上直接学习建造的各种技术——材料的、结构的、功能的、气候的,这些研究至今还是许多当代建筑师的宝贵遗产;作为赖特的建筑学"天敌",柯布西耶是以学徒与行者的双重身份开始自学的历程的:在游历地中海古代建筑的同时,他广泛地选择不同大师进行学徒阶段的学习——向贝伦斯学习古典建筑、向佩雷学习钢筋混凝土建造技术、向戈涅学习城市设计,柯布将这些有关建造、设计的知识,与他日益关注的现代艺术密切结合,这使得他的建筑超越了现代建筑被批判的各种单调特征;当过石匠学徒的密斯,很早就接受了工匠学徒制的初级训练,他在离开包豪斯校长的位置以后,很快将注意力集中到如何建造的问题,这为他的建筑带来由建造而得的精美细部;格罗皮乌斯年轻时在德意志制造同盟的经历,使得他早期建成的建筑,甚至比柯布以及密斯的同时期建筑还要高超,而他对建筑从哥特理想向工程技术方面的转向,不但使得他后来为美国建立的现代建筑教育模式广泛失败,也使得他本人的建筑每况愈下,他中晚期的建筑最接近雨果预言的建筑沦落——从哥特大建筑向石膏几何体全面堕落。

图10-5 富勒的空间网架结构

就现代建筑教育而言,对建筑学以工程学模式进行传授的失败,并不亚于巴黎美术学院将建筑美术化的失败。现代建筑教育向工程技术的明显倾斜,使得建筑很可能被更为科学的工程学收编——1960 年代的富勒①,就曾以其高超的工程技术,以其精湛的空间网架(图 10-5),几乎让当时的建筑学面临被技术剿灭的危机。曾迷恋富勒的路易·康,后来转向对现代建筑与古典建筑的重审,并以一己之力,让耶鲁大学成为欧美现代建筑教育的新殿堂。他当年的助教文丘里,随后以两本后现代建筑宣言,瓦解了康捍卫现代建筑的努力。文丘里广告式的后现代建筑,试图以建筑学的审美意识,从现代建筑的工程美学里独立出来,并将建筑当作工程结构前的一层美学符号。随后,后现代建筑对历史建筑风格的任意滥用,不但诋毁了现代建筑为建筑学建立起的类科学的学科努力,也使建筑学变成了一项难以传授也难以理解的学科。在这一学科现实之下,1980 年代的解构主义可以看作是对处于崩溃边缘的学科所进行的内部捍卫。

五 结构与解构

作为回顾,*ARCHITECTURE* 在 1998 年 6 月的刊首语中,比较了理解后现代与解构主义建筑的难易程度:

> 本世纪建筑的第三趟意识形态列车就要开动。第一趟是现代主义建筑,它带着社会运动的假面具;接着是后现代主义建筑,它的纪念物真的是用意识形态加以装点的,以至于如果不听设计者本人 90 分钟的讲解,你就不可能理解它,而且即使有讲解,也不一定有帮助。现在开出的是解构主义建筑,它从文献中诞生出来,在有的建筑学堂已经时兴了十年。

后现代建筑理论的晦涩在于任意性;没有文丘里著作的注释,人们很难理解母亲住宅的那些符号的来源与意义;没有他的文学性著作的佐证,母亲住宅很难获得来自建造方面的任何考核。它应验了"文学将杀死建筑"的预言,使得后现代建筑很难在建筑学体系内得到理解。

而解构主义建筑的晦涩难解,基于其教父彼得·艾森曼②的哲学情节,

---

① 巴克敏斯特·富勒(R. Buckminster Fuller, 1895—1983),美国工程师。

② 彼得·艾森曼(Peter Eisenman, 1932—   ),美国解构主义建筑师与建筑理论家。

他与解构主义哲学家德里达①互相在对方的专业领域驰骋。一方面,解构主义建筑早期与晚期的巨大反差,使得艾森曼本人难以用一套理论描述;其早期试图为建筑学建立体系,很像是语言学结构主义的努力,他试图为过于任意性的个人化言语谋求抽象而共性的核心结构。"语言"与"言语"的二分,本就来自语言学结构主义的二分——语言乃是共性的结构物,而言语则是依据语言结构衍生出的各种具体言说物,它们像是柏拉图二分的"理式"与"现实物"的对应。被艾森曼称为自治性深层结构的几何操作,类似于结构主义部分的"语言"。另一方面,为了让自治的几何学操作获得能发动生成操作的动力,或者为了给抽象的几何操作注入应对环境的现实能力,艾森曼后来从抽象自明的结构一极走向另一极,所依据的外在性偶然动机,就像是对语言结构的解构性瓦解,他继而迷恋起言语自身的多样性与任意性。在最后的结局上,解构主义建筑与后现代建筑符号的任意性相距不远。其哲学语言的强行引入,混杂着生成操作里的任意性,使得它比后现代肤浅的任意性更加晦涩;而哲学的深度也没为它带来更多关联于建造的质量,原因在于它选择的几何起点,比历史上任何建筑学教育的起点更加抽象,也更加远离建筑的物质性。

六 几何与图解

为了重整建筑学的乱局,并重获上帝建筑师的神圣光环,艾森曼在《图解日志》里谈论上帝:

> 当上帝中心论逐渐式微,就兴起用新主体和新客体的术语来解释每种说教的需要。从数学到物理学、绘画和雕塑,每种说教都发明自己的历史,发明一个使自己从过去的某点运动到它当时在13、14世纪所在点的新的史实性。

但他也意识到,以人为主体的现代学科,不能再用神启来解释其起源,需要发明自己的起源,或者说是杜撰自己学科的起源。以建筑学为例:

> 出于这种(学科)需求,"主体—建筑师"在15世纪重新出现。阿

---

① 雅克·德里达(J. Jacques Derrida,1930—2004),法国哲学家。

尔贝蒂的论文《关于绘画(Della Pittura)》(1436 年)论述绘画史,而他的《关于建筑(Della Aedificatoria)》(1450 年)则处理建筑史。①

以维特科维尔为帕拉迪奥的建筑方案绘制的九宫格图解为切入点,艾森曼开始构筑建筑学的深层结构。他认为维特科维尔的图解虽能说明帕拉迪奥的工作,但不能演示帕拉迪奥是怎样工作的,在帕拉迪奥的头脑中,那些抽象的几何计划时而外露、时而含蓄,尽管它们与帕拉迪奥的实际建筑并不完全对应,但隐含其间的几何图解作为建筑的深层结构,犹如语言学的结构,控制着所有言语——建成的建筑物。

利用这套九宫格的图解,艾森曼分析了意大利理性主义建筑师特拉尼的实际建筑——法西斯大厦(图 10-6),将之当作几何学操作的结果。从对一个几何实体的操作,得到了一个几何六面体;从对这个六面体的几何操作,又得到一个几何九宫格。经过一系列复杂的操作,最终,艾森曼将这个抽象的九宫格,与法西斯大厦这座建筑的轴测图结合起来,并让实际的作品看起来像是几何结构操作的演习结果(图 10-7)。

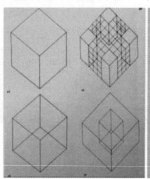
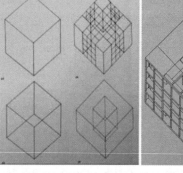

图 10-6　法西斯大厦　　　图 10-7　艾森曼针对特拉尼的法西斯大厦绘制的
　　　　　　　　　　　　　　　　　图解首尾步骤

为了将几何操作看作建筑学学科的核心基础,艾森曼比较了他与迪朗当年为建筑所做的类型学工作的差异:迪朗将历史建筑通过制图加以抽象,被艾森曼称为"从 B(实践作品)到 A(几何抽象)"的工作,而他的操作则将

———————

① 〔美〕彼得·艾森曼:《图解日志》,陈欣欣、何捷译,中国建筑工业出版社,2005 年。

这个过程扭转为"从 A(几何抽象)到 B(实际作品)",以激发几何操作生成实际建筑的能力。以此为起点,艾森曼以住宅 1#为图解,检验了这一建筑的生成过程。

七 结构与图解

建筑学的结构与工程学的结构区别何在?

从维特鲁威与阿尔贝蒂对坚固的描述的微妙差异中间,艾森曼找到了建筑学学科内部的结构定义:

> 维特鲁威说:建筑应该宽敞、坚固、愉悦。
>
> 阿尔贝蒂①说:这不是维特鲁威的真正意图。②

以文字阐述的力量,艾森曼刻意强调了二者对待结构的区别:

> 阿尔贝蒂提出,维特鲁威的意思并非建筑物应该"是(be)"符合结构的,而是说它们应该看起来"像(look like)"符合结构的。显然,所有建筑物都需要符合结构。③

从"是"与"像"的区别里,艾森曼寻找到建筑学自明的结构价值,他由此认为建筑学第一次不止关注结构的事实存在,还要从内部和外部关注其存在的表现法。

以罗马建筑为例,或能稀释艾森曼的晦涩诠释——罗马建筑的工程结构乃是拱券,它曾被不加修饰地应用于输水道工程。而建筑学意义上的结构,乃是罗马人向希腊建筑的致意,因为迷恋希腊建筑梁柱结构的柱式,罗马建筑大都在拱券结构外立面饰以希腊柱式,它们结合在一起才构成

图 10-8 古罗马斗兽场

---

① 利昂纳·巴蒂斯塔·阿尔贝蒂 (Leone Battista Alberti,1404—1472),意大利建筑师与建筑理论家。
② 〔美〕彼得·艾森曼:《图解日志》,陈欣欣、何捷译,中国建筑工业出版社,2005 年。
③ 同上。

了罗马建筑,譬如作为工程的输水道与作为建筑的斗兽场(图10-8)。区别就在于后者增加了一套貌似希腊结构的柱式,附着在罗马真实的拱券结构外部。这一例子或许不能表达艾森曼的深刻,但能解释艾森曼在随后的住宅2#中的"自涉性"结构:

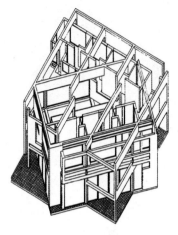

图10-9 艾森曼住宅3#

住宅2#(1969—1970)中,自涉性(self-referentiality)的标记是一种"多余"处理,即结构加倍,既有一套柱网还有一套剪力墙系统,它们之中的每一套都足以承担结构支撑作用。论点在于,这种多余结构系统中的一个或另一个都可以看作是符号,它不再指涉自己的结构价值或任何外部所指对象,而是指涉一个内在性。①

一座住宅而有两套结构,其中一套对应工程学的结构需要,而富余的另一套结构只指涉建筑学意义的结构,被称为"自涉性"结构。为了凸显两套结构的交织关系,艾森曼在住宅3#里(图10-9),将两套结构相互扭转、交织。

八　空间与图解

关于空间自治性的讨论,来自艾森曼对现代建筑空间语言的复述。他认为空间问题为现代建筑提供了一个"学科规训",它假设了一套建筑的空间"语言",这套语言建立在一系列辩证关系——中心与外围、垂直与水平、内与外、正面性与旋转、实与虚、点与面——这种对立的逻辑表达上。为了清晰地表达空间的逻辑,艾森曼借助风格派使用过的轴测图来提纯空间的抽象属性(图10-10)。与平立剖面分别用以表示建筑的不同向度不同,轴测图不但可以回避透视带来的视觉变形——变形被认为是以人的感官对抽

---

① 〔美〕彼得·艾森曼:《图解日志》,陈欣欣、何捷译,中国建筑工业出版社,2005年。

图 10-10　凡·杜斯堡绘制轴侧图　　　　**图 10-11　艾森曼住宅 6#**

象进行了迫害,而且还能同时呈现平立剖面的客观尺度,它抽离了透视几何里残存的身体意识与感官判断,以使它更接近机械制图。

　　对艾森曼格外重要的是,轴测图还打破了建筑实体可被感知的垂直向与水平向的区分,它剔除了赖特为流动空间建立的水平性感觉,也掏空了康为服务空间建立的垂直纪念性。艾森曼以住宅 6#对空间进行自治性改造,为了标识其无上下的对称性,他为该建筑设计了两部在垂直方向错位对称的楼梯,以自治的结构为鉴,悬挂在天花板上的楼梯,就是楼梯的剩余——类似于剩余结构能指涉建筑结构本身一样,剩余而无用的楼梯才能成为抽象的楼梯本身(图 10-11)。

　　艾森曼将这两部楼梯分别涂成红色与绿色,以赋予它们难以承担的空间责任。其错位的对称,被认为有别于欧几里得空间的对称,以一条被灰色涂料涂抹的线条为拓扑轴,两部红绿楼梯据说能消除人们对这一空间的可感属性,它就具备轴侧图般的自我方位可逆的空间抽象性,空间也就此变成自涉与自明的。

　　但也正是红绿灰三色的标记性引入,使得艾森曼承认,住宅 6#不再是图解性操作的表现,该住宅就是操作本身——即不仅要在图解上着色,还要用在实际建成的房子上。作为比较,他列举柯布西耶的模度为例——柯布的建筑被模度控制或由抽象模度生成,但模度本身并没有在建筑里独立显现。

九 图解与质疑

然而,几何操作的工具性显现,毕竟将艾森曼的几何操作工具从深层结构拉出到表面,它污染了几何操作的纯粹性,也引起了艾森曼对几何本身的质疑:

> 在一个建筑的文法中,我们必须追究这种建筑图解和"几何配置"之间有什么不同。换句话说,在什么情况下,九宫格能超越纯几何而成为一个建筑图解?[①]

既然几何学从属于另外的古老学科,奠基于几何学的建筑自明性,在基础处就没能捍卫住建筑学科的独特性,在住宅 10#里(图 10-12),艾森曼开始质疑住宅 6#里的空间自明性操作。这个住宅空间的特殊之处,在于其空间的 L 形,按照艾森曼的解释——它是两个不完整的元,一个 L 立方体和一个 L 点,每个都遗失了一个象限的结果。这一诠释必须以柏拉图形体的认知为前提——只有将立方体当作完整空间原型,其遗失象限的说法才能成

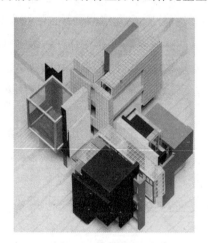

图 10-12 艾森曼住宅 10#模型

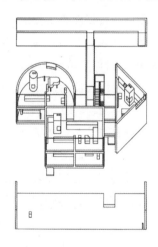

图 10-13 海杜克半宅

---

① 〔美〕彼得·艾森曼:《图解日志》,陈欣欣、何捷译,中国建筑工业出版社,2005 年。

立,没有柏拉图几何形体的先在性知识,人们就不能理解海杜克①的半宅——半个圆,以及半个方,尤其是以对角线切分的方形的半个——之"半"的来历(图10-13)。

在住宅11#里,艾森曼的空间操作,不但失去了对纯粹抽象操作的自治性追求,而且依据甲方对空间的感觉为起点。甲方提出了一个似乎古怪的空间要求:

> 我想要一个房子,当我在里面的时候,我感觉好像我从外面看世界;当我在房子外面时,好像我呆在房子里面。②

艾森曼给了他一个应对准确但一样古怪的空间答案,他将建筑最内层也最大的空间,设计成一个无门无窗的"不可进入之虚空"(inaccessible void),因为它处于房子最内部的位置,在房子里看它就像是从外部看这个神秘的世界。而其不可进入的空间特性,正是艾森曼为其定义的外部空间的特征。

在一篇题为《内在性图解之武断》的文章里,艾森曼承认,他先前以"内在性图解"寻求建筑学科内部的自治性,本就包含有武断性的一面,继而为他开启武断性操作埋下伏笔:

> 这样,当图解从欧几里得几何转向拓扑几何,就会发现,这种用一种几何替换另一种几何只是置换了几何本身。这样就提出其他问题:为什么图解一定要从某些事先存在的几何演化而来?如果图解必须以这类价值的元为起点,不管是在建筑以内还是以外,它们总还是要有一个"先验"的具体化身——它们需是被驱动的图解。这样,来自建筑外部的、表面上随机又专断的文本被引入,试图克服无所不在的建筑具体化身或它的符号动机。
>
> 虽然没有"专断"这样的东西——总有某些偶然性,图解开始在专断中寻找偶然结构。③

---

① 约翰·海杜克(John Hejduk, 1929—2000),美国建筑教育家。
② 〔美〕彼得·艾森曼:《图解日志》,陈欣欣、何捷译,中国建筑工业出版社,2005年。
③ 同上。

十 生成与驱动

按照路易·康的理解,秩序虽能形成一切存在,但没有发动存在或表现存在的欲望,这正可以描述艾森曼早期理论的危机——假如自明性建筑既不关注社会,也不指涉现实环境,既不进入作为经验的历史,也不进入作为场所的具体空间,以此来担保建筑学不被外来意义入侵学科内部,那么,是什么发动了艾森曼早期住宅系列的几何体量旋转、切割这些被誉为解构主义的几何操作?

图10-14 俄亥俄视觉艺术中心

为此,艾森曼以"外在性:基地"的议题,为解构主义引入自涉性的解构操作,但它如何开始?他设计并建造的俄亥俄视觉艺术中心,借助从基地挖掘出的军械库遗址,才发动了设计中被剖切的红色陶砖的圆柱形体量,颇具几何视觉的白色网格(图10-14)则是剖开这些遗址体量的说辞,而剖切方向来源于艾森曼对城市历史街道痕迹的动力引入。

痕迹理论的建筑来源,指向中世纪制图所用的羊皮纸的绘图痕迹。从艾森曼的解构主义视角所见的不是因为昂贵而擦拭的图纸痕迹,他试图表明这些被一再擦拭的偶然性痕迹乃是最后显现图纸的先在性内涵,它们相互叠加,构成了建筑几何操作的最后路数——以皮拉内西[①]为罗马绘制的叠加了不同时代的建筑幻象为启发,历史地图里考据出的道路,在俄亥俄视觉艺术中心以白色网格叠加在校园现有的路径里,并成为实施建筑操作的动力。类似的操作还指引着艾森曼设计的柏林 IBA 公寓楼(图10-15)——公寓外立面上一条贯穿外墙与窗户的水平红线,标记着被拆除的柏林墙高度,而其户型内稍有倾斜的两套彩色网格的斜度,则来自对柏林不同历史时期同一街道错位的历史叠加。

---

① 乔凡尼·巴蒂斯塔·皮拉内西(Giovanni Battista Piranesi,1720—1778),意大利雕刻家和建筑师。

图 10-15　柏林 IBA
　　　　　　公寓楼

图 10-16　柏林犹太博物馆

叠加的概念,不但被丹尼尔·里伯斯金①引入柏林犹太博物馆里,成为布满墙体与屋顶的纵横交错的如刀疤般的痕迹,只有在空中鸟瞰,才能看出屋顶的切痕来自与远处某条道路的叠加(图 10-16);也为伯纳德·屈米②的拉维赖特公园里的红色疯狂物带来灵感——位于几何网格上被当作点的 10×

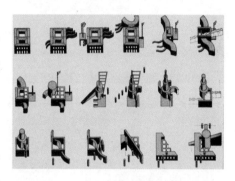

图 10-17　拉维赖特公园红色疯狂物

10×10 的红色立方体,其各自不同的形状,分别来源于周边环境里各种物件对它的辐射结果(图 10-17)。

最终,在艾森曼的《图解与符号》的"生成中之未被驱动"一节里,他为解构主义带来了武断、偶然甚至疯狂的多样性造型语汇。

十一　结构与解构

作为回顾,艾森曼在《卡片住宅》里对他早期的住宅系列进行总结:

想象你的手正握着一个玻璃瓶,瓶里是蓝色的烟雾,光滑的瓶壁让

---

① 丹尼尔·里伯斯金(Daniel Libeskind, 1946—　　),美国建筑师。

② 伯纳德·屈米(Bernard Tschumi, 1944—　　),法国、瑞士、美国三国籍建筑师。

你手指觉得有些凉,你将它倒放过来,看里面的蓝色烟雾慢慢地流动,折叠,自我缠绕,直到碰上瓶壁,瓶里充满了痕迹。你注意到瓶口的小塞子,拔起它,会有两件事发生:蓝色的烟雾逃逸,消散在空气中了;瓶子空了,透明得无法辨认。这个总要通过那个才能被看到,而每次都会看到不同的。①

图 10-18　斯塔腾岛艺术与科学研究所

图 10-19　Max Reinhardt 住宅

"这个总要通过那个才能被看到",否定了他早年对自明性建筑的自治性追求,并走向反面;"而每次都会看到不同的",则让他开始了向后现代追求的独特性妥协。

而在另一处,他承认这团蓝色烟雾形成的踪迹来自于无意识的动因,以此宣告了图解的武断天性。与牛顿追问第一推动力的结局一样,艾森曼也将发动几何操作的原动力归于类似于上帝的神秘。

由此,艾森曼从早期结构主义学科自治的类似理想,迈向解构主义自动生成的神秘。他假定有一种不依赖作者干涉的模型,通过时间介入,实施对"形式—材料"的突现或变形的自动生成。艾森曼借助电脑强大的计算功能,有时将地形条件,有时将心脏跳动的数据,分别输入以涌现出无法预设的空间变形,其纷繁复

---

① 〔美〕彼得·艾森曼:《图解日志》,陈欣欣、何捷译,中国建筑工业出版社,2005 年。

杂的多样性造型,这些年来被各种建筑师所借鉴。尽管我们很难区分艾森曼利用这些程序生成的柱阵,与里伯斯金的柏林犹太博物馆里的柱阵的先后关系,也很难诠释艾森曼那个利用电脑生成的建筑,为何与盖里特技般的钛金属流体建筑的形式如此近似(图 10-18),艾森曼不但创造了哈迪德①特殊眼睛才能看见的曲面建筑造型,也创造了与库哈斯后来为北京设计的CCTV 大厦异常酷似的独创性造型(图 10-19)。

十二 解构与反思

这场试图拯救建筑学的类结构主义运动,最终却以对建筑学的武断解构而收场。

就建筑的时代性而言,不同时代的建筑,都曾从时间的三种不同时态里,获得不同的力量来源:

过去时:文艺复兴与后现代建筑跨越自己的时代,从历史中攫取过去时的力量;

现在时:现代主义与六十年代先锋派建筑,从当时的机器时代焊接现在进行时的技术力量;

将来时:消费时代则指望着从还未发生的可能性中,借贷未经证实的独创性力量。

以此为参照,迪朗的抽象方向指向过去,而艾森曼的抽象方向则指向未来,前者即便在罗西的类型学抽象里也能担保建筑在城市发展中的史学文脉,后者即便在艾森曼后期对城市历史地图的叠加中,历史文脉也被彻底抽离为几何操作状态,不但剔除了不同身体对建筑的不同感知,也剔除了建筑最为核心的物质性。在这个过程中,"上帝建筑师"的复合身份剔除了建造者原本工匠的本分,建筑师被提纯为一位从事建筑的几何学家,它导致解构主义建筑的无物质性,以及随之而来的细部与节点的必然匮乏。为了寻找建筑学自治的一套几何、结构、空间语汇,建筑学却变成了一场无关个人的几何游戏;而在追问这场游戏的游戏规则时,艾森曼又走向了学科设立之初

---

① 扎哈·哈迪德(Zaha Hadid, 1950—),伊拉克建筑师。

的反面——其表面严谨的偶然性与武断性,为当代建筑追求奇观的建筑提供了消费阵地。

这场追逐"上帝建筑师"身份的运动,是一场从结构主义到解构主义的巨变——从追逐宏大叙事的集体语言开始,最后又开启了对个人言语的任意性表现的表演。一场由个人发动的建筑运动,在十年间的影响,为何能迅速扩展到世界范围?它或许满足了个人主义时代的狂妄念想——每个人都能宣称具备上帝般的独创性。这一狂想,能在罗兰·巴特的消费符号设想里得到满足。在《明室》里,罗兰·巴特试图为这类狂想找到学科依据,他问:

> 从某种意义上说,为什么就不能为每一种物体都建立一门新科学呢?建立一种适用于个体的,不适用于整体的学说呢?

这是个人假借民主意识的极端幻想,它退回到泛神论时期的极端——在那个古老的时代,每个人都可以选择自己的神祇进行膜拜。罗兰·巴特要建立"一种适用于个体的,不适用于整体的学说",亦即要放弃整体适用的共性巴别塔,而建立个人独享的巴别塔林,它匹配了"巴别"的最初含义——搅乱。这是罗兰·巴特以文字游戏相混淆,巴别(Babel)与"絮叨"(Babil)原本同源,于是:在戒律森严的神学时代,只有集体聆听,却没有任何个性可以表达;在个性独创的先锋时代,只有个人絮叨,却没有任何内容值得聆听。

第十一讲

当代建筑的奇观:消费时代的奇观倾向

《巴黎圣母院》描述过一幕发生在奇迹大院的场景,诗人格兰古瓦遭遇到资本的巴别塔奇观。面对瞎子与瘸子的乞讨纠缠,他声明他的贫困潦倒,背过身子继续赶路。可是,瞎子、瘸子甚至一个无腿人,竟与他同时迈步,赶上前来,对他唱歌,向他讨钱。

> "真是巴别塔呀!"①

他喊道。这些索要不一的乞讨言语,被瘸子唱出的讨钱语言所统一,并铸造出巴别塔的共性奇观。他拔腿狂奔,瞎子拔腿就追,瘸子也追,无腿人居然也能追。诗人吓破了胆,问道:

> "我这是在哪儿呀?"
> "在奇迹大院!"②

"凭我的灵魂发誓,"格兰古瓦说,"我眼见瞎子能看,瘸子能跑,可救世主又在哪里?"这是有关宗教神话的众多奇迹之一——在基督教遭遇迫害的年代,基督曾以让瞎子能看、让瘸子能跑来显示救世主的无边神迹。此刻,在这座索求金钱的巴别塔下,所有神迹都出现了,却单单不见救世主。宗教奇迹为当代建筑教主们提供了一种示范——就是建立建筑奇观,让瞎子能看、瘸子能跑,让麻风病人不治而愈,并且有证据显示——当代建筑不但能成就精神或肉体的医学奇迹,还特别能提供视觉奇观。

一　上帝建筑师的奇观

在波尔多住宅设计中,雷姆·库哈斯③显示出建筑师上帝的神迹能力。

---

① 〔法〕雨果:《巴黎圣母院》,施康强、张新木译,译林出版社,2000 年。
② 同上。
③ 雷姆·库哈斯(Rem Koolhaas, 1944—　),荷兰建筑师。

委托人因车祸而残疾,希望有什么能让他忘记残疾,他没将这个愿望向上帝祈祷,而是寄托于建筑师,希望能在新建筑里,像正常人一样便利地生活。

机器不是在柯布西耶的机器美学里,而是在库哈斯为该住宅定制的电梯里,实现了对凡人的拯救。在这座三层高的住宅里,处于核心的电梯空间,是该设计的核心道具,它被当作一个工作空间使用,能在住宅核心处垂直滑动(图11-1)。借助它的移动,在轮椅上的主人不但能便利地滑动到各层空间,电梯厢背墙的一壁巨大书架还使得这个电梯间成为一间书房,业主甚至能比正常人更便利地取到各个高度的书籍。

为了给这座奇迹住宅匹配一个外部奇观,库哈斯构思出特殊的结构体系(图11-2)。为了使住宅以超大出挑显示它克服重力的漂浮感,他放弃用柱子支撑的简单结构,而选择了自上而下的悬挂结构,以助力房子大出挑所需要的力学平衡。提供这一悬挂平衡力的,是钢梁另一段埋地的钢索。库哈斯以这类建筑与结构奇想,为这幢住宅与他本人赢得了世界性的声誉。

图11-1　波尔多住宅　　　　图11-2　波尔多住宅外观

业主的女儿为这幢建筑拍摄的纪录片,记录了常常与奇迹相联的奇观般的缺陷:电梯工作室对残疾者提供的拯救,对身体健全的家人而言却构成威胁——电梯的移动,常常为住宅核心处留下一个不定的恐怖深洞;电梯书房固然能方便主人取书,但也常常被某本书卡住而发出骇人声响;如奇迹般悬挑的结构造型,常常会压碎下部象征虚空的大玻璃;接近地面的大玻璃将住宅内部的私密生活暴露在外,而在可以鸟瞰城市的顶层,却因为要表现玻璃承担巨大重量的奇观,而被设计为厚重封闭的盒子模样,仅开启了几个聊胜于无的圆形孔洞;因为库哈斯对建筑质量的一贯漠视,墙面的开关不但常常剥落,隐藏在墙内的排水管道有时还会从电视机背后汹涌出水……传统建筑学的坚固、实用与美观,都让位于视觉奇观的建立。它印证了库哈斯通过城市研究而得出的消费时代的建筑要义——奇迹乃是消费之必需,在经济、实用都被满足之后,就只能以奇观来刺激消费者麻木的残疾视觉。

二 建筑理论的超级杂交

库哈斯头顶光环,俨然取代了柯布西耶的现代建筑宗主地位而成为消费时代的建筑"准上帝"。仿照霍莱茵为库哈斯绘制的一张集仿主义的人体解剖图,华南理工的朱亦民也绘制了库哈斯的集仿解剖图(图11-3):1.头:安德烈·布朗奇;2.眼:阿曼多;3.耳:文丘里;4.颈:列奥尼多夫[1];5.心脏:达利[2];6.胸:蒙特里安;7.胃:安迪·沃霍尔[3];8.屁股:密斯;9.睾丸:柯布西耶;10.右手:康斯坦特;11.左手:阿基格拉姆;12.右腿:昂格尔斯;13.左腿:纳塔里尼/超级工作室。有关这些图解里的部分人物与库哈斯

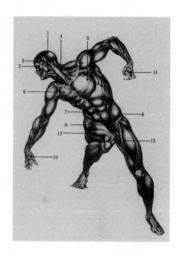

图11-3 库哈斯集仿造像

作品遗传血统的分析,可以参看朱亦民撰写的文章:《六十与七十年代的库哈斯》。我相中的却是朱文的注释里有关布朗奇的城市论断,在"平衡的诗学"里,布朗齐将现代城市分为四种类型:

1. 机械的大都市(Mechanical Metropolis):1920到1940年现代主义先锋派和工业上升时期的城市;

---

①　伊万·列奥尼多夫(Ivan Leonidov, 1902—1959),苏联建筑师。

②　萨尔瓦多·达利(Salvador Domingo Felipe Jacinto Dali, 1904—1989),西班牙画家。

③　安迪·沃霍尔(Andy Warhol,1928—1987),美国艺术家。

2. 均质的大都市(Homogeneous Metropolis):1940 到 1960 年代从现代主义理性规划原则的普及到危机出现;

3. 混杂的大都市(Hybrid Metropolis):1960 年代到 1989 年,从现代主义的危机到柏林墙倒塌;

4. 通俗的大都市(Generic Metropolis):1989 年以来以电子传媒和信息技术的发展、劳动力全球流动为特征的当代城市。

布朗奇的这四类城市划分,或许能对应库哈斯的四本著作:1978 年的《癫狂的纽约》(*Delirious New York*)、1985 年的《大》、1990 年的《小、中、大、超大》、1994 年的《通俗城市》。而朱亦民还向我们揭示,让库哈斯蜚声建坛的《小、中、大、超大》一书的题目,原本就出自布朗奇早年一篇演讲的题目"小、中、大"。

三　混杂都市里的建筑奇观

库哈斯有关城市的建筑立场,正如朱亦民的图解,得自柯布西耶的遗传。柯布当年在纽约发表的演讲,正是针对曼哈顿的摩天楼,这也是《癫狂的纽约》所要针对的对象,柯布讥讽曼哈顿的摩天楼尺度太小而难以建立有效的城市密度,也是被库哈斯以"拥挤的文化"为题所摘抄而来的两项指标。

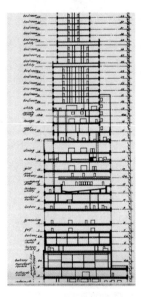

沿着柯布对纽约摩天楼提出的太小且密度不够的批评,库哈斯顺势提出了超大摩天楼。尺度的超级大,带来的将是功能的超级复杂。功能超级混杂的超大摩天楼,应该具备怎样的新外观呢?

库哈斯从纽约第一代摩天楼里找到一个例证——"下城体育俱乐部",以此对沙利文为摩天楼制定的"形式追随功能"提出反证。这幢疑似芝加哥学派模样的"下城体育俱乐部"(图11-4),每层却有着完全迥异的功能,人们或许才在下层享受到宁静而古典的音乐会,上去一层很可

图11-4　纽约下城体育俱乐部

能就会目睹一场喧嚣而血腥的拳击运动,其荒诞的场景拼贴,被库哈斯《癫狂的纽约》里的超级图片超现实地图解。

按"形式追随功能"的说法,这类摩天楼将呈现出极端杂合的形式外观。库哈斯对此类超大建筑的外观问题,提出了两种近乎相反的图解:1.将剖面转变为立面的方式,呈现出内部的混杂特征。这类作品以他建成的乌特勒支大学教育馆为例子(图11-5)。2.将超大建筑内部不同的体量,以人体内脏的模样,进行空间内部的混杂表现,而建筑的外部却以一种均匀的表皮覆盖,单纯的表皮不再反映内部的复杂。这类作品以其建成的西雅图中央图书馆为代表(图11-6、11-7)。

图11-5　乌特勒支大学教育馆

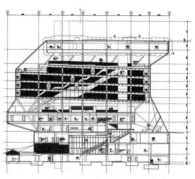

图11-6　西雅图中央图书馆剖面

图11-7　西雅图中央图书馆表皮

图11-8　哈佛卡朋特视觉艺术中心

在库哈斯的第一个例子里,剖立面呈现出的剧场坡度,或许得自柯布要表现"连续而倾斜地面"的概念遗传;而第二个例子,则更像是柯布在库哈斯母校建成的一件建筑作品——哈佛卡朋特视觉艺术中心的简化版(图11-8)。

在那件作品里,柯布就曾将不同的功能空间——报告厅、电梯井、楼梯间、卫生间、吧台都独立表现为不同的建筑物体,并以匀质但具备功能的遮阳表皮包裹体量,并且用一条连续而倾斜的坡道将它们连接起来。

四 机器时代的机器表皮

柯布西耶的《走向新建筑》充满了对机器文化的崇拜,它的中文版封面就是机器时代最伟大的三项发明——轮船、飞机、汽车。轮船的意象(图11-9),类比于柯布建筑的底层架空;汽车的意象,坚定了柯布对标准化以及机器美学的认同;飞机的悬挑意向虽也曾刺激过柯布,但柯布从没有用他的建筑模仿任何机器。

这一机器美学却在上世纪60年代的先锋运动里,焕发出机器形象的回光返照。与安德烈·布朗奇一样,阿基格拉姆小组也将机器技术看作解决消费时代建筑问题的指望。他们反传统、反专制,并以技术乐观主义的态度,追求形式自由,最终的形式结果却是,建筑本身被机器设备的意向所取代,并走向非建筑。他们绘制的一系列类科幻的机器建筑场面(图11-10),也许直接影响到蓬皮杜艺术中心的设计。

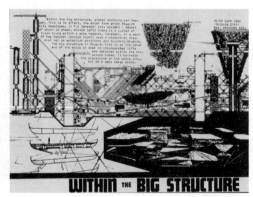

图 11-9 《走向新建筑》
　　　　中文版封面

图 11-10 阿基格拉姆小组设计的巨构城市

在罗杰斯①与伦佐·皮阿诺②合作设计的巴黎蓬皮杜艺术中心里,为应对消费时代建筑形式的易变性,他们提出了与密斯类似的宣言:它是一个设备齐全但灵活可变的动态容器。他们拒绝博物馆专家对固定展示墙和天花板的功能要求,坚持设计一种可上下滑动的楼板,以满足未来展览空间高度的可变性要求。尽管这一昂贵的可变性从未使用,这一楼板滑动的要求却为建筑内部清理出无所阻挡的空旷空间。这一密斯式的空旷空间,却有着与密斯建筑优雅气质格格不入的外观气象:与密斯谨慎地将机械设施隐匿起来相反,蓬皮杜艺术中心将各种管道与设备以夸张的尺度与色彩外挂在主要立面上。按建筑师的诠释,这一设备立面,正是对建筑作为容器的功能图解,它把原本属于内脏的机械设备放在外面,让人们能看清楚这座建筑的运行状况。与此类似,将观众装入外挂的透明扶梯里,也能看清人们在管道空间内的各种活动(图 11-11)。

图 11-11　蓬皮杜艺术中心

---

① 理查德·罗杰斯(Richard Rogers, 1933—　),英国建筑师。
② 伦佐·皮阿诺(Renzo Piano,1937—　),意大利建筑师。

无论当地居民当时如何难以理解,它惊世骇俗的外观却应和了麦当娜内衣外穿的后现代方式,吸引了来自世界各地的观光者。它不但成为上个世纪70年代最引人注目的建筑奇观,也成为巴黎继埃菲尔铁塔之后成功地利用反对声闻名于世的建筑,开启了消费时代建筑走向视觉奇观的新途径。

五 消费时代的表皮奇观

来自甲壳动物的结构提供了一类结构表现的可能——表皮与结构在外观上合一,譬如螃蟹与龙虾。较远的建筑证据来自富勒的网架穹窿;将其外观的球形网架结构压扁成方,则是密斯未曾实现的芝加哥会堂的宏伟结构;受伍重的悉尼歌剧院的启示,小沙利宁以混凝土壳体结构设计的一系列建筑,为现代建筑增加了动物般的空间结构语汇,它们是哈迪德建筑并不严格的远亲,蓬皮杜艺术中心则以外挂结构的方式,为当代建筑提供了螃蟹般张扬的结构表现力。

赫佐格[①]与德默隆[②]为东京设计的普拉达青山店(图11-12),因为外部使用了菱形网格结构,以及多种规格多种折射率的昂贵玻璃,使得这个外围结构呈现出宝石般的光泽。而为了匹配这种菱形网格的外部骨架,入口被设计成菱形截面,试衣间也被设计成菱形空间,或许开启了涌现理论要让人体验或服从结构提供的特殊空间的先例。他们这类结构设计的最著名作品则是中国奥运会主场馆鸟巢。

以类似的外置结构体系,伊东[③]在海德公园设计的茶亭表现出日本人的独特诗意(图11-13):以一种复杂的结构方式,四壁与屋顶呈现出离散而自由的缝隙,这些缝隙由大小角度不一的三角形与梯形构成,它们与实体结构的类似形状交替虚实,因此光线从六面体的五面斑驳地落下,并交织成落叶缤纷的森林意象。依据类似的实验成果,伊东很快就在TOD'S表参道大楼项目里(图11-14),尝试将植物的剪影意象带入这层结构表皮,并随后开

---

① 雅克·赫佐格(Jacques Herzog, 1950—),瑞士建筑师。

② 皮埃尔·德默隆(Pierre de Meuron, 1950—),瑞士建筑师。

③ 伊东丰雄(Toyo Ito, 1941—),日本建筑师。

启了表皮几乎无穷的自由表现。伊东新近为巴塞罗那一家豪华公寓设计的斑马纹表皮(图11-15),则滑向广告性质的表皮,公寓表皮与其背后支撑龙骨之间的结构方式,与文丘里在拉斯维加斯发现的霓虹灯支架方式完全一致。

图 11-12　日本东京
普拉达青山店

图 11-13　海德公园茶庭 2002

图 11-14　TOD'S 表参道大楼

图 11-15　豪华公寓门脸设计

　　从结构与表皮合一的建筑潜力,滑向广告般的奇观表皮,就伊东本人的经历而言,前后不过数年,藤森照信虽是讥讽伊东选手折返跑的速度,但它确实验证了文丘里在赌城里预言过的建筑符号消费的快速周期。

六　消费时代的结构奇观

赖特设计的约翰逊制蜡公司塔楼,曾被誉为那个时代杰出的城市纪念碑,其结构意象来源于日本的五重塔,结构原型则可类比于脊椎动物——结构居间支撑着动物外部的肉体。它曾在现代建筑的框架结构体系里得到长足发展,并在约翰逊制蜡公司裙楼的蘑菇柱中得到最接近脊椎结构的表现。得自脊椎动物的这一结构智慧,在迪拜名为"达·芬奇塔"的塔楼构想里得到无以复加的炫耀——所有房间都悬挂于中间交通筒体上(图11-16)。作为奇观的证据之一就是,每层悬挂的空间都能以核心

图11-16　迪拜"达·芬奇旋转塔"

筒为轴旋转,因此,由结构提供的造型变化的无穷可能性,其力量确实强过单纯建筑表皮的力度,并抵达了当代建筑学所追求的形式多样性极端。

现代建筑的主要结构意象虽由框架体系提供,但其表现潜力则被认为来自围护的表皮。在柯布的多米诺体系中,柱的退出立面一方面给了立面以自由表皮的表现潜力,同时也提供了结构外挑体量的潜力。受赖特的罗比住宅的影响,密斯曾在巴塞罗那德国馆里克制地表现了可以媲美罗比住宅的坡顶大出挑(图11-17)。为了解决出挑跨度的结构问题,密斯利用罗比

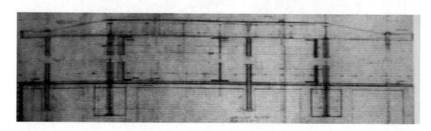

图11-17　巴塞罗那德国馆出挑剖面

住宅同样的智慧——利用坡顶提供的斜拉结构助力檐口的大出挑。不同的是，密斯在德国馆屋顶的起坡小而隐蔽，以表现底部楼板出挑的水平意象——平屋顶的意象具备现代建筑的正统性。

如果将密斯这座建筑的剖面放大十倍左右，或许就是法国建筑师让·努维尔①设计的卢塞恩文化会

图 11-18　卢塞恩文化会议中心外观

议中心的核心意象（图 11-18）。它一面借鉴了结构与斜坡的结合，一面将德国馆底部水平板也微微向上倾斜，并饰以镜面材料，将远处的湖光山色镜像到这个硕大无朋的出挑屋檐下。在这个惊人的超级尺度下，它成就了努维尔孜孜以求的极端性与独特性，已演变为出挑结构的视觉奇观。

七　消费时代的独特性追求

> 何谓独特物件？

努维尔自问自答道：

> 它是一种无法替代的奇特事物、一颗陨石，或曰集聚于一点上的绝对。②

这是努维尔对其系列设计的诠释——将核心聚焦于造型、技术、工艺、视觉任何一点，并将其推向独特性的绝对。

在卡地亚基金会的设计中（图 11-19），努维尔将现代建筑迷恋过的玻璃建筑推向独特性的极端：他说服甲方放弃建造一个纪念碑的意图，因为它的体量难以支撑纪念物的尺度；他建议甲方用建造纪念物的巨额投资建造一个前所未有的全玻璃大楼，一幢连结构都是玻璃的全新建筑，一幢在城市里可以消失的大楼。用玻璃作结构，来源于特拉尼设计但丁纪念堂的构想，

---

① 让·努维尔（Jean Nouvel，1945—　），法国建筑师。
② 引自冯果川未刊译稿。

或许这一技术至今还过于先锋，或许这项预算过于庞大，最终，努维尔放弃了玻璃梁柱的想法，利用独立的玻璃墙体的掩护，基本实现了建筑接近消失的视觉奇观。在阿拉伯艺术中心里（图11-20），努维尔意欲将建筑推向技术独特性的极端——借助甲方富可敌国的充裕，他利用照相机自动调焦的镜头原理，为建筑覆盖了一层高技术表皮，成千上万个昂贵的镜头模拟着伊斯兰传统建筑的光影图案，它们在阳光下自动调焦的能力，使得室内光线始终处于微妙的光学氛围之中。虽然它们因为过于灵敏，很快就失去了感应能力，但仍不失为高技派建筑工艺的超级奇观。对建筑独特性的极端追求，最终将他带入文丘里鼓吹的大广告小招牌里：在 Brembo 技术中心里，朝向高速公路一端，他铺设了1公里长的红色墙面与地面布景，以这种视觉奇观来捕获汽车高速运动中的危险眼球。它与文丘里在拉斯维加斯里发现的超级尺度的美女广告异曲同工。

图11-19　卡地亚基金会　　　　图11-20　阿拉伯艺术中心

　　如果不用极端的独特性线索串联，就很难相信设计了这一红色布景的建筑师会设计出另一件有着典型极少主义特征的建筑：在昂克斯文化中心里，努维尔设计了一座超级简洁的立方体，它被描述为"一块不透明的巨石漂浮着并沉入湖底"，却是对超级工作室的超级物体的超级模仿（图11-21）。被朱亦民绘制为库哈斯左腿的"超级工作室"，在上世纪60年代，他们曾构想过消费时代的超级建筑，在题为"圣诞的十二个寓言"的插图中，他们所绘制的一幅关于城市纪念物的图像（图11-22），就近似于伊斯兰圣地的黑色立方体圣石，它悲剧性地矗立在一片泥泞间卓然存在，这种孤立超然的独石般建筑，因为容易从消费时代追求的多样性背景里凸显，因此也

图 11-21　2002 年瑞士博览会独石建筑　　图 11-22　"圣诞的十二个寓言"之一

被当代建筑当作新的视觉奇观进行消费。

　　努维尔那件源于对独创性追求的作品,却因此有着两个摹本,这真是对独特性追求的讽刺。

八　独特物体的独特质疑

　　　　然而,在把独特性推到极端的原子论哲学体系中,正如我已经说过的,甚至到了既要消除共同性,也要消除天地万物的地步,个体再不能依靠任何超验的现实,只能成为典型的个体,并在由此失去一切特点的范围内才能说明自己的合理。[①]

这是戈德曼[②]在《隐匿的上帝》一书里所做的绝望预言。戈德曼从帕斯卡尔及拉辛的著作里发现了现代艺术悲剧性的精神根源——上帝隐匿着,不再直接向人讲话,不再介入人的思想和行动。因此,唯一有价值的存在,就是孤立并自明的独特存在。这是真正的矛盾,这是隐匿在库哈斯一系列不同身份与不同著作里的矛盾。在《通俗城市》里,似乎认可了它失去一切特点的通俗范围,但通俗的过程,正要借助能消灭万事万物的独特性才能抵达。然后,在被通俗化的城市里,必须以建筑的奇观方式,来电击消费者已然被

---

　　① 〔法〕戈德曼:《隐匿的上帝》,蔡鸿滨译,百花文艺出版社,1998 年。
　　② 吕西安·戈德曼(Lucien Goldmann, 1913—1970),法国哲学家。

刺激得麻木了的视觉。

而来自意大利的理性主义建筑师 G. 穆奇奥，则认为极端主义的倾向，在排除所有与过去的关联之后，未来的大门只能向色情与各种怪癖敞开。它预告了努维尔的另两件作品：在一幢旅馆改造设计里，为了吸引外面人的视线，他将旅馆走廊的天花顶用色情海报铺满，夜晚的灯将提示内部的某种包含色情的功能。相比之下，另一件无止境大厦（图11-23），则直接以一具阳性崇拜物的模样，宣告了这个时代的返祖现象。

穆奇奥的这一预言，还为库哈斯的 CCTV 作出了提前的预告。借助库哈斯的著作 *CONTENT*，人们后知后觉地发现了这幢大楼的含义（图11-24、图11-25）。这类以阴阳器具来模仿创造力的象征，既不独特也不新鲜，在承认上帝创造万物之前，人们早就发现人类自身的创造力就是繁殖，因此在世界各个民族的愚智阶段都曾有过生殖器物的崇拜，埃及方尖碑就是这一建筑最高老的证据之一。

图11-23　巴塞罗那　　　图11-24　*CONTENT*　　　图11-25　CCTV 主配楼
　　无止境大厦　　　　　　　插页　　　　　　　　造型关系

九　超级市场的超级创造

超级建筑是关于超级产品、超级消费、超级消费诱惑、超级市场、超人、超级标号汽油的建筑。超级建筑接受生产和消费的逻辑并且试图去除它的神秘色彩。①

---

① 《超级工作室》，黄燚提供未刊译稿。

这是超级工作室的超级建筑宣言。将当代的超级与超越置于生产与消费的台面上,上帝建筑师独特的创造力就将被去魅。布朗奇则在《平衡的诗学》里,提供了有别于上帝建筑师创造力能源的新阵地:

> 用无终止城市方案,我们证明了今天的城市淘汰了建筑学中的象征性的语言结构,因为今天的城市是完全无法表达的,紧张性官能症的,并且唯一的创造性的系统来自于市场的产物。①

沿着布朗奇为创造性系统提示的市场新动力,库哈斯撰写了《小、中、大、超大》。在这本以超市服装上习惯标示的《S, M, L, XL》为名的书里,作者以六磅的书籍重量来阐述消费时代里建筑的轻佻秘密(图 11-26):

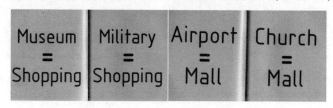

图 11-26 《小、中、大、超大》著作插页

博物馆 = 超级市场! 机场 = 超级市场! 军队 = 超级市场! 教堂 = 超级市场!

雨果预言商业将取代宗教,在这些等式里得到赤裸裸的见证。关于这个消费市场里的建筑创造力,库哈斯发现,建筑师表面上是在创造这个世界,实际上,为了将其构想付诸实现,建筑师的全部心思不是设计一幢传统意义的建筑,而是如同超市里的商品一样,殚精竭虑地用尽手段吸引业主的注目。

文丘里以一张停满汽车的超级市场开始了《向拉斯维加斯学习》的写作,并试图从这个超级市场里得到建筑造型如何能引人注目的启示。他发现,能吸引驾驶汽车的消费者眼睛的造型物,不是停车场背后退隐的建筑,而是横亘在马路边上的巨大广告牌。他虽然建议以庇护物 + 招牌的建筑造型来回应这个消费时代的视觉需求,但试图以历史符号来维持建筑与城市的文脉关系。也是从一张超市建筑周围的环形汽车阵列的照片开

---

① 引自朱亦民博客文章:《六十与七十年代的库哈斯》。

始(图11-27),库哈斯发现的是另一种非视觉的市场力量:超市巨大的矩形体量,虽然失去比例且几乎没有开口,虽然匍匐在地面上,但它作为无数商品的巨大容器物,足以吸引无边无际的汽车前来环绕,其壮观场景,只有伊斯兰圣物黑色立方体接受密集人群朝拜的场景(图11-28)才可以与之媲美——当代的消费狂潮已然取代了宗教狂热。

图 11-27 《小、中、大、超大》著作插页   **图 11-28** 伊斯兰克尔白 黑色立方体圣石

不妨将库哈斯这类著作看作向文丘里的致敬,可是,对城市文脉说"去他妈的文脉"的库哈斯、将建筑可识别性视为老鼠夹的库哈斯、将21世纪特征预言为传播的库哈斯,又如何能在一个"通俗城市"的普遍特征中,凸显其超级建筑的奇观而非淹没在普遍性当中?又如何能在去文脉去可识别性之后,还能创造出无关象征性又能吸引消费视觉的建筑奇观?

十 历史城市的建筑奇观

中国北京,一座历史悠久的古老城市,在2007年上半年左右,居住在东三环的居民,发现附近有两幢拔地而起的大楼,刚出地面不久,就倾斜得有些可怕(图11-29),可敬的居民赶忙电话报警,报告这两幢新建楼房的危楼状况。自然,这是库哈斯针对CCTV大楼刻意追求的倾斜。但为什么要倾斜得如此危言耸听呢?原因既无法从库哈斯放弃掉的坚固、实用、美观里获得诠释,也无法以城市文脉来一厢情愿地对其进行辩护。

来自专业人士的一种传言是,库哈斯猜透了中国甲方需要一个前所未有的标志物。当世界各地的优秀建筑师都在忙于从各类城市纪念物图库中搜求历史灵感时,库哈斯的 OMA 也收集到世界著名大都会的各种著名城市标志物,但并非要从中获得启发,恰恰相反,这些证据只为比照由 OMA 设计的 CCTV 标志物的前所未有。它既无历史象征,也无专业诉求,赤裸裸地宣称了赖特当年对欧美建筑的批判——因为无力识别美的独特性,因而看中了古怪与独特的相似性。

图 11-29　CCTV 大楼施工过程照片

其灵感得自曼哈顿,用库哈斯本人的阐述:在那座无历史的新兴资本主义城市里,确有大量傲慢而不知廉耻的突兀建筑物,即便如此,它们最终还是能被同样无知的大众所热爱。因为,让人嫌恶,也是消费广告著名的关注术。就此,库哈斯为超级市场里的当代建筑,补充了一条新发现:

> 城市纪念物 = 超级市场的广告物。

CCTV 大楼虽然应验了库哈斯"去他妈的文脉"这条宣言,却难以体现库哈斯反对可识别性的态度,它为北京造成了显而易见的可识别性标本。原本,库哈斯所反对的可识别性,就是批判那些试图从历史文脉中寻求的识别性,他的方式与此相反——其识别性正来自于与历史文脉断裂的突兀感。得自通俗城市的建筑奇观,只有矗立在历史名城里才格外有效——将蓬皮杜艺术中心或 CCTV 大楼置于东莞这类新兴普通城市里至多会引起不解,而不会引起争议与瞩目,只有借助巴黎与北京这类城市积淀的历史,才能凸显建筑与历史间断裂缝隙之巨大,才会格外刺目。

十一　当代建筑的迪斯尼奇观

就建筑的拯救而言,弗兰克·盖里比库哈斯更为杰出,他曾以一座建筑拯救了一座城市。西班牙的毕尔巴鄂城,类似于我国的鄂尔多斯,因为工业转型危机而濒临破产。市政府决定拯救这座城市,它们将艰难集资来的巨额经费赌注般押到盖里身上:既然盖里曾以航空材料钛金属设计过迪斯尼的建筑奇观,业主就寄希望盖里的再显身手能为毕尔巴鄂城设计一座奇观建筑,将这座失去活力的工业城市变成以该建筑为旅游资源的消费城市。

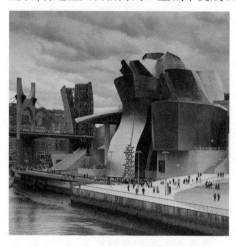

图11-30 毕尔巴鄂古根海姆美术馆

由盖里设计并建成的毕尔巴鄂城的古根海姆美术馆(图11-30),确实拯救了这座城市。成千上万的游客前来参观这座奇特的建筑,这座建筑的视觉奇观为整座城市带来就业的生机与狂欢的消费活力,这是建筑师能媲美上帝的又一次更加显赫的见证。

按张永和教授的说法,弗兰克·赖特与另一位名为弗兰克的赖特,是美国普通市民最熟知的两位美国建筑师。然而,张永和对盖里的这类建筑也保持了警惕。他认为,一座城市有这么一座建筑,还能引起人们的惊讶与关注,如果满大街都是这类建筑,那将是城市的灾难。

在这类供人们狂欢的消费都市里,盖里的建筑如同雨果在《巴黎圣母院》里描述的选丑大赛,人们确实能一时沉迷于古怪的视觉狂欢之中;它也验证了格兰古瓦的预言——闹剧将杀死文学。而不无讽刺的是,即便盖里本人随后试图转变其鲜明的个人风格,但前来邀请的甲方通常难以接受,他们相中的就是他这类定型化了的怪诞风格,一如麦当劳、苹果手机、迪斯尼乐园一样,如果它们骤然变成人们并不熟悉的创新模样,也将丧失其消费市场。

据说,北京计划在奥林匹克公园修建的国家美术馆,将邀请世界名师来竞标。据说,中方的业主最希望中标的大师就是盖里与努维尔中的一个,以填补这两位奇观大师尚没在中国留下超级纪念物的遗憾。

十二 城市纪念物

关于城市纪念物,那位缔造了钢筋混凝土建筑的大师、曾影响过柯布西耶的佩雷,在1933年建筑和艺术学会的一次演讲中曾经这样说道:

纪念性建筑能够显示一个国家的悠久历史,而大自然则永远年青。

在不违反功能要求和现代材料性能的基础上,现代建筑师的作品完全不需要貌似惊人,与历史上已有的建筑形成巨大的反差。这样的建筑也许平庸,却能够经久不衰。惊奇与刺激可以带来震撼,却不能持久,只能说是心血来潮而已。艺术的真正目标是在辩证的过程中将我们不断引向满足,超越新奇,达到纯粹形式的愉悦。①

路易·康在《纪念性》里的那段文字也值得一再复述:

> 具有纪念性特征的建筑并不一定要使用最好的材料和最先进的技术,就如同 1215 年制定的英国大宪章不一定要使用最好的笔墨一样。

康的这段简明宣言,宣扬了真正的纪念性建筑有着对技术、资本或时代种种决定论的抵抗力。因为有这类认识,佩雷与康对这个时尚的时代的批判,就异常接近雨果当年对文艺复兴以来的建筑风格的深刻批判:

> 在我看来,文艺复兴是一个倒退的运动;它不是古典的"再生"而是古典的堕落。人们或许会说,即使在中世纪结束以后,还是有一些天才人物创造了伟大的纪念性建筑,比如巴黎恩典古医院、巴黎荣军医院以及凡尔赛宫等,但是在我看来,这些建筑只不过是巨大的舞台布景。……凡尔赛宫建造品质低劣,随着时间的推移,历史留给我们的不是一座废墟,而是一堆无法辨认的瓦砾。瓦砾不是建筑;但建筑可以成为美丽的废墟。②

按照"瓦砾与废墟"的区别,我们可以对那些处于北京、因为蜚声世界而让我们自豪的大建筑——CCTV 大楼、鸟巢、国家大剧院保持非视觉也非技术的警惕。

---

① 引自〔美〕肯尼思·弗兰姆普敦:《建构文化研究》,王骏阳译,中国建筑工业出版社,2007 年。

② 同上。

第十二讲

当代建筑的实验：非主流建筑师的独立研究

杰出的瑞士建筑师卒姆托①在年轻时，曾一度认为设计就是发明，他后来意识到，只有很少的建筑问题还没找到有效的解决方法。卒姆托认为，当代将设计视为奇观创造的潮流，导致将历史与未来割裂，结果就是，当代建筑师要么热衷发明已被发明之物，要么妄图发明那些无法发明的东西。被誉为唯一活着的大师的西扎②则一针见血地指出，根本没有什么创新，建筑师只是改变了现实而已。

需要警醒的是，建筑师的改变现实，既可能使现实变得更好，也可能相反。幸运的是，当代还存在这类保持着反思的建筑师，他们远离当代建筑的时髦话题，要么自觉地将现代主义当作可被延续的历史进行深化，要么将建筑直接置入非风格化的身体感知追问，共同之处在于都对建筑展开了独立而漫长的研究与实验。因为这种独立与自觉的态度，他们的建筑作品之间并不存在一致的研究方向，却真正拓宽了当代建筑的广度与深度，他们的实践是当代建筑丰富性的真正保证与有益补充。

一　造型与雕塑

以阿道夫·路斯与阿尔瓦·阿尔托的建筑为起点，西扎发展出一套具备个人风格的空间句法。从路斯处，西扎不但获得看似呆板的几何立面，也学到路斯将白墙与其他石材或瓷砖拼接的技巧；借助路斯以空间为核心的体量规划，以及阿尔托为建筑塑造的流动造型，西扎学习如何将建筑的体量

---

① 彼得·卒姆托(Peter Zumthor, 1943—　)，瑞士建筑师。
② 阿尔瓦罗·西扎(Alvaro Siza, 1933—　)，葡萄牙建筑师。

塑造为具备雕塑感的空间句法。西扎本人早期的建筑,常常具备两种分裂的特性:立面有着古典建筑近乎呆板的严谨,空间却有着巴洛克般的流动多变。

以路斯的斯坦纳住宅严谨的立面为起点(图 12-1),西扎以其曾有过的雕刻训练的敏感,将前者雕琢为自己的新作——圣玛利亚教堂(图 12-2)。他首先取消外立面上对称的窗洞,以使其构造出雕塑般的体量感。雕塑体量对窗的敌意以及建筑必需的采光这对建筑与雕塑间的矛盾,为西扎的这

图 12-1　斯坦纳住宅

座建筑带来了反常而华丽的采光设计。该教堂的主立面几乎就是斯坦纳住宅的放大,与阿尔托设计的教堂的流动空间比较,其差异一样来自西扎对教堂空间的雕塑化处理(图 12-3),他不是将教堂空间的波浪形在平面上展开,而是在垂直方向展开,它们向上的隆起在顶部放大到一个房间的深度,教堂的采光就位于接近天花板的这个深洞里,其深度致使在正常视角下难以察觉外侧高侧光的光源,它们扫过白色天花板的光线,很像是西扎回忆当年绘制石膏素描时用橡皮擦拭出的高光痕迹。

图 12-2　圣玛利亚教堂外观

图 12-3　圣玛利亚教堂内部

与阿尔托将直角体量微微扭转以适应不同的地形稍有不同,西扎设计的建筑体量更为复杂。地形的等高线、基地的走向、一旁临近建筑的格局、远处城市道路的方向甚至某种来自现场的直觉意向,都会影响到西扎的建筑体量的扰动,最终呈现的复杂性,可以类比于艾森曼后期图表演示出的偶然性与复杂性。与艾森曼的图表抽象不同,西扎雕塑家的训练让他能将一般建筑师深感棘手的体量交织处理为体量雕塑的空间节点。

二 空间与轮廓

按弗兰普顿的观察,西扎设计的加里西亚现代艺术中心复杂的体量来自面对三种不同地形的应变结果——东北部从山上抬起的修道院花园、西南部城市的居住单元以及从另一方向延伸而来的女修道院的巨型体块。为了应对这三种不同的基地情况,西扎将这幢建筑分割为三个不同方位的体量,最终,在三个体量之间交合出一个三角形中庭(图12-4)。这个通高的三角形中庭在临街一侧,不但以办公楼底部架空的低矮与中庭的高耸形成空间对比,其架空层低矮的天花板还能将外部明亮的街景框入高耸的三角形中庭。在中庭另一侧,是被中庭隔墙与展厅展墙夹住的楼梯,朝向中庭部分的隔墙顶部开设了一个长方洞口,在这个洞口内部又褶皱出楼梯空

图12-4 加里西亚现代艺术中心三角中庭　图12-5 加里西亚现代中庭转角轮廓

间与背后展厅空间的复杂关系。其背后墙体倾斜的天窗,照亮三个功能完全不同的空间,让它们在顶部光线中保持空间暧昧的连续性。最为奇特的体量雕琢得自天窗与侧墙洞口的轮廓处置结果:天窗倾斜的凹凸体量,与楼梯外侧墙体垂直方向的凹凸体量,相交为一段楔形轮廓(图 12-5),两个不同纬度的空间在这个完整的连续轮廓里得到奇特的媾和。

图 12-6　基耶蒂学生宿舍方案

图 12-7　塞图巴尔教师培训学院内庭

以 G. 格拉西[①] 1972 年设计的基耶蒂学生宿舍方案为蓝本(图 12-6),西扎设计的塞图巴尔教师培训学院保持着他对表达空间轮廓的一贯敏感,他继承了前者以走廊的两种尺度嵌套来应对学校的两种属性——学校要求精神向上的纪念性以及现代生活对学习氛围要求的日常性,却对格拉西所出示的过于严肃的原型进行轮廓修正,将其柱廊檐口的不变轮廓进行了局部调整。依据功能的差异,西扎在两个庭院的连接部分以及端头交通部分的檐口都做了轮廓下降的檐口处理。为了确保檐口轮廓在下沉部分的连续性,西扎发展了早期只用于门厅与窗上沿设置水平

图 12-8　塞拉维斯博物馆
　　　　　入口门廊轮廓

板的轮廓方式,通过天花板轮廓与等厚的垂直墙体的转向连接,成功地将水平屋面板与垂直墙体缔结为错落而连续的檐口(图 12-7)。

在西扎 1999 年建成的塞拉维斯博物馆里,这一贯穿了水平与垂直的连

① 乔治·格拉西(Giorgio Grassi, 1935—),意大利建筑师。

续轮廓方式,构成了该建筑诱人深入的入口雕塑。这条连贯的折线轮廓(图12-8),近乎自由地将入口纪念性的高度、通廊近人的低矮檐口、入口斜墙的引导缔结为一个轮廓整体。这或许是自巴洛克建筑以来,现代建筑将体量与轮廓结合得最恰当的典范,其表现性甚至超越了将轮廓与体量当作等价物来表现的柯布西耶本人的建筑。

三 角部与体量

西扎对建筑轮廓的这类杰出处理,得力于他对转折部分的转角雕琢——垂直转角、小角度转角、垂直与水平的转角、倾斜与正交的转角。现代建筑声明的打破转角始于赖特,但将转角部分的结构进行轮廓表现,则是西扎的当代贡献。它初次出现在西扎上个世纪90年代中期的一项设计中,在这幢扩建与改建的美术馆综合体项目中,其坡屋顶所呈现出的传统建筑模样,却有着对传统建筑角部的刻意打开(图12-9),与赖特用无框玻璃将转角窗封闭不同,西扎在这个转角处外套一个深龛,以将其打开的角部轮廓在内部进行表现,在室内抬高的地面与降低的天花板之间,这个角部似乎被外部深龛所截取,以表现角部打开后奇特的轮廓造型(图12-10)。在西扎随后设计的塞拉维斯博物馆里,这一转角轮廓在三个展厅交汇处的门厅里再次以悬空的十字梁得到表现(图12-11),而在其新近的一件作品伊贝拉基金会博物馆中,这个十字转角的表现同时也降落在地面上,成为行动隔离

图12-9 Maison van Middelem-Dupont 角部外观

图12-10 Maison van Middelem-Dupont 角部内观

图 12-11　塞拉维斯博物馆内部十字梁

图 12-14　波尔图建筑学院
图书馆天窗侧观

图 12-12　伊贝拉基金会博物馆
十字交角梁

图 12-13　波尔图建筑学院
图书馆天窗纵观

而视觉贯通处的连续轮廓(图 12-12)。这一转角造型,后来被西扎的女婿索托·德莫拉①发扬光大,后者甚至专门设计了一件以打开角部为主题的艺术馆。

西扎设计的波尔图建筑学院图书馆,则试图以横亘在大厅内的三角截面的玻璃天窗(图 12-13),塑造一个巴洛克般的天顶轮廓。其剖面上的斜角钻石形状,与阿尔托为一个书店设计的钻石天窗异常相似,前者只是西扎雕琢空间的起点,西扎将阿尔托均布在空间中的一群独立天窗拉伸为单个

---

① 索托·德莫拉(Eduardo Souto de Moura, 1952—),葡萄牙建筑师。

跨越整个通高大厅的贯通天窗。在这种体量拉伸中,钻石剖面倒垂的三角形变成能统率空间的壮观体量,它改观了被阿尔托的建筑封闭在单元天花板内的精致,而具备空间分隔并赋予大厅以轮廓秩序的潜力。它的玻璃体量以光线勾勒的轮廓引导人们穿越大厅;另一方面,它不但均匀地照亮了这个通高的大厅,天窗反向倾斜的两个连续斜面的轮廓,还将通高大厅两侧的夹层阅览室从视觉上隔开(图12-14),在这个高度上的两个阅读空间之间,倾斜天窗兼具灯笼与屏风的双重功能。

四　造型与独石

在卒姆托《三个概念》(*Three Concepts*)一书中,多次提及的一个词是"Monolithic",它有两个意思:独石般的,单色的。张翼为完成我提交的对"独石般"这个字词的梳理任务,曾将它追溯到文艺复兴时期阿尔伯蒂的建筑造型理想:阿尔伯蒂描述的纪念性建筑,最重要的物质性特征,就是建筑由独石所筑成的一类,如塞米勒米斯以整石建造的埃及的拉托那神殿。它所引起的空间联想,似乎是古埃及法老在底比斯峡谷以减法方式挖掘出的洞穴空间,它们与印度的一些石窟一样,都有着独石与单色的洞穴意向。正是为了模拟古代这些独石般的纪念性建筑,阿尔伯蒂还曾鼓励以白色大理石粉末为砂浆,将建筑物装扮成独石的抹灰技术,同时,将大理石贴面材料的边缘处理成波浪形,也是要将其贴面薄材在转角处装扮成"独石般"的整石建筑。

卒姆托设计的沃尔斯温泉浴场(图12-15),一如其描述的属于山、水、石的原朴建筑——山中石、石中水。以简洁如诗的语言,卒姆托准确地描述了这组建筑所处的山地场地、所具备的浴室功能,以及所使用的石材建造方式,既无多余也无不足。

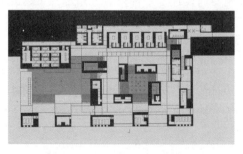

图12-15　沃尔斯温泉浴场图纸

卒姆托复苏了对山中石原始的平砌方式,并以罗马人的方式将它与内部混凝土凝结为一个个独石般的整体。这些独立盒子的墙体采用当地山谷的麻石,它们被裁剪成宽窄不一的窄条片状。当这些带有古拙的石纹、清素的灰蓝色调的片石,被一种有意错开的砌筑方式砌筑成光滑单色的壁面,它们确实呈现出独石般的水润色泽,将水与石的质地塑造为一个单色的整体造型,仿佛兼有地质断面般的减法空间的厚实。围合山中温泉的是十几个大小不一的独石体量,它们类似于康的空心结构,独石内部分别容纳有不同的服侍空间。它们

图 12-16　沃尔夫温泉浴场

的结构方式,也精密地匹配着"独石般的"概念,每个"整石"盒子都独立地支撑着一个独立的屋顶,或单面出挑,或多面出挑,共同拼合了整个屋顶部分。基于对独石结构的表现,屋顶与屋顶之间都一律脱开一圈小小缝隙(图 12-16),它们不再被惯例的梁柱体系的联系梁所打断,不但将这个建筑的核心观念——独石般的、单色的空间构成表现得清晰而确定,还为浴室提供了照亮石壁并滑入水底的如水光线。

　　这样的阳光注入,使它有别于金字塔内部的昏暗,却保留了封闭的静谧;有别于古罗马大理石浴场天光的喧嚣,却把持了它的雍华。浅浅几阶踏石,轻滑入池,在波澜不惊的碧青水色中,石材砌筑的物质性色泽在上下天光映照下泛出水面,仿佛与山俱来与水共在。

五　造型与装置

　　卒姆托在为 2000 年德国汉诺威世博会设计的瑞士馆中,以民间晾晒木头的临时方式,一方面对应着瑞士馆的轻松功能——不是让游客在其间学习,而是将之视为提供小吃与欣赏音乐的休闲场所,另一方面则匹配着博览会建筑存在的临时性——以原木装置的瑞士馆,能在展览结束后拆迁到别处使用,甚至还可以直接当作原木就地变卖。

　　为了不损害原木尺寸,卒姆托决定不对它们进行任何加工,仅以至今还在木料场使用的晾晒木材的搭建方法,来搭建展览建筑的壁体;用红松木为

图 12-17　2000 年德国汉诺威世博会瑞士馆

长向的水平材料,在水平红松木之间,每间隔一段就垂直铺设一层白松木,它们保持了木头之间的缝隙以便通风,垂直于木头,稍有出头以表现节点并承接光线(图12-17)。为了不损伤任何木材,这种搭接的壁体节点没有使用任何铁钉、螺栓或胶,卒姆托用不锈钢杆件以弹簧的张压力将它们挤压牢固;为了预防木头因为热胀冷缩而导致木壁失稳,卒姆托在端部设置可调节松紧的扣件;最后,在最不被建筑师关注之处——瑞士国家馆的冠名如何篆刻其上这个问题上,卒姆托借鉴了现代多媒体技术,利用投影将馆名投射在木方上,就此避免了对木头的加工。此外,卒姆托还试图利用这些壁体围合成一种木院(wood yard)的氛围。在这些以迷宫路径布置的木壁之间,卒姆托保留了几个小院空间。不仅如此,卒姆托还将他这件作品看作是一组音乐共鸣箱,以昭示这些壁体在音乐演奏时所起的反射共鸣作用。作为一种与自然密切相关的诗意音乐则是壁体上方屋顶的镀锌排水沟在雨落之际所发出的天籁之音,将回荡在这座木头的迷宫与院落间。

　　这件作品似乎只展示了晾晒木头的一个并未中断的过程,天然地匹配着世博会建筑项目的时间临时性,丝毫没有损及木头的原态。它如同一件当代艺术的卓越现成品,因此具备白居易盛赞过的“因物不改,大巧若拙”的匠心。这一使用木头的匠心,迥异于安藤在1992年塞维利亚世博会日本馆中对木头的使用:后者对木墙裙所制造的微妙曲线,对仗着他对斗拱横平竖直的刚性改造(图12-18),并尝试表达日本传统建筑空间语汇的微妙意象。而卒姆托并没有借助传统建筑的对比性语言,而是直接借助晾晒木头的日常方式,以这种不带乡愁也不带地域性特征的匠

图 12-18　塞维利亚世博会日本馆

心,这件作品也一样表现出瑞士国家独特的标志——瑞士钟表工艺般的精湛与巧妙,它们曾是传统建筑的核心保障。

六　造型与几何

据说,卒姆托一度剃去胡须以向安藤忠雄建筑的简洁力量致敬。后者自学建筑的经历近乎传奇:年轻的安藤自觉以柯布西耶为榜样,虽因柯布的去世而错失了为柯布工作的机会,却以拳击运动赚来的钱游历了柯布当年周游的建筑世界,借助对《柯布西耶全集》的反复阅读以抵制消费时代的坚定信念,以上个世纪70年代初的住吉长屋为起点,对业已遭遇后现代全面攻击的现代建筑进行了长期捍卫。一方面,他放弃了现代建筑的开敞外观,而选择与赖特一样封闭的建筑手段来隔绝城市的混乱;另一方面,对钢筋混凝土进行杰出的改造。最终,安藤设计出后来被命名为安藤混凝土的高质量混凝土墙体。虽然它因此在世界范围内被广泛模仿,但对安藤而言,这种材料只是他用以表现几何造型的前期准备;正是其作品中对纯正几何造型的杰出运用,让安藤的建筑捍卫了柯布的现代建筑,并让安藤本人获得影响深远的国际声望。

光之教堂具备了几何抽象性:其体量得自三个球体的度量(图12-19),这使它从实体上把握住了西方建筑的尺度与比例的精髓,其在墙面上直接镂空的光的十字架(图12-20);则来自东方建筑对虚空之物同样准确的塑造能力,艾森曼就盛赞安藤能将光线进行实体般的塑造。风之教堂则利用了几何体量的对比关系:一条狭长的走廊,以磨砂玻璃围护,以屏蔽视线的方式让人感受其类似风筒的微风;在风之廊的尽端,横陈着一座矩形体量的教堂,它有着清水混凝土的封闭外观,而朝向庭院草坡一侧的内部却完全打开,二者间以狭/方、高/低、动/静、开敞/封闭全面比照(图12-21)。水之教堂的设计为安藤赢得了来自东西方两种文化的赞美:通往下沉教堂空间的被玻璃包围的楼梯,将原本的梁柱体系的端头断开,使得梁柱成为玻璃楼梯间的四面十字架(图12-22);从这个楼梯间盘旋而下的经历,甚至比哥特教堂铺设在地面上的迷宫更准确地模拟了身处迷宫中的眩晕——四面无差异的十字架在螺旋运动中最终将丧失方向感;然后,进入教堂空间,矗立水中央的那枚十字架指引迷津的宗教作用(图12-23)就尤其彰显,甚至具备了严岛神社海中鸟居的禅意。

图 12-19　光之教堂模型　　　图 12-20　光之教堂　　　图 12-21　风之教堂

图 12-22　水之教堂外景　　　　　　图 12-23　水之教堂内景

七　造型与意境

以几何为核心的西方建筑造型,能否用来阐释日本传统建筑的意境?安藤以水庙堂的提案做出了当代庙宇建筑难以超越的意境榜样。

图 12-24　水御堂

这件被安藤描述为在瞬间就构思完成的作品,是一个球形截面的碗造型。在这个巨大的碗池里,种满与佛教相关的睡莲(图 12-24),增建的庙宇则卧于碗顶之下。一条沉入式楼梯嵌入池中,进入庙宇的信徒将步下这条楼梯,进入莲池,渐渐消失于波光之中,并折入池下一条幽暗的环形甬道。整个甬道仅有一扇布满红色木格扇的窗,这扇窗将光线染成红色,退晕在浓黑的甬道之间,最终成为中部庙堂深色佛像的逆光背景,造成了不可思议的静谧氛围。

图 12-25 立陶板画庭

在位于都市中的立陶板画庭,安藤则针对如何在闹市中谋求庭园般的静谧意境提出了相当机智的对策。面临都市街道的人车喧哗,安藤利用坡道先将人们引入底下,直面一堵高大的墙壁,坡道的下沉就从视觉上屏蔽了街道的杂乱(图 12-25),而满墙挂落流水的轰鸣声从听觉上屏蔽了街道的喧哗,墙壁上方开设的两个洞口背后的林木则意欲将这个空间描述为林木阴翳中的下沉庭园。用陶板印制的印象派名作,要么悬于折返的复廊墙壁上,要么没入浅池中,在斜风细雨的天气里,池面的波纹将加强印象派绘画对笔触的感受意象,而在阳光明媚的时节,水面的反光则为印象派画作的光影斑驳镀上一层来自自然光线的新意象。

安藤以类似宗教的禁欲精神建造的几何建筑,后来被批判为不适合当代日常生活,安藤也以名为《屡战屡败》的著作表明了他几十年对消费时代坚定抵抗的建筑立场。

八　空间与气候

密斯晚年,当被问及为何将一辈子精力都用于设计玻璃建筑时,他的回答是:

> 发展是比发明更好的方法,好的构思有一个就可以了。①

澳大利亚建筑师格伦·莫卡特②则铭记着父亲类似的教诲:

---

① 出自莫卡特清华大学讲座:"与自然环境和谐共生"。
② 格伦·莫卡特(Glenn Murcutt, 1936—　),澳大利亚建筑师。

绝大多数人，都要穷尽一生来完成最普通、最平凡的事情。①

莫卡特的建筑实践，起源于对密斯的范斯沃斯住宅格局漫长的临摹，并将他本人对澳大利亚风土人情的洞察带入临摹之中，以便修正前者对气候的漠视。

图 12-26 Fredericks House

因为选择了一个经典的原型，莫卡特不必因为在建筑各方面都要表现创造力而耗尽精力，他致力于创造出一个如衣服般敏感可调节的空间。他使用各种各样的系统来应对环境的微妙变化：使用昆虫屏蔽网，来阻止昆虫进入室内；大量使用内外两层可调节的百叶，来捕获光线从户外、阳台到室内明暗变化的微妙梯度（图 12-26）；高度关注如何利用自然通风而非空调来调节室内的温度——在垂直墙面上使用可开启的门窗隔扇来调节通风，也在屋顶上使用双层屋顶来加强屋顶缝隙间的对流。他不但使用工业产品风帽来加速空气流动，在一些项目里，还尝试将柯布类似的遮阳与导风板合一的墙体与这些导风管一起使用，来提升室内温度的可控性（图 12-27）。在一幢住宅设计里，他为厨房设计了可开启的透明玻璃台面，不但让厨房操作者能享受从

图 12-27 Marika-Alderton House

---

① 出自莫卡特清华大学讲座："与自然环境和谐共生"。

底下吹上来的微风,还能在水平台面上操作家务时同时观赏到台面下户外的景物。莫卡特期望这些复杂的微妙装置能媲美人类从额头到睫毛、眼皮的敏感性,以感觉外部环境的敏感变化。

尽管莫卡特的项目多半是为富裕阶层设计的,他仍长期坚持使用被当地人鄙视的廉价波纹钢板,用以覆盖他设计的昂贵建筑的屋顶与墙面。经过他长期对细部的精微推敲,这些廉价的工业材料有时竟会散发出日本传统工艺施加在自然材料上的精美光泽。另外,他几乎还以强硬的姿态拒绝富裕的业主们在他的建筑里使用空调,希望人们通过动手调节建筑来适应外部的环境变化,而非将空间的舒适交给空调温度的机械设置。他最经常使用的建筑比喻是身体——既然在天气冷热变化时,人们会以穿脱衣服来适应气温的变化,莫卡特问道,为什么不能设计出适应气候与环境变化的建筑?他近乎孤立的数十年的工作,似乎就是为密斯的范斯沃斯住宅穿上一件适合澳大利亚气候变化的建筑外衣。

在获得普利策建筑奖后被问到与密斯的相似性时,他的回答一针见血:

> 我们了解前人的语汇,是为了寻找合适的方法,请注意,不是新方法,为了新异而寻找方法是走不远的。①

九 空间与材料

将近六百年前,为了给佛罗伦萨主教堂建造一个合适的巨大穹窿——这一技术经历了漫长的哥特时代已然失传——伯鲁乃涅斯基向古罗马传统建筑寻求经验,他花费了数十年时光考察古罗马建造穹隆的技术,并适当借鉴了被文艺复兴鄙视的哥特教堂的尖拱。正因为他没有区分哥特建筑技术与古罗马建造技术的风格,这座穹窿虽被誉为文艺复兴建筑的报春花,却避开了后来风格复兴的堕落漩涡。

六十年前,即使是为了完成一个造价低廉的项目,埃及建筑师哈桑·法塞②也没有陷入他在西方学到的现代建筑风格泥潭。他选择得自民居建筑

---

① 出自莫卡特清华大学讲座:"与自然环境和谐共生"。
② 哈桑·法赛(Hassan Fathy, 1900—1989),埃及建筑师。

的土坯材料,不只是基于低造价的考虑,同时也看中了其透气与隔热性能比较适合当地的气候;他选择得自宫殿与寺院的穹窿作为主要空间结构,也不仅仅出于空间美学的考量,同时也意识到它有助于炎热地区的室内拔风效果。因为要为普通人建造如宫殿般的穹窿,他选择贫民建筑的土坯材料也就自然而然。面对土坯材料的廉价与穹窿模板材料工费的昂贵这对矛盾,哈桑·法塞考虑使用已然失传了的无需模板的建造穹顶工艺,为此他从埃及南部阿斯旺地区请来两位还掌握着此项工艺的工匠,让他们指导工地现场。其基本原理是利用起拱部分斜面的摩擦力,来实施无需模板的拱顶建造(图12-28)。这种传统工艺,为哈桑·法塞的这类建筑作品带来独特的造型特征——它们在穹窿收口的立面处有着向后倾斜的仰角造型(图12-29)。

图12-28 努比亚无模板砌筑穹窿技术

图12-29 市场穹窿

哈桑·法塞的建筑因为直接嫁接了贫民住宅的建造材料与传统寺院和宫殿的空间方式,就天然与当地传统建筑形成几乎难以察觉的血脉与变化:其血脉并非后现代的符号虚脉,其变化则来源于对柯布当年为现代建筑提出的任凭宫殿倒塌而致力于为普通人而建造的任务。柯布当年选择机器生产的标准化现代材料,乃是基于廉价而快捷的考量。单就标准化生产而言,人类古老的砖瓦材料,从来就是这一体系下的正宗产物。就建筑智慧而言,是引入古典建筑还是引入乡土建筑,并非立场问题。与柯布一样,哈桑·法赛将历史建筑一律看作是对当代建筑的有益补充,他从未如后来的建筑师一样,总因害怕引用不当而失去建筑的风格识别性,或因害怕引用过去而失去这个时代。

十 空间与技艺

与哈桑·法塞的建筑晚近才引起世界性关注类似，来自巴拉圭的建筑师艾迪奥·迪斯特[①]直到去世前不久才渐渐被世人所知。这位以造价低廉而屡屡中标的建筑师，利用他高超的结构表现力，将传统的砖材料与现代力学实验结合，给出能根治建筑技术与艺术分离所导致的孱弱病症的罕见药方。

可以将迪斯特的第一个作品——位于葡萄牙 Atlantida 的基督教堂，看作是向柯布朗香教堂的致敬，这并不仅仅源于它们外观的近似，而是源于迪斯特以更加严谨的力学计算，诠释了柯布西耶以精确控制而非自由表现来担保建筑质量的决心。在这座建筑里，迪斯特将柯布用于住宅中的加泰罗尼亚拱表现得更加机智，也更加多样。

其外墙蜿蜒的劈锥曲面形态（图 12-30），因为得自直线的多向摆动，也就便于普通工人的定位放线；就平面而言，其内凹外凸的形态不只改观了室内外空间的不同感受，向内的凹陷从结构上说还降低了屋面结构的平均跨度；就曲墙上大下小的造型而言，其结构与美学意义在室内得到清晰的体现——往内凹陷的曲墙向上的同时膨胀，将进一步降低楼板的结构跨度，而它们的最高点正——对应波浪屋顶的波谷结构（图 12-31）；室内的波浪形屋顶也结合了几方面巧思，就从功能而言它能为教堂布道带来良好的反射声。

图 12-30 Atlantida 基督教堂

图 12-31 Atlantida 基督教堂内室

---

① 艾迪奥·迪斯特(Eladio Dieste, 1917—2000)，乌拉圭建筑师。

迪斯特设计的另一个教堂建筑——圣彼得教堂的重建(图12-32),从空间形态上更接近柯布的拉图雷特修道院。再一次,迪斯特以其结构的巧思带来了宗教建筑的表现性:以一个截面的八边形为神龛,同时作为并非隐喻意义的端部结构,迪斯特用两块薄而高的巨大L形折板,一端与圣龛的垂直面锚固,横跨整个中厅,一举构成中厅高耸与侧廊低矮的两种空间。屋顶也以折板的方式,不仅构成了教堂的双坡顶部分——它们加剧了中厅的高耸——还形成折板所需要的空间高程,因此,它们与两侧楼廊的折板一样,也可以固定在空间两端,并解放了与底下两块折板的结构传递。它们相互的结构独立,带来了屋顶与墙壁间的光线表达:它们之间的通长细缝,仅以一些短柱支撑,撑开的缝隙布满光线。它们让这个巨大的屋顶有着与朗香教堂的反曲屋顶一样的漂浮感。圣龛两端两个由薄砖加筋的精巧但简单工艺构筑的花窗(图12-33),其尺度与结构所造成的奇迹甚至不亚于哥特教堂以极其复杂的工艺制造出的玫瑰花窗的奇迹。

图12-32　圣彼得教堂
重建工程室内

图12-33　圣彼得教堂
重建部分玫瑰窗

十一　空间与氛围

冢本由晴工作室在《窗》一书中,收集到世界各地各个时代的各种窗户,并佐以有关风与光的简短文字。而在谈论斯里兰卡建筑师杰弗里·

巴瓦①的一扇凸窗时,却罕见地写下两页文字,以描述巴瓦的建筑所营造的不可思议的氛围,并在中途追问:

这个全然静谧又洋溢着生命感的幻想氛围,到底出自何人之手?②

巴瓦的建筑之所以难以断定作者,正是源于作者并非将建筑描述为现当代这个特殊时态,而是将建筑浸润在斯里兰卡处于东方与西方、殖民与本土的漫长历史之中,因此摆脱了现当代建筑孤立于时代的普遍特征,而具备难以断定时代与作者的浑然特征,其间所能感受到的只是绵长时间里所积累的各种建筑智慧。

因为没有强调现代材料与古代材料的符号属性,巴瓦在使用隔热防水的瓦屋顶时,也就游刃有余:他既看重当代水泥瓦材料的防水性与大跨度特点,又看重传统陶瓦小尺度的灵活性与优雅感,于是将水泥瓦用在底层防水,而将传统小陶瓦覆盖在上层(图 12-34),这不但能有效地增加屋顶的隔热通风性能,底层水泥瓦的大跨度还能节省其上小陶瓦原本需要的密集望板。因为没有继承现当代建筑对平屋顶与坡屋顶的立场表达,巴瓦的建筑相当自然地交叉使用这两种屋顶:在钢铁股份公司办公楼设计里(图 12-35),巴瓦以钢筋混凝土这一现代结构自由地诠释着传统木结构的出挑语汇,他不但以预制混凝土花格模拟了木窗花格,还以其逐层出挑解决亘古以来就有的防雨、遮阳、通风功能。而在以钢框架结构为核心的坎达拉玛酒店里,钢框架的选择也并非要表现现代性特征,而是基于要在峭壁前搭建一个最

图 12-34　多层瓦屋顶

图 12-35　钢铁股份公司办公楼

---

① 杰弗里·巴瓦(Geoffrey Bawa, 1919—　),斯里兰卡建筑师。

② 《窗,光与风与人的对话》,东京工业大学塚本由晴研究室编,黄碧君译,香港城邦出版集团,2011 年。

图 12-36 坎达拉玛酒店

少损坏自然景物的建筑基座（图12-36），其结构功能类似于中国的悬空寺，结构意象则如巴瓦对员工的描述——未来的酒店需要从茂密的丛林往外窥视才行。因此，钢框架似乎只是提供植物攀爬或生长其间的框架。它如今果然掩映在丛林里，与自然杂合一处，仿佛与植物在此地生长的年份一样久远。因为没有将建筑师的本分从工地现场分离到舒适的空调办公楼里，巴瓦就能在应对现场地形不规则分布的树木时，要么让建筑对树木恰当地退让，要么让建筑与树木保持良好的借景关系。

巴瓦的建筑虽然为东南亚一带建立了名为巴里风格的类型，他却很少宣称自己是哪个地域的地域主义建筑师。他本就不是尾随时代风格的时尚建筑师，而是走在历史风格如何形成的漫长道路上。《窗》的日本作者在提出不知巴瓦的建筑出自何人之手的问题之后，给出了这样的答案：

> 一定要熟知这片土地的气候风土和文化，以实际可行的方法点点积累，才能够孕育出这样的成果吧。①

十二 空间与自然

虽然羡慕日本当代建筑师群体以自然为名进行的各种建筑实验，而真正打动我的有关自然的建筑，却来自学生从尼泊尔拍摄的几张咖啡厅的庭院照片，其间散发的建筑与自然相互融洽的无名氛围，让我罕见地有了出国一探的念想。

穿过帕坦城由古老宫殿改成的博物馆，隔着一个方形的红砖庭院，看见照片里那个洁净的红砖绿庭，它陷于檐廊之外，檐基底部红色面砖微斜平

---

① 《窗，光与风与人的对话》，东京工业大学塚本由晴研究室编，黄碧君译，香港城邦出版集团，2011 年。

铺,聊作散水,散向一圈微陷半公分的积水槽,仅在对角安置了两个雨水箅子,槽间是一正方庭地,铺满正方形陶砖,庭从四周向中间微隆,绝不积水(图12-37)。檐基上部嵌一圈青石,每边正中各有凹进,嵌一石踏于砖凹间,另一步则仅以石落庭地。

隔庭那边一片红翠相间的绿庭,就是照片上的那个咖啡厅。庭院上角中段以一人高的红砖围墙将咖啡厅与这个方庭隔离开来,墙下留有隙土种藤上攀,墙上砌筑沟槽种箩下接,藤萝交织于砖墙间,合成了这一边界红翠相间的主要格调。

墙左为一藤架,墙右为一开敞茶轩(图12-38)。茶轩结构为木柱钢顶,双层屋顶间留有空气间层,既可防水,亦可隔热,仅将微风导入轩内。庭左有一棚工字钢藤架,棚起一棚绿萝,架于半高的矮墙之上,砖红箩绿,阴翳着其下的茶座,茶座间雨后的桌面陶砖红润影碧,色泽诱人(图12-39)。茶座而北为一座 L 形建筑,一半餐饮一半厨房,木柱木顶,顶虽不大,俨然以中国大木歇山为结构。这几座散落的建筑间,是真正的内庭,庭院中有古井一眼、老树一株,树以四方砖池圈围,池壁隆起,且向四面平出池台,四张木椅被拆为椅背、椅凳,椅背挂于池壁上可靠,椅凳铺于池台间可坐,座前各有条案,一树而周全四桌(图12-40),一树

图12-37　帕坦博物馆红庭

图12-38　凯撒咖啡厅茶轩

图12-39　凯撒咖啡厅藤架内砖桌

图 12-40　凯撒咖啡厅树池桌位

而四周建筑皆得其景。庭中植物虽不多,因为有了红墙上下的绿萝边界,其间也绿意葱郁。

我诧异于建筑与自然景物在如此密度间的宜人氛围,猜想着能经营出如此氛围的建筑师一定出自当地。从一旁购得的关于这组建筑的一本书籍却提供了意外的答案:这位来自奥地利的建筑师哈格穆勒,年轻时曾游历此地,因为目睹了帕坦宫殿于几十年前地震坍塌后的荒败,遂励志于修复它们。他先是说服奥地利政府援建这一项目,然后用了十四年背井离乡的时光,将坍塌的宫殿改造为南亚最华丽的博物馆。这间咖啡厅则是他漫长修复古建筑时光中的手泽而已。或许正是漫长岁月的包浆,建筑师遂能交替使用传统建筑与现代建筑的各种语汇而不留痕迹。几十年在尼泊尔修造建筑的生活时光,让他甚至比当地人更能准确地把握住适宜当地气候的建筑手段。在我们后来游历的一些新建的类似项目里,我们常常发现,哈格穆勒为这座咖啡厅设计的多种手段,已然被当地新建筑视为如传统建筑一样的学习范本,并被加以诠释与蔓延。当我们向咖啡厅人员追问这位建筑师的当代踪迹时,得知他已然定居于尼泊尔的另一座城市。而我只能想象这位从未在我们专业杂志里出现过的建筑师的情形,我想起的是冢本由晴对巴瓦的描述,想起的是我的学生王宝珍在讲述哈桑·法赛或拉瑞·贝克时,因感触于他们几十年如一日地浸淫于当地生活时两眼间闪烁的敬仰光泽。

第十三讲

东邻日照(上):日本当代建筑盛况

自上世纪60年代起,日本从两方面接力了西方两场建筑运动。以丹下健三[1]为起点,开启了对现代建筑的本土改造,60年代日本建筑师们以一系列质量高超的厅舍建筑,宣告日本现代建筑走向国际舞台。到了90年代中叶,相隔两年,桢文彦[2]与安藤忠雄先后获得普利策建筑奖,奠定了日本现代建筑的超然地位。也是上世纪60年代,从日本本土发起的"新陈代谢"运动,藉由丹下与菊竹清训[3]等人的理论推助,第一次以理论宣言影响了世界建筑思潮,随后黑川纪章[4]的灰空间以及矶崎新的理论实践对世界建筑形成了新的影响,更近的伊东丰雄以其对消费时代的认同,将日本当代建筑与后现代建筑思潮成功接轨,并以日本传统文化特殊的宽容修正了后现代建筑走向符号化的倾向。伊东的门徒妹岛和世[5]继承了"新陈代谢运动"对城市生活的关注,在这条线索上,以更为年轻的西泽立卫[6]、藤本壮介[7]、石上纯也[8]为梯队,将现代建筑的抽象性与后现代建筑的城市文脉性从都市与自然观两个方向进行深化,在两方面都成为世界建筑的实验先锋,并呈现出日本建筑百花齐放的当代盛况。

一　开敞与封闭

1972年,安藤忠雄一改现代建筑以大玻璃表现出的开放特征,以封闭

---

① 丹下健三(Kenzo tange,1913—2005),日本建筑师。
② 桢文彦(Fumihiko Maki, 1928—　),日本建筑师。
③ 菊竹清训(1928—2012),日本建筑师和建筑理论家。
④ 黑川纪章(1934—2007),日本建筑师和建筑理论家。
⑤ 妹岛和世(Kazuyo Sejima, 1956—　),日本建筑师。
⑥ 西泽立卫(Ryue Nishizawa, 1966—　),日本建筑师。
⑦ 藤本壮介(Sou Fujimoto, 1971—　),日本建筑师。
⑧ 石上纯也(Junya Ishigami, 1974—　),日本建筑师。

与厚重的住吉长屋(图13-1),力图将住宅从都市日常场景里切割出来,并表明他要将人们从城市生活的混乱中拯救出来的宏愿;1976年,伊东丰雄以现代建筑早期的白色涂料,抹白了他为姐姐设计的中野本町之家(图13-2),这座建筑的封闭特征据说来自伊东姐姐新寡的内心述求。

1986年,伊东以开敞而轻盈的银色小屋(图13-3),不但从建筑上与安藤封闭而厚重的特征相区别,还以向消费时代致敬的开放性态度,与现代建筑以技术为支撑的建筑开放拉开了距离。银色小屋开敞、临时的帷幕特征,不但演绎了日本传统町屋轻盈、透明的意象,也开启了日本建筑朝向消费都市的各种积极探索。尽管如今的伊东宣称银色小屋的棚屋意象是向日本传统庭院开敞意象的自觉学习,当时的伊东却宣称这一开放意象乃是受女儿对消费时代乐观的价值观影响。

图13-1　住吉长屋　　图13-2　中野本町之家　　图13-3　银色小屋

图13-4　花小金井之家

西泽立卫含蓄地指出,在这两座住宅之间,由伊东设计、妹岛主持的1983年设计的花小金井之家(图13-4),才是伊东的建筑从封闭走向开敞的分界。在这件作品里,不但住宅尝试着朝向庭院开放,伊东还在玄关内设置了日本传统民居里的"土间",作为从庭院进入住宅木地板前的素土地面——它或许是对黑川纪章提出的灰空间的积极回应。

面对花小金井之家所受到的高度赞誉,伊东承认,其间微妙而丰富的空间氛围,与妹岛对这座建筑投入的身体感有关。伊东曾宣称，"若非浸淫在消费的大海中就无新建筑"，他的建筑从封闭走向开敞，乃是向着消费时代的开敞，而妹岛的建筑为着身体的自由运动，也渐次从封闭走向开敞。

二　公共与私密

2010 年，妹岛为威尼斯双年展策划的主题为"相遇于建筑"，就得自妹岛对人们在"公园"里自由的身体行为的构想，也是妹岛进行建筑设计的核心意向。在妹岛的建筑里，"公园"的属性不是自然的园林性，而是抽象的公共性，因此，密斯将私密空间进行公共化的建筑操作，就值得妹岛借鉴。妹岛 1991 年设计的"再春制药女子寮"（图 13-5），其女性宿舍的单一性别，使得妹岛可以压缩常规宿舍的私密空间：通过将宿舍的标准范式——中央走道、两端分别是带卫生间的宿舍——进行改造，妹岛将走道两侧对称的私密性卫生间划入公共走道，狭长如招待所的走道演变为宽敞如酒店的共享大厅；两侧不带卫生间的封闭盒子，仅仅提供静态而私密的睡眠功能，而卫生间则从房间里独立出来，成为大厅中独立且具表现性的镜面盒子，反射了人们动态的公共活动。

图 13-5　再春制药女子寮

空间的进一步公共化，则要求将内部的空旷空间外部化，并让内外发生更为连续的互动关系。在回顾 2003 年鬼石多目演艺厅的设计时（图 13-6），妹岛说她一开始就想象这座建筑应该具备能自由穿梭的广场般属

图 13-6　鬼石多目演艺厅

图 13-7　卢米埃公园茶室

性。为此,它不但以分散的体量、以凹凸的方式向周边环境渗透,凹凸间所形成的类广场空间也旨在吸引周边的居民进入、穿行或者参与演艺厅内部的活动。

正是对人们自由运动在内外之间的身体想象,妹岛对传统走廊的意向格外迷恋:1999 年建成的卢米埃公园茶室(图 13-7),就是位于公园内宽窄变幻的一圈空间环廊;而十年后建成的蛇形画廊,是妹岛对传统走廊意象的镜面改造(图 13-8);新近落成的劳力士学习中心(图 13-9),则具备园林爬山廊的攀爬意象。按妹岛对其自己作品的总结,从 2003 年设计的鬼石多目演艺厅,到 2006 年设计的托雷多美术馆的玻璃展览馆,再到新近落成的劳力士学习中心,都属于连接空间内外的建筑实验,以满足人们的身体在其间自由穿梭的运动。

图 13-8　海德公园蛇形画廊　　　**图 13-9　劳力士学习中心**

三　分散与聚集

或许出于对身体自由运动所需要的连续空间的向往,妹岛对西泽在森山邸、住宅 A 以及十和田美术馆里为分栋的单体建筑谋求各类组合关系表示了批评,因为这种方式中断了空间的连续性,妹岛认为它最终将演变为建筑的某种装饰模式。

图 13-10　森林别墅掀顶模型

图 13-11　森林别墅室内

妹岛与西泽对空间经营的意象差异，在他们分别独立设计的项目里，就有所表现。一样的森林别墅项目，妹岛以两个圆盒子相互偏心嵌套，为盒子间的剩余空间谋求一个连续而变化的环状空间（图13-10）；西泽则在一个大方盒子里嵌套三个玻璃盒子，以经营不同区域的不同氛围，内置的三个玻璃盒子（图 13-11）虽然透明，却以贴边的方式有意阻碍了人们在其间的通畅运动。

在设计森山邸的过程中，西泽说他厌倦了传统公寓的习惯设计：将不同房间塞入一个体量，或者将一座给定的建筑体量分割为不同房间。为从这套模式中跳出，西泽推演出一种分栋模式：将公寓里大小不一的多个房间分别独立出来，形成分散在基地上的群造型建筑（图13-12）。三十年前，李允鉌曾比较过中西方建筑构成模式的差异：中国庭院住宅以"幢"为单元，其构成模式是以庭院串联

图 13-12　森山邸公寓模型

图 13-13　森山邸公寓实景

分栋的单体建筑;欧洲住宅以"间"为单元,其构成模式是"小房间组合成大建筑"。西方建筑体量内的"房间",因此等效于中国建筑群体院落里的"单幢建筑"。西泽对公寓房间的分栋操作,类似于将西方公寓聚合的房间拆散为中国庭院住宅的单栋建筑。这虽然未必是西泽的构思思路,但能诠释西泽对森山邸建成后的奇特感受——他说它们给人与其说是建筑不如说是房间的感觉(图13-13)。

四　建筑与都市

　　柯布与密斯的现代建筑,虽以开敞的建筑向城市开放,但也以底层架空或抬高基座的建筑方式表示建筑与城市环境的对抗意识。基于对现代都市环境的不满,安藤与赖特的建筑对都市都采取了一种封闭态度,并借鉴传统庭院建筑的方式,以外观封闭而向着中庭或内庭开敞的姿态,将建筑从日常都市的繁杂中切割出来。

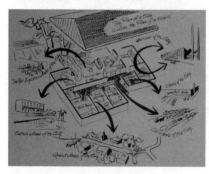

图13-14　城市与建筑关系草图

　　为诠释城市与住宅的关系,路易·康曾以《城市设计正如住宅设计》的草图(图13-14),诠释了欧洲城市的公共空间与住宅建筑的同构性——住宅内部的起居、走道、书房、厨房、储藏间,经由城市的公共化,分别以广场、街道、图书馆、餐厅、商店的公共方式向城市开放。

　　芦原义信①在《街道的美学》里,比较了日本与西欧城市街道构成的差异:欧洲城市由单体建筑直接构成,城市与建筑以建筑的外墙分界,且共享建筑立面——它也构成城市街道或广场的立面,因此,建筑与城市的性格相互同步。日本传统城市住宅以庭院这个区域而非建筑的二维立面作为建筑与街道的缓冲,而建筑与城市的分界常常就是庭院的围墙而非主要建筑立面,建筑向着庭院开敞,向着街道则以

---

　　①　芦原义信(1918—2003),日本建筑师与建筑理论家。

围墙封闭,居住的开放性与建筑向着街道的封闭性,被矛盾地混杂在城市里。

就此而言,即便"群造型"的森山邸有着从西方公寓向东方庭院建筑拆分的类似方向,其结果却两不相似——既不同于东方庭院向着庭院的开敞,也不同于西方公寓建筑向着街道的开放,似乎更接近乡村聚落的群造型。聚落的开放性,或许来自村民之间熟悉甚至血缘的密切关系,因此未必一定要以围墙来构成内向型庭院。以研究聚落而闻名于世的原广司[1],曾试图从聚落中找到城市建筑的造型模式,从他的早期代表作来看,其造型操作采用的是西方建筑的聚集模式——将聚落单体的不同造型聚集在一幢超大建筑当中(图13-15),常常形成城市中体量巨大、造型丰富的标志性建筑。就建筑与城市的关系而言,原广司以聚合的方式设计的这类建筑,因为体量庞大,不但对传统城市的细碎肌理造成压力,建筑与城市的对峙状态也使得原广司总是担忧城市终将毁灭他精心设计的大建筑。而在森山邸里,原广司却惊讶地发现,西泽所选择的分栋模式,其分散的体量甚至比周边传统建筑还要细碎,它们不但避免了与城市对峙,并且独立成栋的建筑还有着向都市景观四面开敞的潜力。

图13-15 大和国际

五 建筑与庭院

与上一辈建筑师思考城市问题的结论类似,原广司认为都市生活没有庭院将难以忍受,并将森山邸不可思议的舒适感之一归结于西泽在分栋之间留下的庭院。然而,森山邸的分栋之间的缝隙,并不能称之为传统庭院,它们虽然直接暴露在各栋住客与邻居的视野之下,但并没有围墙将之与城市隔绝,这些隙地也并非芦原义信分析过的欧洲街道,并非街区内可穿行的公共交通,它

---

① 原广司(Hiroshi Hara, 1936—),日本建筑师。

们属于这组建筑的户主们使用,是介于日本庭院与欧洲街道之间的外部空间。

有了这样的半公共半私密的外部空间,一方面,从住宅生活方面,西泽希望,通过感知周遭环境,身体将获得向着环境扩展的舒适性;另一方面,原广司从城市角度,感觉到住宅内身体向着都市方向的渗透与溢出,也加强了住宅与都市间的连接性。

因此,西泽在森山邸对建筑进行的两项操作——小体量与大窗户就具备两方面的意义:体量的化整为碎,可避免建筑与都市环境的肌理形成对峙的张力;而与体量并不相称的超大窗户,则有利于居住生活从住宅向着都市方向溢出。建筑的分栋操作,因为四面都可以向着环境开敞的特性,就有助于身体的溢出,同时,其分栋的结果将迫使使用者从这间房去那间房必须穿过室外,确实阻碍了妹岛理想的空间流动的通畅行动。

赖特曾从日本的数寄屋里发现了如何兼顾景观与流动空间的建筑秘密:数寄屋分栋的建筑,多半以对角线方式角接,这既能保证它们无需穿越外部或走廊的空间流动,又能保证每个空间至少有三面向景观开敞的潜力。这种以对角方式连接体量以向自然开敞的方式,也隐含在赖特设计的流水别墅里。或是巧合,或是自觉,自森山邸以来,西泽多次尝试着以对角来连接盒子空间的多种实验。在富弘美术馆的竞赛方案里(图13-16),盒子间的对角关系成为空间连接的主题,其盒子看似任意角度的偏移,据西泽说正是为了在游览美术馆时,从其中任何房间内都可以观看湖水、庭院和绿化。而在与妹岛合作设计的东京城公寓以及法国仑斯小镇的"卢浮宫第二"里(图13-17),以对角线连接不同盒子也成为共同的核心概念。

图13-16　富弘美术馆
竞赛方案概念模型

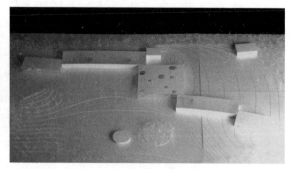

图13-17　法国仑斯小镇"卢浮宫第二"

六　身体与环境

原广司认为，从森山邸这些小体量大窗户中往外看，邻家建筑宛如自家的墙壁，私人生活不像是在私密的住宅里，而像是在公共市街当中，他甚至觉得居住者简直像是裸体生活在街上。为了思考西泽在森山邸"把全部给掀开来，并加以都市化"的大胆切换为何没有造成太大的不适感，原广司意识到，或许源于电子媒体对人们身体感知方式的改变——依靠网络这种公共媒体，人们可以就近从事着各自不同的私密性工作，这边的人可能在听轻音乐，近旁的人则在看恐怖片，这种电子媒体能为邻近的人群制造出疏离感，改观了人们身体私密性的距离要求，这使得森山邸在街市中的开放生活得以成立。原广司还发现，在森山邸某栋公寓里居住着一位女性建筑师，正因为居住在向着都市开敞的玻璃内，她将玻璃窗前的书在地板上堆叠得很是整齐，有意过着向公众展示个人隐私的生活。

在原广司看来，在森山邸，西泽之所以没有开设与特定环境对应的特定窗户，乃是基于对外部环境并不乐观也不期待，而只能将操作限定在纯粹建筑学的内部操作上——小体量、大窗户。西泽在面对妹岛类似的描述时，语气微妙地表达了他对都市环境的不同看法——他认为东京大部分住宅并不像想象中那么丑陋。这种对都市文化态度的转变，体现在芦原义信《街道美学》与《续街道美学》两本相距不远的著作中。在前一本书里，芦原义信还将东京当作西方城市的对立面进行批判；在随后的续篇里，他却将东京区别于西方都市的差异当作优点来进行赞美。

与安藤对消费城市的抵抗态度不同，桢文彦 1986 年在东京设计的"SPAIR"螺旋大厦(图 13-18)，率先表达了对东京都市混杂生活的宽容与接纳。这座建筑真正精彩之处，是在立面上呈

图 13-18　东京螺旋大厦外观

图13-19　东京螺旋大厦梯级楼板

现出的空间剖面情况。桢文彦将一般建筑的层分解为一系列低于常人视高的楼板,它们瓦解了楼与楼之间的空间隔离,而将建筑分解为一系列梯级平台(图13-19);它们交替上升,构成了立面上螺旋上升的梯级暗示。而圆锥造型只是这一螺旋上升的终结物与图解物,它更像日本茶庭边界终止

的结界石,而非后现代建筑的符号。桢文彦这座银灰色建筑丰富的立面组合,来自对东京城市的活力与意向的图解,它的梯级楼板与上沿边框构成的对城市片段的框景,第一次将周遭城市而非传统庭院当作可被鉴赏的城市景观片段。

七　空间与文化

在卓别林的电影《摩登时代》里,西泽发现其间评判的机器与人类的对立图示与他所理解的这个时代完全不同,机器被认为是导致人与世界疏离的道具。西泽反对这一模式,他认可这个时代对机器的驯服使用,并建议同时反省另两类人类模型——达·芬奇为文艺复兴建立的人文主义的人类模型,以及柯布为机器美学建立的模度人,并提出要重建这个时代人类模型的新形象。

图13-20　Primitive Future house

藤本2001年提交的一幅住宅的概念模型(图13-20),可以看作是应对西泽这一任务的最早提案。它以175毫米这一踏步高度的倍数350毫米为层,层叠出一系列水平错动的水平板,它们在垂直叠加的过程中,叠合出能匹配人体各种

坐、卧、读、依姿势的平台；与柯布所模度出的身体动作看似相似，但柯布模度的核心乃是斐波那契数列，人体活动被这一数列所捆绑，而藤本的模度则鼓励人体各种伸展自如的身体活动。

尽管藤本以"Primitive Future house"来命名这一提案似乎有超越时代的野心，"Primitive"一词所拥有的"文艺复兴以前"的含义，还是给予了其拉斐尔前派的意味。就人物的身体姿态而言，与柯布在他的建筑绘画里经常绘制拳击手的粗野作风不同，藤本这件作品里的精致人体具备日本人独特的生活气质，尤其是人与猫狗甚至小兔的共同生活，似乎有宫崎骏绘制的动漫人物的天真生活景象。

将这件作品与日本"新陈代谢运动"时期虚构的巨构物相比，外观的近似与尺度的悬殊也反射出两代日本建筑师建筑立场的巨大差异。第一代建筑师要以高超的建筑技术为城市构建雄伟的乌托邦计划，日本新生代建筑师更希望用技术来满足能被身体日常感知到的细腻感受。

藤本这一概念直接生发了他以350毫米的方形截面木头搭建的木屋（图13-21、13-22），这一得房率极低的周末住宅几乎能彻底实现其原初概念，只有在人们的身体生活于其间时，那些方木的尺度才能被身体赋予各种家具功能的含义。

藤本最近在东京建成 NA 住宅（图13-23），面对都市生活的日常要求，他对350毫米为层的模度进行调整，最终其剖面呈现的梯级空间的跌落，更接近桢文彦的螺旋大楼而非他最初的极端概念，其侧立面既像是对桢文彦螺旋形空间的致敬，也像是对路斯封闭的体积规划图解实施的开放性手术。由于每一层梯级空间的高度都低于人的视线，这一空间跌落的开放结果，不但从上下两层扩展了空间可视的深度与广度，也真实地实现了空间之间相

图 13-21　次世代木板小屋内部空间　　　图 13-22　次世代木板小屋外观

**图 13-23 藤本壮介设计
东京 NA 住宅**

互借用的可能。虽有年青业主对暴露生活的支持,NA 住宅将浴缸置于沿街透明的耀眼之处,让藤本本人也觉得难以生活于其间,将生活以透明的方式呈现给都市,是塔蒂曾在电影里讥讽过的私密性透明状态,如今却在消费文化的洗礼下,与麦当娜内衣外穿的方式一道,被普遍接受。比照范斯沃斯女医生当年对密斯敞向森林的透明住宅的激烈反抗情绪,日本建筑师们设计的这类更加透明的居住建筑,在城市目光的焦点下,却越来越受到年轻个性住户的欢迎。

八 抽象与原型

针对普遍还是个性的设计,贡布里希曾以制作与匹配之间的两种关系进行阐述:1.匹配先于制作(Matching before making),这是一类与个性相关订制式方式,譬如范斯沃斯医生向密斯订制个性的别墅;2.制作先于匹配(making before Matching),这是一类与普遍性相关的生产模式,譬如西泽为未知的不同使用者设计普遍能用的公寓。

在范斯沃斯住宅这一有着特定业主、特定环境的订制项目里,密斯却尝试着为现代建筑谋求一种通用的原型空间:他以开敞/封闭这对截然对立的建筑操作,实现了一般建筑对私密/公共的通用需求,虽然引起了范斯沃斯本人的不满,却成为现代建筑此后被引用最多的原型之一,也被密斯本人用于建筑系馆或美术馆的不同功能。与密斯在克朗楼与柏林国家美术馆出示的匀质空间不同,范斯沃斯住宅的独特就在于它的非均匀空间格局,通过将封闭盒子在开敞盒子间偏心布置,两层盒子间出现了不均匀的空间特征,在东南西北方向出现四种宽窄不一的空间,分别被家具标识为个性不同的卧室、起居、餐厅、厨房空间。加上被封闭的卫生间,这个简单的偏心动作,使其空间能满足一般住宅日常功能的多种空间个性的不同需求。以范斯沃斯住宅偏心的空间格局来比照妹岛与西泽各自设计的森林别墅,我们还能发现隐藏在日本这一代建筑师作品里的另一条线索——抽象与原型。

与妹岛一样,伊东对森山邸的评价不高,但他认为它扩展了住宅与都市的关系,并成为能创造新人际关系的新抽象单位。西泽未必愿意将这些方盒子的抽象性仅以"普遍性"来描述,在他看来,这是他以"个别解/独特物件"对现代主义的抽象原型所进行的新注解。在拆分森山邸的体量时,西泽已然感觉到它不只适合集合住宅,还可通用于学校、美术馆之类的不同建筑,他发现森山邸这一特殊的分栋方式也一样具备通用的原型意义。

西泽在森山邸的设计里,面对公寓难以预知居住者的情形下,以分栋的方式来谋求空间而非功能的原型空间。他将公寓分散为十个大小、高低均不相同的独立盒子,以此形成了它们之间差异的空间特性。就实际使用情况看,森山邸作为出租公寓,虽然属于制作先于匹配的设计方式,它们包容了公寓各种居住者的个性使用。

图13-24　十和田市现代艺术馆

既然这一分栋模式具备类似范斯沃斯的原型特性,西泽随后就将这一分栋模式应用在十和田市现代艺术馆里,并以弧形的玻璃走廊相连接(图13-24)。尽管伊东对这里的玻璃走廊的设置也有微词,却意识到美术馆分栋的盒子间的体量差异虽比森山邸更加悬殊,也一样能匹配不同艺术品所需要的不同个性空间。

九　抽象与意向

以森林意向为起点,石上纯为KAIT空间设计了超出结构需求的305根柱子(图13-25)。密集的柱林并不均匀,不但形状、朝向各有差异,柱距的疏密不等也以非匀质的空间特性——而非造型个性——来为未来的使用提供可能的匹配:柱距尺度的差异,分别匹配了前台、小卖部、接待、车间、管理等差异的功能。然而,柱子间的这一空间格局,并非石上在这幢建筑里的主要追求。

图13-25　神奈川工科大学 KAIT 室外效果

**图13-26　神奈川工科大学
KAIT 室内效果**

以抽象性为判断,西泽质疑石上对地板、天花、群柱进行的分节处理,石上则表述了与他们不一样的抽象态度——抽象的柱子在这里并非表达抽象本身。石上虽曾尝试过师承妹岛一贯的半透明玻璃屋顶——它确实能模糊柱与天花的分节,也更能呈现空间的抽象性——然而,他的考量并非要利用抽象艺术的成果来进行建筑构成,而是要以蒙特里安类似的抽象方法来进行对森林意象的捕捉。与蒙特里安从树木的枝条开始进行线条的抽象类似,石上也试图以加密的细柱构成的大量线条来模拟森林的线性意象。为了这一意象,他做出了三项逻辑清晰的建筑决定:1. 直接采用透明天窗,这使得天窗投下的细腻光影能将室内密集的柱列进行细腻的解体,继而呈现出森林光影斑驳的不均匀意象;2. 将天窗以不均匀的条带进行分布,它加剧了不均匀柱林类森林阴影的斑驳;3.将原本设计的空间抬高 1.5 公尺,不只为避免妹岛建筑以低矮天花强调的水平性,更是为了室内的视线能斜穿空间,以感受柱子不匀的细线条产生的林木交柯的重叠意象。

从实际建成照片的效果来看,因为天花板不均匀的多处透明,外部的参天古木横交的枝冠,有时忽然从各处的天窗边缘延伸进来,与细柱线条交织在一起。正是天花板上那些造成柱板分节并与柱子垂直的交错梁肋线条(图 13-26),加强了从柱子线条里模拟出的森林意象的可感知度。

与伊东模仿树木剪影的作品相比,石上的这件作品更加抽象,它仅仅以建筑学原本具备的梁、柱、天窗这些要素,就传达出森林的总体意象,虽然抽象却不失准确,达成了抽象与具象间的意象平衡。

十　抽象与具象

自伊东以来,日本新生代建筑师不但热衷于讨论抽象性,也常常用抽象的名称来命名自己的作品——譬如西泽的 House-A,或藤本壮介的 House-N。这一命名方式源于对音乐作品命名方式的模拟。音乐因为具备纯正的抽象性,也被他们反复讨论。伊东曾举坂本一成的例子,说明建筑设计与作曲接近而远离汽车设计:

> 坂本一成曾经说过,作曲家作曲的这个行为是非常抽象的东西,不过当演奏家在演奏的时候,这个抽象就会转变成具体。就这个意义上来说,车子的设计可以说是从一开始就只关注演奏家的。

在石上纯也看来,汽车设计最初就从与实物等大且形象稳定的立体模型开始,因此它是基于具象的设计,从抽象价值上看,不如以二维平立剖面开始的建筑。借由二维平面的抽象性,建筑能在二维平立面与三维体量的反复比照中,获得抽象而开放的研究。

尽管认同建筑的抽象价值,藤本却想创造将乐谱抽离后仅剩音符般的一种存在物。他最著名的 House-N,就直接从三维的盒子着手,并以三个盒子相互嵌套的模式来创造新的空间模式(图 13-27)。针对西泽特别关注的

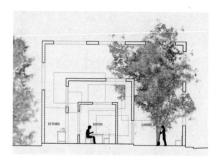

图 13-27　House-N 剖面　　　　图 13-28　House-N 实景

抽象性平面,藤本说他对平面布局并不在意。他以近乎中国传统画家惯用的"浓淡"一词,来描述嵌套的三层盒子所创造的空间特性。三个盒子的子母构造所经营出来的空间差异,被藤本以类似森林里空间的"浓淡"概括(图 13-28)。因为比范斯沃斯的盒中盒多了一层嵌套关系,其空间"浓淡"所创造出的个性空间因此倍增。藤本宣称,以这种方式,他创造出了"简单而新鲜,且具有多样性的空间",处于街市之间,能提供类似传统庭院住宅的各种空间灰度,包纳了"人类生活的场所,从市街到住家里面为止",创造出空间徐缓相连的浓淡感觉。

　　藤本认为他的 House-N 不局限于一幢住宅,而是展示了都市生活居住的一种理想原型,并不无狂妄地认为这一空间模式已抵达人类居住空间实验的终点。在建筑与都市的关系问题上,藤本与西泽、妹岛不同,后者对于都市环境更愿意尝试着发生互动关系,并试图以对周边环境的图解来发动建筑,让建筑像是从环境中生长出来,因此,他们格外关注建筑与环境间的尺度与比例问题;而藤本则将建筑本身当作创造新环境的机会,他也不是从对周边环境的调查图表着手,而试图直接以某种空间原型——譬如树木、森林、坡顶这些意象着手展开创造。至于西泽关注的尺度问题,藤本的回答是:即便将 House-N 的盒子嵌套的空间模式放大为整条街道,也没有尺度匹配的问题,因为它本身就是建筑与环境的两可灰度物。

十一　灰度与废墟

　　KAIT 工房的 305 根柱子,乃是石上的一种灰度权衡——让它们介于结构的支撑体系与空间的隔间体系之间,其结果呈现出两者之间的两可姿态,而最终,"藉由透明度而将内部发生的状态与外观同时显露呈现出来的这个动作",石上还希望身处其间的人将获得不清楚身处建筑之内还是置身其外的模糊意向。这一内外不分的空间意向,正是文丘里当年讥讽密斯般透明建筑的经典语录。而石上对柱林所使用的"既是结构又是隔间"的两可句法,却是文丘里为后现代建筑提推荐的两可句法。以路易·康的金贝尔美术馆为例,文丘里曾赞美它介于走廊与房间之间的两可意象,并以之对抗现代建筑非此即彼的纯粹性追求。

自妹岛以来的日本新生代建筑师集体接纳了这类两可意向,并试图以此确立建筑与都市环境间的新型关系。尽管妹岛曾讥讽过西泽用走廊连接盒子的手段,却随后意识到西泽这类思考的价值:从森山邸独立盒子到House-A(图13-29),妹岛意识到它已然演变为既非独立也非连续体的两可造型,其结构也演化为既非盒子也非板状的两可结构。西泽本人对House-A设计的构想,正是这类两可意象——既希望每个盒子保持分栋空间的独立性,也希望它带有日本传统町屋里One-Room般的连续性,其目标是创造介于独立与连续之间的中间状态,亦即废墟"既是建筑又是环境"的两可意象(图13-30)。

图 13-29　House-A 模型

图 13-30　House-A 起居

西泽在对谈集里三次提及他在意大利见到的废墟意向：

> 墙壁由于是石造的，因此还残存着，不过木造的屋顶已经崩落，原本该是室内的地方变成类似中庭的空间，而隔壁则是原来真正的中庭，植物在当中茂密的生长着。雨水从上方就那样猛烈的落下……那是一种既非内部也非外部的空间，令人印象深刻的风景。

废墟这一"既非内部也非外部"的空间意象，被西泽视作"乐园般的空间"，并为其"丰饶和自由的遍布"而感动。藤本也曾描述过对废墟类似两可意向的憧憬。考虑到建筑与环境之间的关系，藤本希望改观它们在现代建筑里被彼此分离的状况，并预言接下来的建筑将会转变为"介于人工与自然之间"的两可造物。同时，他又宣称他并非是在思考"家与市街中间具有中间领域这件事"——这是黑川纪章从传统建筑的檐廊发现的灰空间——而是思考着将建筑与环境一起作连续性考量的方式，最终目标乃是将建筑与环境、家与都市融为一体。尽管在如何看待现代建筑与后现代建筑、透明与灰度、抽象与具象上，妹岛、西泽、藤本、石上都有着细微的差异态度，但在建筑与环境的关系这一问题上，却异口同声地宣称，他们的建筑实验的共同目的，就是要将建筑本身当作环境来进行思考。

十二　日本与国际

或许因为保持了可以匹配瑞士的工艺传统，日本当代建筑师对技术本身并无表现的兴趣，无论是高技派还是涌现理论、无论是如今国际通行的环保技术还是正在火热的低碳建筑技术。当被藤森问及对环保建筑有无兴趣时，矶崎新的回答是：空气或者环境问题是设备专业的问题，与自己的设计表现没有关系。据说原广司的回答也一样。在被藤本问及类似的问题时，西泽的回答也与矶崎新类似。对于国际建筑界当今热衷的生态、碳排放问题，西泽认为，这类建筑倾向如同医院为人体添加各种救护管道一样，将使建筑越来越复杂化、越来越重装备化，他坚信会有更简单更美丽更直接的建筑答案。

从日本人与欧洲人对环境感受上的差异，西泽惊讶地发现欧洲人将干燥的（dry）空气称为新鲜的（fresh）空气，而将温润而潮湿的空气视为不洁空气,基于此价值观,欧洲人发明了空调技术;与这种环境价值观不同,以日本、泰国为代表的亚洲人却有着连潮湿(Wet)也觉得舒适的身体感受文化。在描述这种差异时,一贯谦逊稳重的西泽,表露出要与西洋建筑文化对抗的野心,他将这种身体感知的文化差异当作能与西洋建筑对抗的绝好机会。

藤本认为,藉由亚洲人以被动的方式感受自然的享受方式,就能对西洋对抗自然的建筑有所突破。东亚的建筑并不是对环境放任自流,而是通过调整身体对环境适应的宽度与广度,来弱化建筑与环境的对抗意识。因为有着广泛活跃于国际建筑舞台的当代经历,藤本声称他不但对自己的设计有着更加自觉的认识,也强烈意识到他作为日本人的东洋身份:一方面,他在中国内蒙古设计的"ORDOS 100"提案里,因为"建筑并非是物件,这个场域中的流动本身就是建筑"这一对西方传统建筑本体论的否定,获得了中国甲方与同行的广泛认可与赞誉;另一方面,他在西方演讲讲到 House-N 的时候,因为它有着如同罗马建筑遗迹的墙文化特征,对于西方听众而言,也是他们可以接受并欢迎的建筑。以此,藤本认为,他的建筑能创造将东洋与西洋文化混合起来的新文化,并以此构造出对世界有着广泛影响的新建筑。

第十四讲

东邻日照（下）：中日现当代建筑概况比较

2010 年，妹岛和世与西泽立卫分享普利茨建筑奖。这是被誉为建筑界诺贝尔奖的这一奖项设置三十一年来，日本建筑师第四次、第五人次获奖。这昭示了日本现当代建筑对世界建筑的卓越贡献。1999 年，国际建筑师协会大会首次在中国举行，弗兰姆普顿为北京这次 AIA 会议写下一本题为《20 世纪建筑学的演变》的小册子。在最后一章，他遍数欧美以外边缘地区建筑师对当代建筑所做的贡献，从印度的柯里亚到丹麦的伍重①、从西扎为葡萄牙设计的低密度小区到安藤为日本设计的山地密度住宅，而将最后褒奖的一个居住建筑实例给了 R. 雷纳②为奥地利设计的低层高密度住宅，并引用雷纳 1973 年来到中国后对尚未进入全球化影响的中国居住建筑的高度赞美：

> 此时此刻，我们会发现有意义的是，在三至四千年中竟有几亿人一直在一个相对小的面积里过着有修养的生活——他们的世界不是用机器而是用花园构筑的。

弗兰姆普顿虽然借来了赞美，却指向中国传统建筑，它到底是对中国这个东道主的委婉致谢，还是对中国现当代建筑的沉默批评？在这本旨在对现当代建筑进行总结的小册子里，即便中国因缺席现代建筑的参与而不曾贡献出像样的杰作，然而，面对建造了全球最大量当代建筑的中国建筑界，他却也只字不提，既无建议，也无批评。

---

① 约翰·伍重（Jorn Utzon, 1918—2008），丹麦建筑师。
② 罗兰德·雷纳（Roland Rainer, 1910—2004），奥地利建筑师。

一　日本近代建筑思潮概况

流行于中国建筑界的常规说法是:日本现当代建筑的成就,在于日本很早就确立了全盘西化的建筑方向。童寯①多年前写的一本薄册子《日本近现代建筑》,罗列出相反的证据:早在柯布西耶诞生的 1887 年前后,日本政府就为培植自己国家的建筑人才而疏离外国建筑家,开始自觉地培养本国建筑师。

针对上个世纪初萌芽的现代建筑运动,日本在上世纪初的前十年就积极接触到西方的功能主义,与此同时,日本建筑界也敏感地意识到现代建筑的国际化问题。1910 年,日本建筑学会主持了日本建筑未来走向的讨论——是全盘西化,还是确保日本本土建筑的特色,并引发了"样式论争"。参与争论的理论家们甚至都比国际化建筑先驱柯布西耶年长 20 岁左右:三桥四郎②(1867—1915)主张"和洋折中",长野宇平治③(1867—1937)主张欧化,而撰写过最早的《中国建筑史》的伊东忠太④(1868—1954)则主张进化。

1914 年,在德意志制造同盟年会上,首次提出了现代建筑的核心议题:建筑未来的核心是技术还是艺术? 就在这一年,辰野金吾⑤在日本建筑学会上发言,他以抨击自己曾主张过的美术化建筑的姿态,来纠正之前日本建筑界的折衷主义主流思潮,并开始支持建筑的结构技术论。1915 年,野田俊彦⑥作为结构派,提出"建筑非艺术论";冈田信一郎⑦则认为,新建筑的意义在于科学与艺术的总和。对照童寯先生提及的日本近现代概况,其繁多的建筑思潮与多样的实践方向完全可以媲美,或者可以说也奠基了当今日本建筑界的全面繁荣。

---

① 童寯(1900—1983),中国建筑师、建筑教育家。
② 三桥四郎(1867—1915),日本建筑师。
③ 长野宇平治(1867—1937),日本建筑师。
④ 伊东忠太(1868—1954),日本建筑史学家。
⑤ 辰野金吾(1854—1919),日本建筑师。
⑥ 野田俊彦(1891—1932),日本建筑师。
⑦ 冈田信一郎(1883—1932),日本建筑师。

二 中国近代建筑思潮概况

正当日本建筑思潮涌动的 1920 年前后,宾夕法尼亚大学艺术学院建筑系毕业的中国佼佼者,杨廷宝①、梁思成②、童寯等先后归国实践。他们对未来的中国建筑产生了深远影响:影响的进深,由他们就学宾大的教育背景决定;影响的面宽,则由他们第一代中国建筑教育巨匠的地位所铺陈。

宾大的建筑教育继承了巴黎美术学院的鲍杂教育模式,其以古典建筑为教授内容的折衷主义,既是现代建筑运动所抨击的对象,也是辰野金吾为日本纠正过的美术化建筑倾向。第一代中国建筑巨匠整齐地处于鲍杂阵营,就决定了他们回国后的实践和教育与现代建筑运动在最初阶段的脱节。

共和国成立之初,梁思成与林徽因③在新都北京搭建了清华大学建筑系班底,杨廷宝、童寯以及从日本留学归来的刘敦桢④则留守在废都南京工学院(亦即后来的东南大学)创办建筑系。这两个对中国建筑教育有决定性影响的建筑系,尽管从地域上一南一北,却在建筑教育方法上相去不远——都以鲍杂体系作为核心模板来缔造中国的建筑教育。

图 14-1 批判梁思成大屋顶漫画

这一情形虽与日本早期折衷主义建筑的情形类似,日本建筑界随后面临的国际化与本土建筑的争议,在中国当时的建筑界却没掀起什么像样的波澜。民国时期的抗战情绪导致的对中国固有传统建筑的需要,并非专业争鸣的结果;上个世纪中叶对苏联建筑的模仿,也还在

---

① 杨廷宝(1901—1982),中国建筑师、建筑教育家。
② 梁思成(1902—1972),中国建筑师、建筑教育家。
③ 林徽因(1904—1955),中国建筑师、作家。
④ 刘敦桢(1897—1986),中国古建筑专家、建筑教育家。

折衷主义的巢壳里;随后对梁思成迷恋的中国大屋顶的批判,也源于政治而非学术。因此,这段时间的主要建筑实践,从形式上大致呈现出三种相互断裂的样式——仿古建筑、仿苏建筑与以经济为由简化的方盒子建筑,它们交替而松散地出现。在随后的政治疯狂的年代里,在柯布西耶当年为现代建筑运动提出的两项选项——建筑或革命里,中国的"文化大革命"选择了不建筑只革命的立场,并将建筑与城市问题变成无关专业的一场革命,这一点从当时杂志的政治性册页中可窥见一斑(图14-1)。

三 日本1960年代的建筑实践概况

从日本现当代著名建筑师的谱系来看,大部分出自赖特与柯布的谱系。以柯布为线索的师承谱系,几乎囊括了日本现当代半数以上的优秀建筑师。1959年,柯布西耶在日本设计了东京西洋美术馆(图14-2),并由他的日本弟子前川国男①、坂仓准三②和吉阪隆正③辅佐完成。柯布这件作品,对他们在日本随后进行的独立实践

图14-2 东京西洋美术馆

造成了深刻影响:前川国男1961年设计的东京文化会馆(图14-3),有着类似于东京西洋美术馆的底层架空,有着类似的外墙面材,其条形混凝土窗棱隔断也是柯布晚期的惯用手段,其最独特的反卷檐口则混杂着朗香教堂的屋顶反曲以及日本传统建筑反曲屋顶的双重意象。这类反曲屋顶的双重意象,在坂仓准三1964年设计的枚冈市厅舍得到更独立的表现(图14-4)。

---

① 前川国男(Maekawa Kunio, 1905—1986),日本建筑师。
② 坂仓准三(Junzo Sakakura, 1904—1969),日本建筑师。
③ 吉阪隆正(Yoshizaka Takamasa, 1917—),日本建筑师。

图 14-3　东京文化会馆

图 14-4　大阪府枚冈市听舍

图 14-5　香川县厅舍

图 14-6　京都国际会馆

真正将现代建筑的框架结构体系与日本传统木结构体系进行全面比较研究的尝试，出自前川的弟子丹下健三1958年建成的香川县厅舍（图14-5）。他将柯布西耶以清水混凝土表现出来的粗野主义，与日本传统木构的精美意象不可思议地嫁接在一起。每层出挑的外廊，不但给这座建筑以五重塔的重檐与平座结合的意象，每层外廊下明露的钢筋混凝土梁头，也神似日本传统木构檐口的光影韵律。丹下的弟子大谷幸夫①于1966年建成的京都国际会馆，则开阔了将国际化建筑与本土建筑结合的意象（图14-6），其基本结构单元类似于日本神社著名的千木叉手，寓意合掌。这一杰作从整体布局上甚至比丹下的香川县厅舍还胜出一筹，它散落的布局被水池所联系，其斜出挑而宽阔的平台也正适合传统园林藏水的意象，构成的整体格局类似于园林亭台楼阁的建筑意象。

这个时期，日本以一系列厅舍建筑，探索了地方性与国际性相结合的各

①　大谷幸夫（1922—　），日本建筑师。

种可能。当现代建筑在国际化进程中遭遇全面批判之际,日本在和风与洋风之间由对抗导致的持续对话中所发展出的本土现代建筑,在这一时期开花结果,并以一大批优秀的市政建筑,跻身于世界建筑的顶峰。按童寯的看法,当时只有阿尔托领衔的芬兰建筑才可以与之媲美。这一优势不但保持至今,到了当代,似乎还有一枝独秀的趋势。

四　中国建筑的后现代波澜

在西方后现代建筑思潮接近尾声的时候,中国的对外开放打开了与国际接轨的接口,扑面而来的后现代建筑,在缺乏现代建筑洗礼的中国强势登陆,它直接嫁接了中国现代建筑进程中对传统建筑符号的多次政治性运用,中国建筑界无需经历现代建筑的洗礼,就投身到这场事后看来有些短命的建筑运动之中。

恰逢其时,曾获普利茨建筑奖的华裔美国建筑师贝聿铭[1]接手了香山饭店的设计。而这位一直坚持自己现代建筑卫士身份的大师,并没有以这个项目为中国建筑填补现代建筑的空缺,却设计出他生平唯一一座后现代建筑(图14-7)。这座白墙灰框的建筑,以其用中国灯笼的灰色线脚所包裹的窗型,获得了后现代建筑的符号气质,其菱形窗户与灰色线脚一起,成为当时中国建筑界风靡一时的模仿对象。这或许也是贝聿铭愿意对中国建筑造成的影响,他对当时的中国建筑界宣称香山饭店"将是一种能被全国各地的建筑师以多种途径加以再现的方式",并是"形成一种崭新的中国本土建筑风格的唯一手段,这就是中国建筑复兴

图14-7　香山饭店

---

① 贝聿铭(Leoh Ming Pei,1917—　),华裔美国建筑师。

图14-8 苏州博物馆

的开端"。将近三十年后,贝聿铭却在与他新设计的苏州博物馆比较时(图14-8),坦然承认香山饭店设计的失败。这是一种让人后怕的坦诚,尤其思及当年他将它当作复兴中国本土建筑的唯一风格时,尤其如此。

无论如何,在这两件作品的跨度里,贝聿铭以长达三十年的时光,进行着将中国传统园林文化带入现当代建筑实践的尝试,这样的专注与持久性本身就值得钦佩。

比较不同时代对这两座建筑的不同评论文章让人感到意味深长,一方面,当年对香山饭店褒贬各半的均衡争议,明显好过当代对苏博近乎一面倒的褒奖,当年对香山饭店的质疑几乎准确地预告了香山饭店的失败缘由;另一方面,从这些评论的质量来看,当代对苏博的评论,赞美多半集中在几何手法与技术层面上,却无力在贝先生关注的园林理论的意境层面展开。贝先生曾感慨在设计香山饭店时,还能得益于陈从周先生提出的颇有造诣的造园建议,而在苏博建造过程中,陈从周先生的过世使得中国建筑界似乎丧失了展开中国建筑文化对话的能力。

五 日本当代建筑师非风格的传统研究

与后现代建筑风格在中国建筑实践上卷起的短促狂潮不同,日本建筑更多的是从理论与实践两方面践行着与后现代同步的"新陈代谢运动"。与日本第一代建筑师从风格上试图将现代建筑与本土建筑结合起来不同，当代日本建筑师似乎更愿意从传统建筑的一些意象里，谋求它们在当代的各种空间代谢的潜力。

从家型空间的角度出发，坂本一成①曾将传统大屋顶当作家型的象征。而坂本的弟子冢本由晴②借由"东京代谢"为名，则将坡屋顶当作能解决居住密度的独特构件。在 Gae 住宅里(图 14-9)，基于规范的退进线而设置的斜坡出檐，与墙面之间以玻璃板水平相接，与下沉的起居空间的高差正好构成一张三边转折的巨大而连绵的玻璃台面，并且，光线通过白色金属般外墙从这个玻璃台面反射进来，给予这个坡顶空间以柔和而均匀的光照。

图 14-9　Gae 住宅　　　　　　图 14-10　森林小屋

冢本的弟子长谷川豪③以坡屋顶的剖面图示演绎了坡屋顶空间格局的丰富表现性。他在 29 岁时设计的这座森林小屋(图 14-10)，有着相当简朴的西式坡顶外观，除坡屋顶上向南出挑了一个简单的阳台之外，毫无值得炫耀之处。其丰富性来源于对坡屋顶空间剖面的多样利用——他用双重坡屋顶制造出三个剖面(图 14-11)：有时通过坡顶上方的天窗，将南边的光线通

---

① 坂本一成(Kazunari Sakamoto，1943—)，日本建筑师、建筑教育家。
② 冢本由晴(Yoshiharu Tsukamoto，1965—)，日本建筑师。
③ 长谷川豪(Hasegawa Go, 1977—)，日本建筑师。

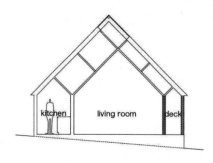

图 14-11 森林小屋剖面

图 14-12 森林小屋内部空间

过双层屋顶导向北边的厨房,顺带将底层无需防水的宣纸屋顶渲染成半透明的天光障子,并照亮底下的起居空间(图 14-12);有时又利用类似的方式,将北边的光线带入南部的浴室,并以滑过天花的障子照亮私密的卧室空间。

　　跨界的建筑史家在藤森照信,一面实践着坡屋顶与家屋之间的象征性,一面直接追问坡屋顶自身的空间魅力,并意识到坡屋顶斜面对身体感知的诱惑——"人从下方看到斜面会想攀登,由上往下看会想往下滚",斜面刺激了人们从猿祖继承来的攀爬的身体性。高木贵间①在 House K 的设计里(图 14-13),几乎直观地满足了坡屋顶所诱发的身体攀爬打滚的意象,在有

图 14-13 House K

些地方,人们确实可以爬上倾斜的地面,并将身体伸入上层斜屋顶的天窗里,而被天窗照亮的坡屋顶则将反光漫射向室内,成为间接光源。它践行了阿尔贝蒂当年对建筑意象展示的非符号性研究方式——他将北边之山当作额外太阳的描述,或许与高木贵间将被照亮的坡顶当作反射光源的意象如出一辙;而其宣称柱子是墙中断后的结果,则可以类比于石上纯也将密集的柱当作隔间系统的意象。

---

① 高木贵间日本当代建筑师。

日本这些新生代建筑师沿着前辈建筑师们的足迹,不断发掘传统建筑作为符号之外的空间潜力,并以各种方式细腻地展开了有别于"新陈代谢运动"有关建筑造型的风格化道路,而实现了对建筑问题的代谢承传。

六　中国建筑的本土性建筑实践

　　《时代建筑》以可敬的学术态度,从故纸堆里挖掘出两个与香山饭店前后建成的本土杰作——由冯纪忠[①]设计的方塔园,以及由葛如亮[②]设计的习习山庄。

　　彭怒[③]在一篇题为《中国现代建筑的经典读本》的文章里,将习习山庄鉴定为现代与乡土相互融合的杰作。其"L"形的空间构成(图 14-14),可看作是对赖特与密斯流动空间的自觉学习,而"L"形空间所具备的转折能力,不但能在地形起伏的高差变化中,从容经营建筑的辗转腾挪,也

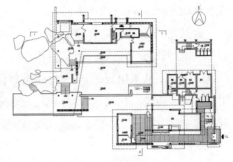

图 14-14　习习山庄平面

为谋求中国山水转折多变的意境,提供了可操作的经营手段。彭怒的研究还指出,葛如亮在这件作品里,自觉使用了冯纪忠先生经常使用的对偶手段来营造中国山水的意境。

　　作为葛如亮的前辈与同事,冯纪忠被誉为中国第一位系统研究现代建筑空间观念的学者。在方塔园的空间格局里,他还兼顾了现代建筑与中国传统建筑的空间格局。他将他在其间设计的何陋轩与密斯的德国馆进行了自觉而不乏自信的有意比照,并认为何陋轩利用基座与周边几堵弧墙的旋转错落的操作,获得了比德国馆更加灵活的动感。旋转的基座之上,一座用竹子与茅草搭建的朴素建筑,最终以确定无疑的坐北朝南的方位确定,在姿

---

①　冯纪忠(1915—2009),中国建筑师、建筑教育家。
②　葛如亮(1926—1989),中国建筑师。
③　彭怒,中国当代建筑学者。

图14-15　何陋轩

态上宣告了对中国传统建筑面相的尊重。与童明一样,我也不认为冯纪忠先生对这座建筑的竹结构有建构或低技策略方面的核心考究,重要的是,他把握住中国传统建筑屋顶的下沉意象——有别于伍重从太和殿里体会到的屋顶上浮的意象,何陋轩压低屋檐的意象,因为指向南面池塘与植物而具备传统园林框景的特殊指向(图14-15)。

　　就我的阅读经验而言,在方塔园的设计里,冯纪忠先生以旷/奥、曲/直、刚/柔、繁/简、高/下、人工/自然这些对偶术语来自觉设计,不但在中国现当代建筑的历史上从未出现,到现在也还没有恰当的继承人。即便在日本以当代建筑对日本传统文化的全面检讨中,无论是黑川纪章的灰空间,还是藤本非常近似的空间"浓淡",都不曾如此准确地把握住中国传统文人的造境法则。

七　建筑与材料技术的实验

　　2000年初,为设计长城脚下的公社建筑群,张永和召集了亚洲十二位杰出建筑师,来自日本的两位建筑师隈研吾与坂茂①分别提交了竹屋与家具建筑的提案。

　　隈研吾,这位建筑师曾以放大爱奥尼柱头为建筑的先锋行为,被日本建筑界的潜规则放逐,随后在乡间以很小的项目进行近十年的反思,并以一系列材料来实验关联于自然的建筑效果——玻璃、木头、石头、纸、竹,甚至还尝试以极具塑形能力的塑料材料模拟日本和室的光线氛围。因此,以竹子来为长城脚下搭建一件竹屋(图14-16),只是这一系列长期实验的中国验证。他敏感地意识到中国当代工艺与日本的巨大差异,并将中国工艺的不能精致视为中国特色,以竹子表皮间的格栅将长城周边的山色纳入内庭的

---

　　①　坂茂(Shigeru Ban, 1954—　),日本建筑师。

图 14-16　竹屋

图 14-17　家具屋

水池中,成为当时最上镜头的作品之一。

坂茂或许没能意识到中日当代工艺的差异,他将早年在日本演练过多次的家具建筑移植过来的时候,实际效果就并不理想(图 14-17)。他以家具为结构在中间所空出的院落,因为将庭院视为灰空间而显简陋,远不及坂茂其余闻名世界的纸管建筑。纸管材料的选择,源于他早年设计的展示场所使用布匹的剩余芯筒。在另一次阿尔瓦·阿尔托的日本展览里,他尝试用芯筒纸管表现阿尔托建筑的空间流动感与木材的天然色泽。随后,为了将这种材料使用在建筑里,他对纸筒进行了各种防水防火的实验;为了将这种非现代建筑材料纳入建筑规范,他还对政府相关部门做了大量公关工作;最后,为了向公众演示这种纸建筑的可实现性,他设计了第一个纸之艺廊(图 14-18)。

图 14-18　纸之艺廊

这种纸管建筑后来在两次国际性的灾难援建里显示了非凡的潜力。坂茂 1995 年为阿尔及利亚难民设计的"纸之陋屋"解决了联合国援助组织面临的困境。之前援助给难民的临时住房为铝管帐篷居所,难民却常常在领取到救济时就将铝管变卖,这导致帐篷居住计划的失败。坂茂提

图 14-19　纸之教堂

供的这种纸管建筑成功地解决了这一问题,纸管低廉的价格几乎引不起难民们出售的兴趣。在日本阪神大地震后,坂茂利用了造纸厂援助的纸管建材,因为建材的轻便与加工的简单,他与自愿者一起搭建了一个以纸管为隔墙、以帆布为屋顶的纸之教堂(图14-19),在自然灾害的残酷中,为灾民提供了一个用以祈祷的精神空间。

八　非常建筑的非常实验

在 1999 年 AIA 国际建筑师协会展览上,时任《建筑师》主编的王明贤[1],策划了中国青年建筑师实验建筑展。这次后来引起风波的展览,将刚从美国学成归来的张永和以及本土青年建筑师王澍[2]、刘家琨[3]等人推上中国实验建筑的舞台。时过境迁,这三位建筑师如今都成为中国当代建筑独当一面的领军人物,也都不同程度登上了国际建筑舞台。

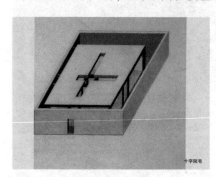

图 14-20　院宅五

与妹岛同岁的张永和,在国外就曾以一系列国际竞赛获奖作品,对上世纪八九十年代的中国建筑界形成非常广泛的影响,回国后又以《非常建筑》一书拓展了这一影响。其中的作品"院宅五"(图 14-20),显示出他将密斯的现代建筑与中国庭院住宅进行嫁接的努力。这件以不等臂的十字天窗区分的四间房作品,有着简练而丰富的意象。较之密斯的范斯沃斯住宅,它保留了更多的生活基

---

①　王明贤,中国当代建筑与艺术评论家、策展人。

②　王澍(1963—　),中国建筑师。

③　刘家琨(1956—　),中国建筑师。

本差异;住宅的十字天窗,保留了中国庭院连接不同功能的走廊意向,张永和却将传统外置的走廊翻转到内部;围墙虽有着现代建筑的白色外观,内部朝向四间房的墙面却刷成红色,以满足中国传统宫廷朱色的隐秘奢华。

　　大约2000年前后,非常工作室出版了《平常建筑》作品集,其中收录的建筑案例确实开始走向平常,然而也不乏研究广度的敏感:在这本作品集里,晨星数学研究所是规模最大的建筑实践,其概念来源于将建筑中的复杂功能看作对城市复杂性机能的模拟,或许是对库哈斯发起的城市研究的主动回应;其中最具野心的概念设计则是"竹化城市"。结合国际建筑界业已兴起的生态建筑,非常工作室的"竹化城市",不但利用竹子对建筑进行表皮改造,竹还将成为建筑与城市间的环境系统。这项研究曾以局部参加了2000年威尼斯双年展(图14-21)。作品集最后收录的位于长城脚下公社的二分宅,被两个概念所支撑:以二分的建筑体量的可调节,应对未来不同山地地貌的变化;利用夯土与木材这两种可风化的土木材料,应对中国传统建筑的土木文脉(图14-22)。

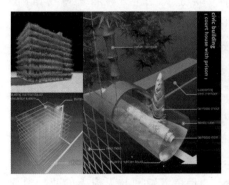 

图14-21　竹化城市概念设计　　　　图14-22　二分宅模型

　　与这件作品的封闭夯土墙并不适合观望山间风景不同,张永和未被收录的另一件作品似乎更具地域性的传统表现潜力。非常工作室为蔡国强设计的泉州小当代美术馆(图14-23),以泉州当地出砖入石的材料传统——将被拆除或因台风倒塌的砖石建筑的不同材料混砌在外墙上,构造了美术馆最核心的展示墙体。以类似的线索,这件作品还将墙体材料的地方传统拓展到屋顶,并思考如何将收集来的高低、大小不一的屋顶材料重组为平行

图 14-23　泉州小当代美术馆效果图

墙体间错落的屋顶。这件作品为结合当地传统与现代建筑提供了一种值得学习的典范。

九　刘家琨的低技实验

经过 1990 年代中期的犀苑休闲营地对巴拉干的临摹，以及何多苓工作室的空间训练不久，身处四川的刘家琨完成了鹿野苑石刻博物馆（图 14-24），它标志着刘家琨的建筑走向一个新的高度。

这件作品内壁以廉价的红砖砌筑墙体，然后刷白用以展览，外墙面则以这堵红砖墙为内模浇筑清水混凝土，以窄木板为模板——区别于日本清水混凝土的精美工艺，刘家琨有意凸显当地的低技凹凸，以此将工匠的难以精致当作建筑的有意为之。除开刘家琨本人叙述过的上述低技策略以外，其作为石雕展览的空间布局也相当成熟。在展示精美小件石雕的小凸龛内，刘家琨选择顶光方式来为展品挂光；而在展示大型石雕的大厅内部，则以来自墙壁缝隙间与天窗上的两种滑落的光线照亮它们。借助空间尺度与光线的建筑操作，它们与展品陈列保持了细致的对话关系（图 14-25）。

图 14-24　鹿野苑石雕博物馆外观

室外是刘家琨惯用的坡道，因为穿越竹林与原有的小沟池，开始呈现出当代中国建筑作品里少有的曲径通幽的意境（图 14-26）。从内部回看

图 14-25　鹿野苑石雕　　　　图 14-26　　鹿野苑石雕博物馆坡道
　　　　　博物馆内部空间

坡道穿越建筑的空中入口,几乎压入门扉的沟边植物不但给这个封闭的展厅以向着自然的适当开放性,还增强了在内部观看佛像的丛林般的神秘感受。

　　就我本人的经验而言,不论是观念与实践的匹配,还是空间与工艺的匹配,这都是我目前所见到的中国最杰出的建成品。与这件杰作相比,刘家琨随后一期的鹿野苑建筑重心,似乎偏向对材料制作方面的技术实验,而他后来在威尼斯双年展上,以汶川地震废墟为材料制作的空心砌块墙,表明的似乎更多是建筑师的道德立场,而放弃了在低技本身里寻求建筑质量的最初追求。

十　王澍的营造实验

　　在 1999 年实验建筑师展览上,王澍展出的是他尚未建成的苏州文正学院图书馆。如果不追究这座建筑在声学处理上的有欠妥当,这件作品从传统建筑文化解决建筑与环境关系的智慧里借鉴了最为机智的思考方向:面对图书馆庞大的体量,王澍思考着如何让它与身处的山水环境协和相处而不显突兀。借鉴苏州艺圃园林经营的经验——艺圃的延光阁,就以庞大的体量直面南面人造的不大假山,与池面不广的一片水域(图 14-27),建筑体

图 14-27　苏州艺圃池面与延光阁、明代小亭的关系

图 14-28　文正图书馆与冥想亭
及水面关系

量与池面的对比,甚至比文正图书馆体量与水面的对比更逼仄——王澍发现,从延光阁里南望山水,水面东南角一座明代的小阁与不大的人造山水之间却保持着尺度良好的匹配关系,至于延光阁自身的庞大体量,因为身处其间,其体量并不参与度量环境的感知尺度。因此王澍的设计,就是让人们进入其间,观看他为了匹配山水而面湖设计的一个体量若亭的冥想盒子(图 14-28)。这一内向型景观特征,曾被芦原义信总结为日本传统建筑内眺型的特点。芦原义信也曾假设过龙安寺枯山水的情形,从建筑内部眺望有着十五块石的枯庭所带来的神秘遐思,一旦从庭外反观建筑,则意境全无。

在王澍夫妇设计的象山校园一期,校园庞大的建筑群被拆散,并与象山保持了恰当的观望距离,象山被镶嵌在散落布局的建筑体量之间,以片段的框景保持着建筑体量与象山之间的恰当关系。与象山一期以群体与象山间的棋落经营取胜不同,象山校区二期则更像是王澍对一系列建筑单体演练的集萃——他似乎要自造一套类似于文人造园时无需考虑的亭台楼阁的建筑类型,以备将来经营群体建筑所用——如太湖山房、爬山楼、反曲屋顶的建筑系馆。在这制造类型建筑的野心之外,王澍还兼带着实验性地利用民间废旧材料制造集成墙,并尝试利用毛石基座之间的缝隙种植青苔,还兼顾着要以太湖石的形态在混凝土墙上掏洞打孔(图 14-29)。就我的现场感触而言,最具意味的却是屋顶上被巨大瓦屋顶裁剪的远山意象(图 14-30)。

图 14-29　象山二期太湖洞　　　　　图 14-30　象山二期瓦顶

　　象山二期稍显仓促的多样性实验,似乎是对他们未来两项作品——参加威尼斯双年展的瓦园以及上海世博会的滕头案例馆——的前期实验。瓦园虽不甚精致(图 14-31),却是历届中国参展作品里最直接也最准确捕获到中国传统建筑意境的作品。而滕头案例馆(图 14-32)则凝聚了象山二期的集成材料墙、太湖洞、种苔种藤的多样实验。作为成熟的标志,被象山二期当作立面造型的太湖石洞口,在此处被层叠于层层剖面里,藉由攀爬转折的坡道,借助王澍意欲浓荫蔽日的设计起点,它们几乎就要形成太湖山洞的

图 14-31　威尼斯双年展瓦园

图 14-32　上海世博会
滕头案例馆

幽深意象。这一设计起点,不但摆脱了在中国日渐僵化的建构意象,也将中国传统山水的意象天然嫁接了关于建筑与环境的当下话题。以屋顶种树来制造浓荫蔽日效果,因为树木生长的周期而与临时性展馆的短时性难以匹配,来不及完全实现王澍以浓荫蔽日来加强太湖山洞幽深之感的意向。

十一 实验建筑的反思

中国当代建筑的总体状况虽以个人实践的多变性为目标,总体却呈现日趋同化的态势。与此不同,日本建筑师虽以个人对持续性的演变为目标,却为日本建筑的整体带来真正的多样性。这一点,在我指导不同学生撰写不同视角的专业论文时,尤其彰显——覃池泉在以虹桥结构为起点研究编木结构时,发现这类结构的最佳实践多半来自日本建筑师;唐勇以现代建筑早期室内空间可变性探索为题,发现当代建筑对这类研究的最广泛实践也来自日本建筑师;王磊在撰写建筑与植物关系的论文时,发现当代最多与最杰出的实例还是在日本……

面对王澍在滕头案例馆里有关植物与建筑的关系、传统材料与当代建筑关系的演示,我分别想起张永和十年前的竹化建筑、泉州小当代美术馆对出砖入石的方案性使用。我曾私下猜度非常工作室没能持续研究这两个方向,或许与2003年杭州的那次建筑盛会有关。在那次会议上,有着"上海鲁迅"之称的王南溟[1],以长达半小时的演讲,批判中国艺术界的殖民化倾向,他一贯批判的对象是张艺谋[2]与蔡国强[3]:张艺谋的电影《红高粱》,被批判有将"中国红"倾销国外的倾向;蔡国强的爆破系列作品,有以"四大发明"讨好外国艺术评论的嫌疑。被王南溟在这次会议当作主要批判对象的非常建筑,则因为竹子与大熊猫这类国宝的间接关系而受到猛烈批判。王南溟对前两位艺术家的批判由来已久,但并没有改变张艺谋与蔡国强对这类作品的持续性实验,他们分别为2008年的奥运会导演了最高水平的开幕式与烟火。非常建筑的竹化建筑,则似乎从那个时期就销声匿迹了。非常建筑

---

① 王南溟(1962—),中国艺术家与批评家。
② 张艺谋(1950—),中国导演。
③ 蔡国强(1957—),华裔美国艺术家。

后来更多以建筑立场来代替建筑的持续研究,似乎来自艾未未①的质疑——在非常建筑十年的会议上,艾未未曾质问过非常建筑的建筑立场。我并不清楚艾未未这一质疑的真正含义,我猜想坚持某种立场,总是要以坚持的时间来为作品带来持续性的质量,不应该是以表明立场来牺牲质量。坂茂对纸管建筑的持续性研究,起因并非针对地震或其他灾难的平民立场,然而正是他对纸建筑的持续研究,使之在应对这类灾难的平民居住需求时,有着不乏建筑质量的专业贡献。相比之下,当代中国建筑师许多表明为人民服务的建筑,因为常常缺乏一定的质量,而仅仅成为非专业的道德立场的表现。关于这类口号立场的习惯,房龙②曾将历史上的诸多口号罗列在一起,认为凡是有着朗朗上口且庄严的口号——自由、平等、博爱、民主、信仰、嗨希特勒、一切为了沙皇往往会成为常用的战斗口号。

十二　中国建筑的本土化与当代化

史健在他为《城市空间设计》杂志持续主持的专栏《新观察》里,宣告王明贤当年提出的"实验建筑"时代在中国的终结,而以"当代建筑"来取代这一命名。

然而,史健将王明贤以是否具备探索精神而定义的"实验建筑"与非常建筑的走向捆绑在一起,并宣告实验建筑的终结让人怀疑。就我最近几年对当代中国建筑不多的旁观而言,同济大学的童明与张斌夫妇最近在上海附近的实践、西安刘克诚的新近作品、北京"标准营造"的一系列小而精的作品,甚至更年轻一代的多向工作室大到世博会万科馆、小到一些室内设计与装置作品,无论从态度还是质量上,都无愧于当年王明贤定义的"实验建筑"。

按照史健的判断,中国建筑的实验态度已然从边缘化蜕变为主流话语,既然中国建筑与国际建筑潮流有着全面的即时性接轨,就跨入了当代建筑的范畴。2012 年年初,在王明贤主持的《中国建筑艺术年鉴》发布会上,周榕③博士一针见血地指出,以建筑造型与国际潮流的趋同为价值依据,正说

---

① 　艾未未(1957—　　),中国艺术家。
② 　威廉·房龙(Hendrik Willem Van Loon, 1882—1944),荷兰裔美国学者。
③ 　周榕(1968—　　),中国建筑批评家。

明中国建筑界文化普遍的自信匮乏。而真正能确保文化"现代化"的精神，原本应该建立在一种平和而自信的文化心态上——既不将文化间的差异当作差距来剿灭，也不将它们当作独门暗器来发飙，而是在相互对照中获得更细微的相互理解。在汉学家包华石①看来，这也是欧美文化当年实现现代化的有效途径：

> 无论是在欧美还是中国，知识分子要创造"现代化"的文化都只有两个可以获取资源的地方：国内的传统和国外的传统。……欧美的前锋艺术家能大量地采用国外的资源而最后把结果叫做"现代化"。如果本土东西的价值不如外来的，那么即便借过来资源也不可能发生跨文化的后果；不是跨文化的则缺乏国际性；缺乏国际性则只能算是本土性的，因而也不能视为现代性的了，即不足以从事国际性的文化政治竞争。②

从现代建筑的进程而言，赖特广泛借鉴日本等其他国家的建筑传统缔造的美国风建筑，与毕加索借鉴遥远的黑非传统艺术缔造现代艺术类似，它们都能印证包华石的这一论证。就此而言，葛如亮与冯纪忠的现代本土性建筑实验，之所以能摆脱中国大部分地域性建筑实验里的乡愁气息，或许正在于留学奥地利的冯纪忠的特殊背景——作为中国同时代中少有的直接接触现代建筑运动的自觉者，他自身的设计里就自觉地包含了本土与国际的跨界思考。而将杨廷宝与路易·康的实践进行比照，或许更能诠释跨文化思考的必要性：他们都是宾大同时期毕业的最优秀的学生之一，从学生时代的获奖情况看，杨廷宝似乎还要更胜一筹。与杨廷宝归国即将卓越的古典建筑修养转化为实践不同，康夹在古典建筑与现代建筑的持久张力里，最终，在现代建筑遭遇全面批判的时候，他将深厚的古典主义功底注入没落的现代建筑之中，以其跨界的建筑思考成为现代建筑晚期最卓越的建筑巨匠以及最伟大的教育巨匠。

---

① 包华石(Martin J. Powers)，美国汉学家、艺术史论家。
② 〔美〕包华石：《现代主义与文化政治》，《读书》2007 年 3 月。

第十五讲

建筑与自然：中国建筑的可能性展望

将建筑造型当作风格进行创造，被雨果在《巴黎圣母院》里所预言。自文艺复兴以来，建筑造型虽不再作为与宗教含义密切相关的对应物，翻开王贵祥翻译的《建筑理论史》却发现，19世纪那些对现当代建筑影响深远的建筑理论家，多半是以修士身份撰写的著作。因此，现当代建筑造型的多样性，尽管已多过千年建筑史式样的总和，却依旧沉湎于五百年来的建筑造型翻新上，并加剧了建筑与自然在世界范围内的全面分裂。

藤本曾希望将建筑学的五线谱拿掉，是希望获得无谱系的造型自由。伊东未必认可这种自由，他相信每件优秀作品都有完整的宇宙观支撑或曰限制。伊东构想的造型自由是，或许能发现一种建筑的新谱系，与历史上所有的建筑谱系都不一样。沿着伊东这一不无野心的谱系希望，中国现当代建筑或许能在中国阴阳文化关联于自然的古老谱系里，在全球环境恶化的背景下，续接出一条可能的未来之路。

一 造型与光线

在文艺复兴画家安杰利科①绘制的《天使报喜图》(图15-1)中，并置着两个画面：1. 人类始祖亚当夏娃被赶出以植物象征的伊甸园；2. 天使伽百利向柱廊建筑中的玛利亚告知其怀孕。左上角的球形上帝发出的一束光线，作为上帝创造力的象征，来自古埃及创世纪神话。万物生长靠太阳的自然现象，曾让古埃及人将上帝的造型想象为如太阳般的球体，继而将太阳神发射的光线当作创生万物的精子(图15-2)。在这幅《报喜图》里，光线穿越以植物象征的伊甸园，进入象征人工的柱廊建筑，射向玛利亚的处女之身，缔结了处女玛利亚感光受孕的创造奇迹，并为西方建筑学提供了两条有关创

---

① 安杰利科 (Fra Angelico, 1395—1455)，意大利画家。

图 15-1 《天使报喜图》

图 15-2 古埃及浮雕

图 15-3 《雅典学院》

造的秘诀:神圣的球体造型与神启的神秘光线。

从文艺复兴到现当代,五百年来的建筑造型一直就围绕着象征上帝造型的球体以及象征精神的神性光线而展开:拉斐尔为文艺复兴创造的《雅典学院》(图 15-3),背景是伯拉孟特正在督造的圣彼得大教堂,尽管中央那个巨顶球窿被前景的拱券遮挡,闪光的球体却被右下角的建筑师伯拉孟特

托在掌心。建筑师僭越了上帝建筑
师图景里的那位上帝，从此成为神圣
建筑造型的人间创造者。上帝手持
球体所发出的神圣光线，曾以照耀物
质的方式，为哥特教堂的尖券造型带
来超越物质的美名，随后又被布雷①
在牛顿纪念堂里（图15-4）宣泄为启
蒙之光，球体的日夜光耀不再是神

图 15-4　牛顿纪念馆

启，而是启蒙，"enlight"的启蒙含义由此而来——使照亮。曾深受安杰利科
绘画吸引的柯布西耶，将球体造型与自然光线一并带入现代建筑的造型运
动，他对现代建筑的定义就是：柏拉图形体在光线下辉煌的表演。

　　体量加光线的现代造型，不但为塞尚与修拉②的现代绘画铺陈了两条
大道，也在密斯为现代建筑打造的玻璃建筑里，磨砺出如同钻石般的建筑光
辉。建筑造型虽在后现代建筑里被广告符号一时蒙蔽积灰，却很快就在当
代建筑造型里蒙上一层永远创新的表皮，它们继续以夜间霓虹灯的闪烁方
式，照亮着消费时代的建筑夜空。

二　自然与建筑

　　在那幅《天使报喜图》里，右侧的玛利亚身处拱券建筑间，沉浸在感光
受孕的喜悦里，左侧的亚当夏娃却因被驱逐出伊甸园而倍感沮丧。这两幕
场景——建筑与伊甸园——虽被同时性地并置于一幅画中，却截然分离，它
们昭示了西方建筑与自然的持久分裂。人们似乎遗忘了，造物主那束造型
之光，曾将那两幕自然与人工的不同场景联系起来——上帝之光，不只射向
右侧玛利亚而创造了神子耶稣，也在掠过伊甸园时先行创造了那里的自然
植物。

　　自然植物与人工建筑这层密切关系，曾在古埃及以青碧彩绘的方式，将
建筑的植物柱式装扮为伊甸园的丛林形象（图15-5）。这层关系虽被希腊、

---

① 艾蒂安·路易·布雷（Etienne-Louis Boullée，1728—1799），法国建筑理论家。
② 乔治·修拉（Georges Seurat，1859—1891），法国画家。

罗马以三种柱式的柱头造型所抽象(图15-6),却从未完全消失,它们曾以科林斯柱头上的植物花茎存在于万神庙的庙里庙外,也存在于这幅《天使报喜图》柱廊里的柱头上,并与伊甸园里的森林保持着隐秘关联。在中世纪哥特教堂的束柱里,柱头上的植物形象虽然一时面目模糊,保罗·克洛代尔①在《教堂的发展》一文中,还能清晰地描述出教堂束柱与自然森林间的象征关系:

> 由于不断的开发,遮蔽深邃的圣林及参天的原始树群——此类原始树群还在日本荫蔽着日光市的神社——的屏障越来越薄,最后只剩下了一排,这一排便是围绕着古庙圣殿的整齐柱列。②

将哥特大教堂比作阴暗的黑森林,是文艺复兴对中世纪哥特教堂贬义的黑色意象。哥特教堂在其英国发展阶段的晚期(图15-7),确实也越来越朝向森林意象迈进。这一意象,在文艺复兴的正统建筑理论里,被认为是哥特大建筑的造型堕落。此后,植物作为建筑里的自然意象,先是被文艺复兴的几何体量所抽离,并被古典主义以更为抽象的立面比例所摒弃。植物虽在随后的早期现代建筑里,曾以阿拉伯式样的抽象图案短暂地装饰过沙利

 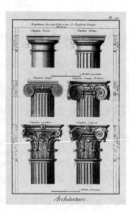 

图15-5　古埃及神庙　　图15-6　三种柱式　　图15-7　Peterborough
　　　　复原图　　　　　　　　　　　　　　　教堂后唱诗席扇形拱

---

① 保罗·克洛代尔(Paul Claudel, 1868—1955),法国文学家。
② 转引自奥古斯特·罗丹:《法国大教堂》,啸声译,广西师范大学出版社,2002年。

文的现代建筑,而在接踵而来的一场反装饰运动中,植物与建筑的关系——以陶砖或壁纸装点的植物残余,也从现代建筑坚硬的混凝土墙与光滑的玻璃壁上逐一剥落。

王磊在北大建筑学中心的硕士论文,就以现代建筑这两种主要材料为起点,却意外发现,被柯布推广的钢筋混凝土材料,与被密斯宣扬的玻璃材料,它们的起源,都与关联于自然的植物种植有关。

三　现代玻璃材料与植物

帕克斯顿在 1851 年设计建成的水晶宫,其原型就是玻璃温室,本来的意图是为异地移植的植物提供阳光与温度。在经历了半个世纪的工程而非建筑学领域的发展之后,它才在 1914 年德意志制造同盟展览上,以陶特设计的皇冠形玻璃宫正式在建筑界亮相。借助薛尔巴特颇具哥特意味的铭文力量,它第一次确认了全玻璃材料可以为新建筑带来新的造型美学。

五年之后,以模型与图纸的图示方式,密斯构想了全玻璃摩天楼的前景,它假设曾用以容纳植物的容器可以成为现代人类的生活容器。他之所以关注玻璃的反射超过透明,或是因为反射尚能维持古典建筑的体量造型,而原本处于其间能象征自然的植物,却没在他的图纸以及模型里出现。在他 1930 年设计建成的吐根哈特住宅中,王磊发现该建筑东侧的两重玻璃墙间还保留了一个小型的玻璃温室(图 15-8),以为室内种植出自然的绿色。然而,这一使玻璃材料与植物之间发生密切关联的方式,在密斯后来的建筑里越来越少,最终在密斯为都市锻造的玻璃摩天楼里,彻底摆脱了任何有关植物的自然意象,而抽象为超越物质的结晶体造型——玻璃钻石,它们完美地媾和了光线与造型两种西方建筑的神性。

大约与密斯研究玻璃建筑的可人居性同期,柯布西耶将植物当作四种城市规划的要素之一,并与阳光、空间、钢和钢筋混凝土一起,被写入国际建协的雅典宪章。在 1939 年伦敦举办的"理想家园"展览中,柯布制作了以阳光、空间、植物为主题的造型装置(图 15-9),以宣扬植物对理想家园的重要性。然而,在这一宣言的要素里,有空间,有阳光,甚至有钢与钢筋混凝土材料,却偏偏没有能为植物提供光线的另一重要的现代材料——玻璃。

图 15-8　吐根哈特住宅植物池

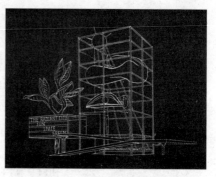

图 15-9　柯布西耶绘制"阳光、
空间、植物"

四　现代混凝土材料与植物

柯布曾试图将玻璃幕墙的发明权划归己有,但很快发现,适合植物生长的玻璃温室对于人居而言,要么太热,要么太冷。在寄希望于全空调机械的实验失败之后,柯布西耶以此为契机,发明了他著名的遮阳体系。

柯布虽然放弃了玻璃建筑,却并未放弃在现代建筑里引入植物的愿望。他将钢筋混凝土构筑的屋顶花园当作他的发明。这一发明,很可能得自他的钢筋混凝土老师佩雷的自宅,后者在巴黎富兰克林大街 25 号的公寓里,早就有一个很著名的屋顶花园。它来自于佩雷与埃纳比克[1]的合作,后者用以申请专利的钢筋混凝土新材料,正来自园艺师约塞夫·莫尼埃[2]为种植而发明的加筋混凝土。

玻璃与钢筋混凝土,这两种现代建筑的核心材料,都源自于种植植物的园艺技术,颇有命数的意味——它意味着现代建筑原本有机会借助这两种材料,重返西方神话里人类宜居的伊甸园。

以钢筋混凝土材料为后盾,1922 年,柯布构想了别墅大厦的前景:它以地面不动产的土地为特征,将别墅垂直叠合在一幢大厦里(图 15-10),并以

---

① 　弗朗索瓦·埃纳比克(Francois Hennebique,1842—1921),法国建造师。
② 　约塞夫·莫尼埃(Joseph Monier, 1823—1906),法国园艺师。

图 15-10　别墅大厦

挑高两层的空中庭院的树木，将之
写意为与土地有关的空中别墅。
在 1925 年巴黎装饰艺术博览会
上，柯布在地面上以"新精神馆"
展示了它的一个单元模样。基地
现有的树木，看似完美地展示了花
园的理想——柯布在屋顶上保留
一个圆洞（图 15-11），以让树木伸
出屋面继续生长——却宣告了柯
布在空中种树的梦想的幻灭，对于

图 15-11　新精神馆

人类而言挑高两层的奢侈高度，尚不能容纳一棵像样乔木的自由生长。

　　柯布以两种方式诠释了这一问题的造型意义：一方面，柯布不再坚持在
标准楼层里种植植物，以植物为起点，他坚持在住宅里保留局部两层挑高的
空间造型；另一方面，柯布将花园的梦想移植到不受高度限制的屋顶。这两
项措施得以在马赛公寓里会合。尽管如此，无论是萨伏伊别墅还是马赛公
寓的屋顶上，我们还是没有看见像样的植物，更多的是建筑在屋顶上雕塑般
的造型。在现代建筑的造型与象征自然的植物关系上，造型似乎始终占有
压倒性的优势。

五　植物与建筑的现代关系

　　按照我提供的模糊线索，王磊将柯布的萨伏伊别墅、密斯的范斯沃斯住
宅、赖特的流水别墅这三幢代表现代建筑顶峰的作品并置，发现了它们虽各

图 15-12　萨伐伊别墅效果图

图 15-13　流水别墅效果图

图 15-14　范斯沃斯住宅效果图

图 15-15　艾玛修道院

处不同的自然环境中，却都表现出建筑物对植物具备压倒性的造型优势：在萨伐伊别墅的透视长卷图里（图 15-12），建筑以对角线的方式凸显其体量，前方有几株看似龙爪槐的低矮植物，它们尽量避免遮挡建筑，仔细地扮演着配景的地位；在传奇的流水别墅渲染图里（图 15-13），透视点特地选择能避开茂密植物的溪流对面，并将暗色的树木绘制在流水别墅浅色体量的背后，以衬托其出挑非凡的体量造型；从范斯沃斯住宅北向透视来看（图 15-14），建筑南部密集而高大的乔木，似乎也一样是为了凸显北部建筑而成为衬景；从鸟瞰的范斯沃斯住宅的基地状况看，在茂密的丛林间，建筑北面忽然空出的草坪空场相当可疑，似乎是以砍伐森林的代价，为密斯绘制的北向立面提供了无碍的视觉道场。

范斯沃斯住宅这片可疑的空场，与流水别墅选择的那个可疑视点，却都符合芦原义信在《街道美学》里的发现：在西方传统建筑里，一座重要的建筑前面最好有两倍于建筑高度的空场,以便鉴赏建筑的造型。因为要突显建筑,欧洲传统城市的多数街道与广场就很少会有像样的植物。让柯布无比迷恋的艾玛修道院的内庭(图15-15),一样没有象征自然的植物,以免遮挡建筑造型。芦原义信因此建议将日本传统街道的林木铲除,替之以平坦的草坪,以清除对沿街建筑物的遮挡。幸而他很快就修正了这一观念,并从香榭里大街发现了林木有为城市添加自然属性的功用,后来还将自宅庭院的草坪铲去,种成杂木树林。

与芦原义信这种价值转向大概同步,北大建筑学中心的刘星,在有关芬兰现代建筑进程的研究中,也发现几乎同步的观念转变:为了向世界推广芬兰的现代建筑,芬兰建筑师协会曾以裁剪的方式裁去两种无关现代建筑造型的要素——坡屋顶与树木(图15-16),甚至抹去树木投到白墙上的阴影;而为了呼应晚期现代主义对环境的关注,该协会开始对芬兰著名建筑作品的照片进行又一轮摄制,他们手持树枝在建筑旁边摆设,以装

图 15-16　裁剪坡屋顶与树木照片

扮建筑与自然的亲密关系(图15-17)。这一方式也用于拍摄阿尔瓦·阿尔托著名的珊纳特赛罗市政中心,在那座铺有软草的著名大台阶左侧,那根似乎攀爬在楼梯扶手上的树枝(图15-18),就是来自人工的道具陈设。

曾经象征伊甸园的自然植物,就以这种道具的滑稽方式,为当代建筑的自然观开辟了建筑造型的新道场,人们开始用植物表皮来涂抹建筑,或如藤本在清华大学的讲座一样,将植物当作建筑新造型的时尚油头,而非当作古老而深刻的自然观进行反思。

图 15-17　人造植物与建筑合成照片

图 15-18　拼树与现实照片比较

六　妹岛和世建筑中的自然观

在阅读夏目漱石①的著作时,伊东感受到不同时代自然观的巨大差异。夏目漱石将他那个时代刚出现的电车视为丑陋之物。因为它将人类与行李不加区分地装入同样的盒子里,夏目漱石因此视之为"不把人类尊严当一回事的搭乘物"。在伊东看来,电车对人与物不加区别的匀质对待,正表达了这个时代类似民主的平等特质,因此他深深地迷恋着电车的这种匀质造型。

上个世纪 60 年代,以密斯设计的芝加哥会堂恢弘的尺度为蓝本,超级工作室曾绘制过更为匀质的网格化建筑蓝图——它们向广袤的自然推进,

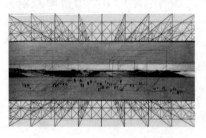

图 15-19　无止境城市拼贴图

并以匀质的技术网格,将自然物与人造物均化为无差异的能源物(图 15-19)。沿着这一技术乐观的齐物观,妹岛与西泽设计的李子林住宅,就能与密斯的通用住宅保持观念而非造型的一致性。李子林住宅依据明确的功能被切分为大小不一的十几个盒子,它们各自封闭的造

——————————————

①　夏目漱石(1867—1916),日本作家。

型外观,虽与密斯的范斯沃斯住宅完全相反,却在均质化上有着内涵的一致:与密斯将不同功能均置于开敞空间里类似,李子林不同功能的不同盒子,也被无差异的造型处理所均化——无论是起居室还是楼梯,都被处置为一样的盒子造型,都有一样的出入口,匀质的网格化以墙的格子造型所实现。在西泽为中国设计的一座住宅里(图15-20),有着植物的庭院,与其他房间构成了四十间无差异的墙体网格,这一曾在电车或超级市场里对不同物品所实现的无差异并置,给了这些作品反常的空间特征。

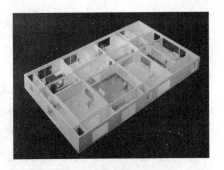

图 15-20　中国住宅

图 15-21　T-project

沿着这条均质化脉络,藤本壮介对于当代建筑的未来走向提出过预告:

> 我的想法是接下来的建筑或许会转变为介于人工与自然之间的那种东西。自然与人造物之间有着某种俨然不同的差异在。而这之间的差异将会逐渐填埋起来,会变得虽然是人造物却与自然很接近,然后自然的作品也逐渐接近人造物的那样。①

将建筑视为自然物与人工物之间灰度化的证据,来自西泽本人对他最近的地景项目 T-project 的描述(图15-21):

> 或许不见得非是建筑不可,而是类似试图超越建筑物的默然意象。例如山丘或者道路般的存在,意识的是那种可以说是自然也可以说是人工的东西。②

---

① 〔日〕西泽立卫:《西泽立卫对谈集》,谢宗哲译,田园城市出版社,2010 年。
② 同上。

七　景观建筑的废墟意向

对介于自然与人工之间灰度建筑的迷恋，以及对后现代建筑亦此亦彼的两可意象的认同，唤起了西泽与藤本们对废墟意象的共同向往：在与自然的对抗中，建筑造型随着时间的流逝而坍塌成废墟，人工的建筑就开始具备自然属性，建筑与自然的对抗开始缓解——鸟儿们能从原本穹隆的位置飞出飞进，原本属于室内的地方开始有植物自然生长。建筑与自然相互交融的这类感人的废墟意象，曾被西泽反复描述为人类曾失去的乐园。

然而，这类乐园的废墟意象，却并非《天使报喜图》里的西方伊甸园。伊甸园的乐园特性正来源于它与人工造物的绝缘，它的纯正自然性维持了西方文化以分离要素获得的纯粹性。它们位于现代建筑追求过的建筑造型的纯粹性的另一极——建筑是与自然无关的纯粹人造物，而伊甸园则是与人工建筑无关的纯粹自然物。

自然与建筑的分离，在法国古典园林里得到暂时的和解。以建筑造型对自然植物的几何同化为代价，它担保了建筑与自然在几何造型上的一致性。作为对法国古典造园的反动，英国造园虽然引入中国造园的自然属性，却与法国造园一样，也无力处理建筑与自然的和谐关系，建筑要么以某种与生活无关的封闭造型点缀于自然之间，要么以希腊或哥特建筑的废墟模样，以牺牲建筑的可居性来谋求与自然相处的造型协调。对废墟的赞美，就这样出现在18世纪欧洲浪漫主义绘画中，弗里德里希①绘制的森林间修道院的废墟（图15-22），唤起的依旧是哥特建筑古老森林的象征意象。

图 15-22　弗里德里希绘制的《埃尔德纳废墟》

---

① 　卡斯帕·大卫·弗里德里希（Caspar David Friedrich, 1774—1840），德国画家。

作为对西方园林史里出现的废墟意象的拷贝,后现代建筑的废墟意象则出现在对现代建筑纯粹造型的反动中。现代建筑以抽离时间为代价,获得了纯粹几何的建筑造型,后现代则以两种方式来为现代建筑造型补充时间属性——引入历史符号以

图 15-23　筑波中心废墟效果

汲取其古老的时间意象,或将建筑描绘为废墟状态,以表示建筑在时间中的流变状态。矶崎新就曾将他设计的筑波中心描述为废墟化状态(图15-23)。在其他一些项目里,矶崎新尝试着以另一种方式将时间属性带入建筑造型:基于对城市无法一次性规划而只能渐次生长的造型思考,矶崎新将建筑当作在时间中可生长的有机物,建筑造型只是其生长过程中某个时间瞬间的截面形式。以这种理论,矶崎新设计了北九州市立中央图书馆、大分县地方图书馆(图 15-24)以及群马县立近代美术馆,甚至他最近在中国设计的中国美术学院新美术馆(图 15-25),也依旧有着剖面凝固的造型特征。但它更像是柯布永无止境博物馆的时间凝固的外部特征,而难以表达日本传统文化中时间代谢的真正内涵。

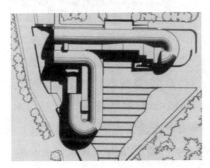

图15-24　北九州市立中央图书馆轴测图

图 15-25　中国美术学院新美术馆

八　隈研吾基于自然的反造型

隈研吾声讨西方建筑瞬间凝固的强势造型,并继而迁怒于现代混凝土

忽然凝固的材料特性。他撰写了内容相似的两本书《自然的建筑》与《负建筑》，试图以反造型来实现一种"自然的建筑"。在他看来，处于与自然精神分裂中的西方建筑的造型，常常表现为战胜自然的倨傲姿态——以萨伏伊别墅为例，柯布以底层架空的姿态，宣布将建筑从有害的自然中拯救出来。与此相反，隈研吾将他的建筑看作是建筑被自然打败后的负建筑，他特别强调"负建筑"里的"负"，乃是胜负的"负"。

作为对西方建筑以块状体量为造型单元的反动，隈研吾确立了反造型的主要手段——粒子化造型，通过将西方建筑的体量粉碎为粒子状，试图削弱其造型的对抗性力量。这一来自印象派面向自然的造型方式，不同于几何抽象，它并非要从自然多变的琐碎造型里抽象出几何特征，而是要以粒子化的笔触造型，捕获自然多变而琐碎的自然意象。印象派画家开启了以粒子化的笔触取代古典绘画体量造型的新传统。与印象派绘画由此获得的光影斑驳的意象类似，隈研吾多数作品都呈现出类似的视觉意象。

而作为对西方建筑"墙壁型"的垂直造型的反思，隈研吾确立了另一种反造型手段——以日本传统建筑"地板型"的水平意向来弱化西方垂直的

图 15-26　森舞台

强势造型。在这一语境中，隈研吾弱化了他设计的森舞台与密斯的范斯沃斯住宅的相似性，却强调它们之间几不可察的向度差异：范斯沃斯住宅以工字钢柱垂挂于水平板外侧的立面方式，被认为是西方强势造型；森舞台的柱子退到板后（图 15-26），被隈研吾认为是以水平板来表达弱造型的水平立场。

然而，比较这件作品里的两幢建筑物——一幢模仿密斯建筑的看台筑以及另一幢模仿日本传统建筑的舞台建筑：前者水平檐口与地板台口对齐在一个抽象的立面构图上，无论柱子是退入水平檐口还是外贴在立面上，其水平性仅仅是自然的抽象表述，而难以发生与自然真实相处的可感生活；而后者水平檐口的水平出挑远远超出地板的水平台口，檐口就能担保雨水不会洒落在台口内，人们可以过着"斜风细雨不须归"的自然生活，其造型

并非来自抽象,而来自人与自然相处的一种关系。

隈研吾的这两本书都以现代建筑先驱陶特对日本桂离宫的盛赞为开头。与隈研吾以反造型为起点最终落入弱造型的造型表现不同,陶特认为桂离宫能拯救西方建筑的精髓之处在于:桂离宫是关系的产物,而非造型的结果,无论是正造型还是负造型。

九　中西文化模式比较

将西方创世纪的那幅上帝建筑师图示与中国伏羲、女娲的创世纪图示进行比照(图15-27),一样的建筑师身份虽由它们手中都把持的绘图工具所象征,有关自然的造型差异也是全方位的;象征西方上帝创世纪的图示,图解的核心是单一性——单一的上帝手持单件圆规在绘制单纯的球体。它诠释了西方建筑以分离达成的单一化模式——现代建筑以分离自然、分离历史的手段获得了机器美学的纯粹造型。在以伏羲、女娲所媾和的象征中国创世纪的阴阳图示里——性别的男/女、身体的分/合、手持工具的规/

图15-27　伏羲女娲图

矩、身体上下的日/月,共同图解的都是中国"阴/阳"媾和文化的关系模型。这一模式在中国园林里所媾和的城市/山林,与它在中国传统建筑里所媾和的建筑/庭院,共通的模式都是"人工/自然"这对密不可分的关系单元。

因为从未将自然与人工置于交战的敌对位置,中国传统建筑就无需呈现隈研吾的"负建筑"的胜负姿态,就好比伏羲与女娲的融洽关系并不能以伏羲、女娲间强弱姿态的转换而获得;在建筑与自然这一关系图示里,和谐既不必以建筑向着自然物的废墟化的牺牲而获得,也不必以自然物向着建筑物的几何抽象而谋求,伏羲、女娲所媾和的和谐图示也不会被描述为性别模糊的后现代中性状态。

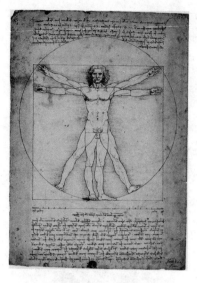

图 15-28　维特鲁威人

基于对现代主义纯粹造型的反动，后现代建筑曾展示过一种能媾和"纯粹/复杂"的中性原型，一早就由达·芬奇绘制出来。这一以罗马建筑师维特鲁威为原型的模度人（图 15-28），虽然以凡人替换了中世纪的上帝建筑师，但其如同上帝般单一造型的人类图示，却需面临他（她）能否代表普遍性人类的拷问；其间媾和的两套分别对应方圆的复合人体，常常被质疑为是上帝雌雄同体的替身。这一兼顾人类两性的两可图示，只是西方上帝造物单一图示的继承模式而非革命模式，它既是黑川纪章以灰空间这类单一空间兼顾建筑与自然的西方式模型，也是日本当代建筑师基于环境核心而设计出的灰环境建筑的抽象原型。

　　或许是日本环海的地理环境有接近埃及沙漠或地中海的抽象特征，不但使本建筑师创造了抽象的枯山水，也使得日本现当代建筑与西方很容易在抽象这个接缝上接轨——抽象正是从伊东到妹岛、从西泽到石上都沉迷其间的建筑属性。在为西方现当代建筑拓宽了道路的同时，日本建筑也不可避免地屏蔽了本土文化里有过的"阴/阳"文化模式。作为证据，日本当代建筑师以日本自然文化为主题的环境建筑虽为西方建筑增添了多种造型

图 15-29　托尔多艺术博物馆玻璃展览馆庭院

模式，却也牺牲了日本庭园对自然环境的经营能力——妹岛在玻璃展览馆的玻璃墙壁之间夹出的庭院（图 15-29），如同坂茂为中国水关长城设计的庭院一样，其空旷而生硬的抽象模样，不但难以与日本传统自然庭院相比，甚至会呈现出与他们的建筑的高超质量难以匹配的粗糙与简陋。

十　阴阳模式里的建筑重审

与中国当代多数建筑先锋以鄙视独立住宅、赞美集合公寓来表明为大众服务的立场不同，日本当代多数建筑师却坚信康的观念——独立住宅的内涵实则涵盖了各类建筑里最深层的文化观念。三十年前，为反驳弗莱彻基于造型而批评中国传统建筑造型千年不变的僵化，李允鉌特地考察过中国传统建筑的各种类型，却惊讶地发现，中国建筑造型非但千年不变，而且位于中国庭院建筑体系里的皇宫、庙宇、学府、官衙甚至陵墓，似乎都脱胎于普通的庭院住宅（图15-30）。这种超乎寻常的功能包容性，不正是密斯为现代建筑孜孜以求的通用性吗？在"建筑/庭院"的这类阴/阳媾

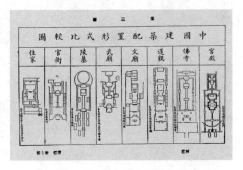

图 15-30　中国建筑配置形式比较图

和模式里，是关系而非单体才真正决定了空间的质量，这不但使得中国建筑本来可以避开西方建筑永无止境的单体造型革命，也使得它在面对当代城市的各种新的功能需要时，原本就具备通过置换单体建筑来应变各种特殊要求而不失质量的潜力。北京的四合院，在民国时期就有过将西洋建筑单体纳入其庭园组合中的各种自发尝试。

八十年前，也是面对弗莱彻对中国建筑造型不变的非艺术批判，伊东忠太虽无法直接反驳这一点，却意外发现中国传统建筑相关装折部分罕见的多样性与可变性。与西方正统建筑学里一直谋求建筑不变性的骨架部分的造型不同，基于对自然变化的特殊迷恋，中国文人虽对建筑大木作的结构部分相当漠视，却格外迷恋建筑可变动的小木作部分。以伊东忠太发现的种类繁多的隔扇为例，因为被看作连接人工建筑与自然的关系道具，它曾引起了中国文人长达千年的兴趣：它们有时为了与自然发生诗情画意的关系——为了框景而设置灵活的横幅竖挂，其比例并非来自与自然无关的抽象比例；它们有时来自身体感知，有时为了看月而设置各种透明隔扇，有时为了感受湖面来风而设置底部可拆卸的隔扇；它们有时来自对公共与私密

性之间的灰度调节,从外挂隔扇孔眼的密度到室内用作屏风的隔断。

扬之水①先生从名物学角度考察古人日常起居,她发现中国古代花样繁多的小木作曾以其可变性的装折功能,为古代中国人经营出适宜不同季节的自然生活场所,它们是莫卡特可依据环境调节建筑表皮的古代版本;建筑考古专业的周仪则从计成出示的园林建筑的结构图示里,发现了计成为了室内挂画或通往室外别径而调整结构变化的图解;华裔园林学者冯世达从计成②的《园冶》里解读出计成针对建筑与庭院在尺度平衡中提出的变动建议。

当年,梁思成曾反省将传统大木作当作核心研究的西方模式,并思考应该将传统建筑的定义拓展至相关建筑环境乃至生活陈设的部分。而让人惊讶的是,来自中国传统建筑对环境可变性的调节能力的考证,似乎都不是当代中国先锋建筑师所做,对这些千姿百态的装折的研究,原本可以破解当代建筑造型沦入表现表皮变化的怪圈,原本可以成为中国当代建筑师开挖表皮与自然多种有意义的关系的线索,然而,这些与大木作平分篇幅的小木作,至今还躺在宋代《营造法式》里,引不起从事表皮设计的中国建筑师们的研究兴趣。

十一 阴阳模式下的城市与建筑

既然中国普通人的庭院住宅有着与宫殿同构的关系模式,既然中国从未发生过西方那样的人神居住的截然分离,柯布西耶为现代建筑提交的最重要的住宅革命——放弃宫殿而为普通人建造如宫殿般的住宅,似乎并不适合中国的居住文化,放弃让伍重与雷纳都深感惊讶的花园居住模式而尾随西方住宅的造型革命,更像是西施效东施。

对中国庭院生活的最大考验来自现代城市对建筑的高密度要求,而依据印度建筑师柯里亚以及中国建筑师张开济当年的计算,以高层公寓为组团的居住模式,因为对日照间距的要求——其间常常会出现大而不当的非人尺度的绿地——其居住密度与计算恰当的低层高密度的庭院居住密度相

---

① 扬之水(1954—),中国作家。
② 计成(1582—?),明末造园理论家。

差不远。这类低层高密度的实验,正是弗兰普顿在《20 世纪建筑学的演变》小册子里鼓励的一种居住模式。

另外,雅各布斯①将街道当作城市是否有活力的唯一标准,似乎也只适合评估西方城市以建筑单体构成的城市——既然西方传统城市空间主要以建筑单体构成,城市空间就是建筑单体的剩余,街道作为建筑立面前的一个薄层空间就成为城市活力的唯一指标。而以庭院/建筑媾和的城市,更多的集市与庙会等大型公共活动并不发生在大街上,它们更多发生在类似庭院或以里坊隔离的纵深空间里,这一公共空间的模式或许能为当代日益被汽车威胁的街道公共生活提供另外的出路。在中国这类以庭院/建筑媾和的传统城市里,即便街道上冷寂无人或车流滚滚,城市的活力仍会隐藏在庭院深深的各种街巷深处。隐藏在文衙弄深处的艺圃,其公共化的生活活力完全不亚于意大利广场;而就能否将当地居民与自然景观同时融入城市的目标而言,它甚至比妹岛以建筑体量的凹凸来达成的效果还要杰出。它无需借助柯布的功能分区,就能就近获得柯布理想中的"既能宁静独处,又能天天与人交往"的城市生活。来自北京后海的九门小吃的实例,还能说明这一庭院模式应对消费时代公共化的潜力:与西方当代建筑利用建筑剖面将人们引入二维街道立面深处不同,九门小吃以几乎没有表情的门洞,直接就将公共消费生活拉入四合院深处,将公共活动的纵深活力贯穿到整个街区。

十二　阴阳模式下的自然与城市

与曾和自然和谐相处数千年的中国文化智慧相比,西方造园艺术即便在黑格尔看来也很不成熟。与其他造型艺术成熟的体系相比,西方景观专业至今还处于植物种植或纹样绘制的几何模仿阶段。童寯在谈及法国古典几何造园的巅峰之作——凡尔赛宫时,说它们无论如何精致,却总也掩盖不住与原始自然一样的荒蛮意象。无论是法国古典造园还是英国风景如画的造园,其建筑面对几何或自然状态的景物时,一律封闭如城堡的敌对状态并未改观,建筑在两者间所呈现的造型控制物与点缀物的身份,就使得建筑在

---

① 简·雅各布斯(Jane Jacobs, 1916—2006),美国、加拿大作家。

被置换为废墟模样时不影响其观感。正是这种以视觉造型为核心的西方造园,在中国当代赢得了一个恰如其分的当代名称——景观。

自从霍华德①提出田园城市以来,来自城市、建筑、景观专业的学者都曾为建筑如何在城市中与自然相处出谋划策:城市规划师们提出以城市与田园交织来编织田园城市,其形态与妹岛设计的鬼石多目演艺厅类似,但它无力构筑城市需要的连续密度与活力厚度;柯布西耶以空中花园与底层架空的方式,虽然构想出高层塔楼之间辽阔的田园景象,但它与赖特的广亩城市一样,也被认为失去城市聚集的密度而蜕变为介于城市与乡村之间的鸡肋郊区;美国景观专业率先提出在城市核心保留一片荒蛮的原始森林,然而由于它的绿肺面积只能辐射就近的城区,除开边缘富裕阶层能就近享受田园风光以外,更多的居民只能将它当作假日休闲的郊野。

与田园城市的百年实验不同,中国文人至迟到宋代就以"城市山林"描绘出城市与自然和谐相处的画卷,它不但媾和了杭州天然的城市山林的公共画卷,还以庭院与庭园两种基本单元人工媾和了苏州城的人工城市格局——它们是中国城市与自然关系的两类居住天堂的模型。中国城市与自然融洽的成功之处,正在于中国传统城市最小构成单元从来就不是建筑单体,而是媾和了人工建筑与自然景物的庭院住宅,因此,它的基本细胞就天然具备了田园居住、田园街区、田园城市的扩张可能,而不会在不同尺度里忽然获得或忽然丧失了它的自然观。重拾陈从周们1958年测绘的苏州某个街区的住宅(图15-31),我们尚能想见其间大小不一的庭院,就如同横幅竖轴的卷卷山水,它们杂乎城市之间,充满现当代建筑中罕见的自然与人工融洽相处的活力。

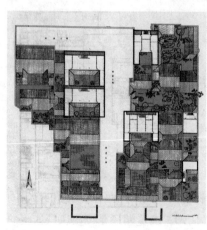

图 15-31　金太史场平斋二层平面图

----

① 埃比尼泽·霍华德(Ebenezer Howard,1850—1928),英国城市理论家。

后　记

当年求学时，正赶上后现代主义席卷中国的尾声，也见识到解构主义弄潮世界的狂潮。时间不久的流逝，就鉴证了前者符号的闹剧性，以及后者概念的不及物性。两场如此剧烈的建筑运动，就建筑赏析而言，居然没留下几件值得赏析的建筑精品，还浪费了我初学时的热情精力。

这一余悸，让我学会用透视的近大远小原理来审视各种接踵而来的当代建筑运动。我猜，它们之所以每次都显得格外巨大，或许只是时间就近的透视虚大吧。我就此以为，如果将一叶蔽泰山的树叶从眼前移开，或许就能看清历史深处的现代建筑山峦，看清那些经过时间沉淀的现代建筑杰作，对于它们，我不必冒鉴赏风险，只需潜心赏析。

这一时间久远的心理阴影，遮盖不住我对现当代两部分的厚此薄彼：有关当代部分的建筑赏析，被压缩为不成比例的两讲——当代建筑的奇观与当代建筑的实验。即便在这两讲之间，也还有我态度的厚薄：对前一讲与其说是赏析，还不如说是批评；而在后一讲中我所赞美的少数当代实践，其线索的纤细，显然难以代表当代建筑的主流方向。因此，这份名为"现当代建筑赏析"的讲义，先天就有当代的这一半残缺不全的不足，而剩下的现代那一半也不全然新鲜，其间有四讲都曾收录在《文学将杀死建筑》那本杂文集里。